數學之書

The
Math
Book

作者 —— 柯利弗德·皮寇弗〔Clifford A. Pickover〕
譯者 —— 陳以禮
審訂 —— 洪萬生

目次 |

簡介
數學之美與效用

> 慧黠的觀察者看過數學家所從事的工作後,大概會認為他們是一群狂熱流派奉獻者,宇宙的神祕鑰匙的追尋者。
>
> ——戴維斯(Philip Davis)與賀須(Reuben Hersh),
> 《數學經驗談》(*The Mathematical Experience*)

數學已經滲入每一個需要費盡心思的科學領域,並且在生物學、物理、化學、經濟、社會學跟工程等方面取得無法替代的角色。我們可以用數學說明夕陽色彩分佈的情況,也可以用來說明人類的大腦結構。數學幫助我們打造超音速飛機跟雲霄飛車,模擬地球天然資源流轉的方式,進入次原子的量子世界探索,甚至讓我們得以想像遙遠的銀河系。數學可以說是改變了我們看待宇宙的方式。

在本書中,我希望運用少量數學公式提供一點數學品味,而鼓勵讀者發揮想像力。對大多數讀者而言,這本書所談論的應該不只是能滿足好奇心卻缺乏實用價值的單元,根據美國教育部實際調查的結果顯示,能夠順利完成高中數學課程的學生升上大學後不論選讀哪一個科系,都能夠展現出比較優秀的學習能力。

數學的實用性讓我們可以建造太空船,探索所處宇宙的幾何結構。數字也可能是我們跟有智能的外星生物間所採用的第一種溝通手段。有些物理學家認為掌握更高空間維度和拓樸學(topology,探索形狀與彼此間相互關係的一門學問),或許有一天當現在這個宇宙處於在極熱或極冷的末日之際,我們就能逃出,在所有不同的時空環境下安身立命。

數學史上不乏許多人同步有重大發現的例子,就以這本書裡面的莫比烏斯帶(The Möbius Strip)為例。德國數學家莫比烏斯(August Möbius)和當時另一位德國數學家利斯廷(Johann Benedict Listing)同時在西元 1858 年各自發現莫比烏斯帶(一個只有單面,神奇的扭曲物體)。這種同步發現的現象就跟英國博學多聞的牛頓(Isaac Newton)與德國數學家萊布尼茲(Gottfried Wilhelm Leibniz)各自同時發現微積分的例子相似。這些例子讓我不禁懷疑科學領域為何經常有不同人,在相同時間,獨立發現同一件事情的情況?其他例子還包括英國博物學家達爾文(Charles Darwin)和華萊士(Alfred Wallace)都在相同時間各別提出演化論的觀點,匈牙利數學家鮑耶(János Bolyai)和俄羅斯數學家羅巴切夫斯基(Nikolai Lobachevsky)似乎也是在同一時間各別提出雙曲幾何的想法。

最有可能解釋同步重大發現的理由,是因為人類在那些時間點對於即將誕生的發現,已經累積足夠的知識,這些想法自然也就瓜熟蒂落地被提出來;可能兩位科學家都受到當代其他研究人員同一篇先導研究論文的影響。另一種帶有神祕色彩的解釋,會從較深層的觀點說明這種巧合。奧地利生物學家卡梅納(Paul Kammerer)曾表示:「或許我們可以說,儘管打散、重組的過程在現實世界繁華的表面下與宇宙無垠的千變萬化中不斷重複發生,但是物以類聚的現象也會同時在這些過程中產生」;卡梅納把現實世界的重大事件比喻成海洋波濤的頂端,彼此間看起來各自孤立,毫無瓜葛,不過根據他充滿爭議性的理論,我們其實只看到上層的波浪,卻沒注意到海面下可能存在某種同步機制,詭譎地把世上各種重大事件串在一起,才顯現出這種一波又一波的風潮。

易法拉(Georges Ifrah)在《數目溯源》(*The Universal History of Numbers*)一書中談論馬雅數學時,

順便論及了這種同步情況：

> 我們因此又再一次地見證到，散居在廣大時空環境的下互不認識的人……也會有非常類似甚至是一模一樣想法。……有些例子的解釋；是因為他們接觸了另一群不一樣的人並受到對方的影響，……真正的有效解釋是因為前面提過的深層文化融合：智人（*Homo sapiens*）這種生物的智力具有共通性，把世界各個角落統整串連的潛力非常可觀。

　　古代的希臘人深深受到數目字的吸引。在這個不停變動世界的艱困年代，會不會只有數目字才是唯一恆常不變的？對於源自一門古希臘學派、畢達哥拉斯理念的追隨者而言，數目字是具體不變、和緩永恆的——比所有朋友更值得信賴，卻不像阿波羅或宙斯般讓人無法親近。

　　本書中有很多條目都跟整數有關，聰穎的數學家艾狄胥（Paul Erdös）醉心於數論——有關於整數課題——的研究，他經常能輕易使用整數提出問題，儘管問題的陳述很簡單，但是每一題卻都是出了名的難解。艾狄胥認為如果有任何數學問題提出後經過一個世紀依然無解的話，那一定是個跟數論有關的問題。

　　有很多宇宙萬物可以用整數表達之，譬如用整數描述菊花花瓣構成的方式、兔子的繁衍、行星的軌道、音樂的合弦，以及週期表元素間的關係。德國代數學家暨數論大師克羅內克（Leopold Kronecker）曾經說過：「只有整數來自於上帝，其他都是人造的。」這句話也暗示整數是一切數學的最主要根源。

　　自從畢達哥拉斯的年代以來，按照整數比例演奏出的音樂，就相當受到歡迎，更重要的是，在人類理解科學的演進過程中，整數也扮演著相關關鍵的角色，像是法國化學家拉瓦節（Antoine Lavoisier）就是依照整數比調配組成化合物的元素，顯示出原子存在的強烈證據。西元 1925 年，激態原子放射出一定整數比的光譜波長，也是當時發現原子結構的一項證據。幾乎按照整數比呈現的原子量，顯示原子核是由整數個數的相似核子（質子跟中子）所組成，與整數比的誤差則促成同位素（基本元素的變形體，擁有幾乎一樣的化學特性，只在中子數的個數上有所差異）的發現。

　　純同位素（pure isotope）原子量無法完全以整數比呈現的微小差異，確認了愛因斯坦（Albert Einstein）著名方程式 $E = mc^2$ 是成立的，也顯示出生產原子彈的可能。在原子物理領域隨處可見整數的存在。整數關係是組成數學最基本的一股勢力——或者引用高斯（Carl Friedrich Gauss）的說法：「數學是所有科學的女王——而數論則是數學中的天后。」

　　用數學描述宇宙這門學科成長迅速，但是，我們的思考方式跟語言表達能力卻還有待好好加強。我們一直發現或創造出新的數學，但是，我們還需要用更先進的思維才能加以理解。譬如最近這幾年已經有人針對數學史上幾個最著名問題提出證明，可是，他們的論證方式非常冗長又複雜，就連專家們也都沒辦法確定這些論證是否正確。數學家哈里斯（Thomas Hales）將一篇幾何學論文投稿到《數學會誌》（*Annals of Mathematics*）期刊後，整整花了五年的時間等待專家審查意見——專家們最後的結論是找不到這篇論文哪裡有錯，建議該期刊加以發表，可是必須加上免責聲明——他們無法肯定這個證明是對的！另一個例子來自數學家德福林（Keith Devlin），他在《紐約時報》（*New York Times*）刊出的文章中承認：「數學已經進展到一個相當抽象的程度，甚至就連專家有時都無法理解最新的研究課題到底在講什麼。」如果就連專家都有這樣的困擾，想要把這些資訊傳遞給普羅大眾當然更是困難重重，我們只好竭盡所能，盡力而為。雖然數學家們在建構理論、執行運算這些方面很在行，不過他們在融會貫通、解說傳達先進觀念的能力恐怕還是有所不足。

在此引用物理作為類比。當海森堡（Werner Heisenberg）擔心一般人可能永遠也無法真正理解原子是怎麼一回事時，波耳（Niels Bohr）顯得相對樂觀。西元 1920 年代，波耳在一封回給海森堡的信中提到：「我認為這是有可能的，但是要配合我們重新認識『理解』這個詞彙真正意涵的過程。」我們現在使用電腦進行研究的真正原因，是因為我們直觀能力有限，透過電腦實驗實際上已經讓數學家們取得更進一步的發現與洞見，這是在電腦普及以前作夢也想不到的結果。電腦及其繪圖功能，讓數學家們早在有辦法正式完成證明之前，就先看到結果，也開啟了一項全新的數學研究領域，就連試算表這種簡單的電腦工具，也能讓現代數學家擁有高斯、歐拉（Leonhard Euler）、牛頓等人渴望的數學功力。隨便舉個例子，西元 1990 年代末由貝利（David Bailey）跟佛格森（Helaman Ferguson）兩人設計的電腦程式用一條新公式把圓周率 π、log 5 跟其他兩個常數串在一塊，如同克拉瑞克（Erica Klarreich）在《科學新知》（*Science News*）上的報導，只要電腦能把公式先找出來，事後完成證明的工作就簡單多了，畢竟在完成數學證明的過程中，簡單地知道答案這項工作，通常也是最難以跨越的障礙。

我們有時候會用數學理論預測某些要經過好幾年後才能確認的現象，譬如以物理學家麥斯威爾（James Clerk Maxwell）命名的麥斯威爾方程式（Maxwell equation）預測了無線電波的存在；愛因斯坦場論方程式（fields equation）指出重力可以折彎光線及宇宙擴張論。物理學家狄拉克（Paul Dirac）曾說過，今天研究的數學課題可以讓我們偷偷瞄見未來的物理理論，事實上，狄拉克的方程式預測了之後才陸陸續續發現的反物質（antimatter）存在。數學家羅巴切夫斯基也說過類似的話：「就算再抽象的數學分支，也總有一天會運用在詮釋現實世界的物理現象上。」

在這本書裡，讀者們將會碰上許多被認為掌握宇宙之鑰、相當有趣的幾何學家。伽利略（Galileo Galilei）曾說過：「大自然的鬼斧神工不外乎是數學符號寫成的篇章。」克卜勒（Johannes Kepler）曾使用正十二面體之類的柏拉圖正多面體，建構太陽系的模型。西元 1960 年代的物理學家維格納（Eugene Wigner）對於「數學在自然科學中具有超乎常理的效用」感到印象深刻；像是 E_8 這種大李群（large Lie Group）——請參照條目：探索特殊 E_8 李群的旅程（西元 2007 年）——則可能在某一天協助我們創造一統物理學的終極理論。西元 2007 年，瑞典裔的美國宇宙學家泰格馬克（Max Tegmark）發表一篇相當受到歡迎、談論數理宇宙假說的科學文章，指出我們看到的物理實體其實都是數學結構；也就是說，我們不只可以用數學描述所處的宇宙，甚至可以說——宇宙本身就是數學。

本書架構與目的

物理所踏出重要的每一步，都需要而且刺激數學新工具與新觀念的引進，我們現在對物理定律的精確性與普適性之理解，只有在它們以數學名詞表示時才變得可能。

——阿帝雅爵士（Sir Michael Atiyah），〈拉動弦〉，《自然》期刊

數學家們有一項共同的特徵，那就是對於一以貫之的熱情——迫切想要從第一原理開始說明整個研究內容的一種驅動力，結果將導致數學文本的讀者們在有絲毫收穫之前，必須經常在不同頁面間找尋各種背景資料。為了避免相同的問題發生，本書每一則條目都很精簡，最多只有幾段篇幅的長度，省去分門別類的過多措辭，希望這種體例能讓讀者們很快進入討論主題。想要知道什麼是無限大？請參閱康托爾的超限數（西元 1874 年）或希爾伯特旅館悖論（西元 1925 年）兩則條目，相信讀者們很快就可以有些基本概念。對於在納粹集中營由難民開發完成、第一台成功商業化的口袋型機械計算器有興趣嗎？請參閱科塔計算器（西元 1948 年）此一條目。

一個聽起來很好玩的定理可能會讓科學家在未來某一天，發展出電子設備所需的奈米線路，好奇嗎？是的話，請翻閱毛球定理（西元 1912 年）這則條目。納粹為何要逼迫波蘭數學學會的會長用自己的血液餵養虱子？為什麼第一位女性數學家會被謀殺？我們真的能把一個球體的內、外面翻轉嗎？是誰享有「數字教宗」的名號？人類什麼時候開始結繩記事？為什麼我們不再使用羅馬數字系統？誰是數學史上第一位叫得出名號的人？單面的曲面可能存在嗎？包含上述這些以及其他可以促進思考的問題，將會在後續篇章中一一呈現。

我所採用的進路當然也有其缺點，我沒辦法在短短幾段內深入討論某個主題，不過我會在「註腳及延伸閱讀」那邊，提供深入閱讀的建議清單。除了提供最原始的資料來源外，我也會載明一些值得參考的附加資料來源；相較於年份久遠的原始資料，讀者們應該更容易頻繁查閱這些附加的資料來源。有興趣深入研究的讀者，不妨將這些參考資料當成有用的立足點。

我寫本書的目的，是把重要的數學觀念跟大師級人物濃縮成精簡的摘要，讓每則條目都簡短到能在幾分鐘內消化吸收，以饗廣大的閱聽大眾。書中大多數條目，其實也是我個人相當感興趣的內容，可惜的是，為了避免這本書最終變得長篇贅牘，並非每一項偉大的數學里程碑，都收錄在這本書裡面。除此之外，為了在短篇幅內交代完這些數學大事記，我也不得不忽略很多重要的數學軼事。儘管如此，相信我已經把深具歷史意義，對數學、社會及我們思考方式有重大影響的主要項目都蒐羅在內了。有些條目跟日常生活息息相關，諸如計算尺跟其他各種計算工具、巨蛋穹頂跟 0 的發明等條目皆屬之，但是我偶爾也會放進一些較輕鬆、但是一樣具有意義的事件，像是風靡一時的魔術方塊或是解決床單對摺問題等條目。分別剪輯的資訊會在書中重複出現，因此，每一則條目都可以單獨閱讀。偶爾用粗體字標示的項目是用來提醒讀者相關條目的存在，至於在每則條目下方「參照條目」的部分，則像是編織一張交互連結的蛛網一樣，讓讀者可以穿越本書的時空架構，進行一場有趣的發現之旅。

本書其實也反映出我的智識有所侷限之處。儘管我盡力涉獵各種科學與數學的專業知識，但是，要在每個領域知無不詳畢竟還是太困難了，因此，這本書的內容清楚顯示出我個人的偏好、強項與弱點。我必須為書中主要條目的選擇負起所有責任，當然也包括書中錯誤與不周延的部分。這本書並不是一篇大部頭或學術性的論文，相反地，為科學及數學相關科系的學生或是對這些學科有興趣的一般

民眾帶來閱讀的樂趣，才是本書的主要目的。任何來自讀者的回饋意見與改善建議，我都樂於接受，並且考慮把這些寶貴的觀點轉化成下一階段的工作計畫，紮紮實實地精益求精。

　　這本書根據數學發展的里程碑或重要發現誕生的年份，依照發生時間先後順序編排。有些發展階段的里程碑，在文獻上所顯示的時間點，會有些微的差異，因為有些是以作品的出版日期，做為重要發現問世的日子，有些則是直接以數學原理真正萌芽的那一天為準，不考慮相關作品發行年份可能會延遲一年或更長時間的現象。碰到這種問題而我又無法確認重大發現確切誕生的時間點時，通常我會選擇以出版日期為準。

　　若有些條目是集眾人之力而有所成時，該如何判斷相關的時間點，也會是個問題。通常我會選擇以最早的日期為準，但有時候我會在詢問過工作同仁後，選擇某些重要觀念後來開始風行的時間點為準。譬如以格雷碼為例，這種編碼方式是以西元 1950、1960 年代任職於貝爾實驗室（Bell Telephone Labotatory）的物理學家格雷（Frank Gray）為名，類似電視訊號傳送的數位通訊，經常使用格雷碼進行錯誤偵測，並減少雜訊干擾。格雷碼之所以能在那段期間大量普及，部分原因與格雷在西元 1947 年取得相關專利認證，以及現代通訊在當時越來越發達有關。因此，儘管格雷碼的概念，其實可以追溯回最初提出這個構想的法國電報專家博多（Émile Baudot）身上，歸類在一個更早的時間點，但這則條目在本書中的時間劃分仍舊落在西元 1947 年。總而言之，我會盡量在每一則條目的解說中，讓讀者們感受到這種時間上的跨距。

　　學術界有時會爭論重大發現的功勞，是否該歸功於傳統認定的單一個人身上，譬如德里（Heinrich Dörrie）曾指出有四位學者不同意某一版的阿基米德「群牛問題」真的出自阿基米德之手，不過，他也指出另外四位學者認為這應該就是阿基米德的傑作。此外，學界對於誰才是亞里斯多德滾輪悖論的真正作者，也還有所爭論。

　　讀者們可能會注意到有相當數量的里程碑，是最近數十年內的成就。隨便舉個例子，研究人員終於在西元 2007 年「破解」西洋跳棋的玄機，證明只要兩位玩家都不犯錯的話，這個遊戲一定會以平手局面作收。如同先前所提過的，數學領域近期快速成長的一部分原因，在於使用電腦做為實驗數學的工具，像西洋跳棋的分析工作其實早在西元 1989 年，就動用了數十台電腦才一起算出所有可能的棋路——這個遊戲總共有大約 5×10^{20} 種走法。

　　有時候，我會在條目內容中引用科學文章報導或知名研究人員的說詞，但是，為了力求內容精簡，我並未將引述的資料來源或是原作者的文獻標題，一併寫進條目內容中。在此，先懇求各位讀者能夠體諒這種刻意簡化的安排。

　　其實就連定理的名稱也都暗藏玄機，譬如數學家德福林（Keith Devlin）於西元 2005 年替美國數學協會（Mathematical Association of America）寫了一則專欄指出：

> 　　大多數數學家用一生的時間證明數學定理，能夠在證明過程中將自己名字跟定理名稱連在一起的例子少之又少，如同歐拉、高斯、費馬等人都證明了上百條定理，其中還有不少的內容非常重要，但是以這三位數學家命名的定理，卻只佔了其中一小部分。有時候，定理冠名的原則也大有問題，最有名的一個例子，大概就是我們幾乎可以確定費馬並沒能完成證明的「費馬最後定理」。這個定理其實是另有其人在費馬過世後，才冠上這個名稱，只因為他從這位法國數學家留在書本頁緣上的潦草字跡，直接推測費馬已經知道如何證明的方法。此外，畢氏定理其實早在畢達哥拉斯誕生之前就已經有其他人提出相同的概念了。

最後別忘了，是數學上的新發現才讓我們有探索真相本質的框架，科學家們也必須透過數學工具，預測我們所處的宇宙。換句話說，這本書裡面的重大發現，不啻也是人類歷史上最偉大的成就。

剛接觸這本書的時候，可能會覺得這是一本充滿各自獨立概念的長篇目錄，每一則條目間出現的人物似乎也沒多大關連，但是，隨著讀者們越來越深入本書內容後，應該就會開始發現這些事物間綿密的關係。這其實並不意外，科學家跟數學家最終的目的，都是設法揣摩萬物之間的互動模式，用有組織的原理了解各項事實之間的相互關係，再透過定理演繹出人類全新的思考模式，而不是單純地在一堆事實中以建立公式為滿足。對我而言，數學能夠在我們心靈的本質上，在思路的極限處，在浩瀚宇宙中所處地位，開創出永恆的奇景。

我們的大腦經過長期演化後，能夠讓我們躲避非洲大草原上的獅子，卻還無法讓我們穿透覆蓋在真相上那數不盡的面紗。我們需要數學、科學、電腦跟更進化的大腦，甚至還需要文學、藝術跟詩詞的幫助，才能揭開這一層又一層的面紗，看見永恆的真相。對於那些已經打算從頭到尾踏上閱讀《數學之書》這趟旅程的讀者們，祝福你們能夠從各條目的關連中，以敬畏之心看待各種觀點的演變，順利航向那廣闊無邊的想像之洋。

導讀

洪萬生／台灣師範大學數學系退休教授

　　這是一本類似百科全書的數學普及讀物。全書共有 250 個數學發展之里程碑條目，作者按照年代編寫，試圖勾勒人類數學發展的整體風貌。同時，作者在各個條目之後，納入相關的參照條目（都本書所包含），方便讀者交叉閱讀與參引。還有，凡是條目涉及數學家等等之貢獻者，都清楚表彰姓名於條目之下，冀收見賢思齊之效！

　　就條目的規劃來說，除了純數學、（傳統）應用數學領域與計算機科學之外，本書還納入具有意義深長的生物數學、遊戲背景的謎題，以及一般讀者深感興趣的悖論。當然，從人類文化關懷的角度切入，作者也非常努力全面關照各個種族在歷史長河中，所曾經創造或參與的數學知識活動。儘管力有未逮，譬如他對中國與日本算學發展的說明，就顯得心有餘而力不足，但是，他的用心還是值得肯定。另一方面，作者為 1900 年之後的數學保留了近半的篇幅，則充分反映二十世紀數學的飛耀發展，也見證了計算機如何介入數學研究的各個層面。

　　就書寫的敘事來說，由於作者並非數學本科畢業，以致於他在描述近現代的數學專業知識時，手法難免比較生澀，而這一「不足」在數學史脈絡的適當烘托下，有時候反倒顯得樸拙可以親近。至於作者對於數學與數學史之理解，或許主要得自於他自身的博雅閱讀經驗，於是，他在某些脈絡中，依賴少數幾位科普作家的觀點或評論，應該也是情有可原。

　　有關本書之閱讀與參考使用，我要特別針對中學數學教師與學生，提出一些建議。對教師來說，本書條目有益於教學的內容，可以粗略分為兩大類：(1) 生活經驗中的趣味數學；(2) 歷史文化（含人類學面向）中的數學。前者主要源自人類的熱愛遊戲謎題的好奇心，後者則是基於數學的美感與效用之雙重動機。當教師有意將本書某些素材引進課堂，並藉以分享數學知識活動的趣味時，則不妨將它們包裝成為一個遊戲，讓抗拒學習的學生無法自外於此一活動。譬如說，本書 1702 年條目〈繞地求一圈的彩帶〉，十分簡單，人人都可以參與討論，但結果卻是大大地令人感到不可思議的謎題。

　　另一方面，教師也可利用本書條目，來組織一個教學單元，比如說初等代數發展的輪廓，讓學生在不斷演練求解方程式之餘，也能多少領會代數認知與方法演化的趣味與意義。針對此一主題，我推薦的條目有如下列：〈萊因德紙草文件〉、〈戴奧芬特斯的《數論》〉、〈數字 0〉、〈阿爾・花拉子密的《代數》〉、〈摩訶吠羅的算術書〉、〈印度數學璀璨的章節〉、〈奧瑪、海亞姆的《代數問題的論著》〉、〈阿爾、薩馬瓦爾的《耀眼的代數》〉、〈費波那契的《計算書》〉、〈特維索算術〉、〈卡丹諾的《大術》〉、〈簡明摘要〉、〈虛數〉以及〈笛卡兒的《幾何學》〉等等。上述這些條目的內容已經相當豐富，足以說明西方代數發展之大概，以及三、四次方程解法之意義。當然，如能補上十三世紀中國的天元術，乃至於十七世紀日本的點竄術與旁書法這些東方代數進路，那麼，我們對於代數思維的演化，就可以掌握全面的結構了。

　　總之，這是一本非數學專家所寫的相當大部頭的數學普及讀物。作者的學術專長在於生物物理與生物化學，不過，他顯然非常聰明幹練，而且求知若渴，因而可以成功介入一些與數學有關的謎題之研究。此外，由於他擁有遠較於其他科學作家更加豐富的寫作經驗（以每年出版一版書為準），因此，本書敘事多於論證，既凸顯了它的文類（科普）定位，也見證了作者的通識素養。至於有關本書作者的有些史識的「一家之言」，我們就不必過度在意了。

螞蟻的里程表

　　螞蟻是白堊紀中葉——距今約一億五千萬年前——由胡螞蜂（vespoid wasp）演化而成的社會性昆蟲，直到距今大約一億年前、開花植物大量繁衍之後，螞蟻才開始演變成各式各樣不同的種類。

　　撒哈拉沙漠蟻（Cataglyphis fortis，長腳沙漠螞蟻）經常長途跋涉在廣袤、沒有地標指引的沙漠地帶裡尋找食物，但這些螞蟻卻能夠採取直線前進的方式回到巢穴，而不是一步步回溯離開巢穴的路徑。牠們不僅會利用晴空的陽光判斷巢穴方位，牠們甚至看似隨身攜帶內崁式「計步器」用以測量精確距離。一隻螞蟻最遠可以離巢漫遊 160 呎（約 50 公尺）直到發現其他昆蟲屍體為止，隨後牠會支解食物並直線回到入口直徑通常小於一公釐的巢穴中。

　　一組由德國及瑞士人組成的研究團隊由調整螞蟻腳的長度，讓牠們步伐變長或變短，進而發現這些螞蟻透過「計算」步數的方式判斷距離。當螞蟻抵達食物所在地時，研究人員替一部分螞蟻加裝支架讓腳變長，並把另一部分螞蟻的腳截去一小段，隨後就讓這些螞蟻開始回程，結果加裝支架的螞蟻會走過頭，被輕微截肢的螞蟻則還要再多走幾步才會抵達洞口。另一方面，如果讓這些被加工過的螞蟻重新從螞蟻窩外出找尋食物的話，牠們又通通能夠測量出正確的距離，顯示出步伐長短所扮演的關鍵因素。除此之外，螞蟻腦海中高度精密的電腦，顯然可以把牠漫遊的路徑進行水平（量化）投影，所以，就算沙漠的地貌在旅程中變成一座小山丘或是窪谷時，也不會讓螞蟻們找不到回家的路。

撒哈拉沙漠蟻似乎隨身攜帶「計步器」用以測量精確距離。被黏上支架的螞蟻（如圖中紅色部分）會爬太遠以致過家門而不入，代表著螞蟻步伐寬度是測定距離的關鍵因素。

參照條目　靈長類算數（約西元前三千萬年）、為質數而生的蟬（約西元前一百萬年）

靈長類算數

　　距今約六千萬年前，一種小型、長得像狐猴（lemur）的靈長類動物開始在世界各地繁衍，演化到距今約三千萬年前，則開始有了類似猿猴的特徵。這種生物會算數嗎？雖然對於動物行為科學家而言，該如何判定動物會算數，是個高度爭議的課題，但仍有許多專家學者同意動物的確帶有一些數字概念，譬如卡穆斯（H. Kalmus）就在《自然》期刊上，發表一篇名為〈動物也懂數學〉（Animals as Mathematicians）的文章，上面寫著：

　　　　松鼠、鸚鵡之類的動物可以經由訓練學會算數，這一點至今已經較無爭議了，……很多報告顯示包括松鼠、老鼠，以及能協助傳授花粉的昆蟲，都具備算數能力。在這些動物當中，有些可以區別數字或是以圖案示意的類似模式，有些可以經由訓練分辨數字或是複誦出相同的數列，甚至有些動物可以經由訓練敲打出以圖案符號（以小圓點表示）所表示的數字……，就因為牠們既無法說出，也無法用書寫方式表示數字，所以，還有很多人不願意承認動物也懂數學。

　　老鼠經由正確辨識數字以交換獎品，展現牠們的「算數能力」，黑猩猩可以根據箱子內的香蕉數量，在電腦上輸入相對應的正確數字。日本京都大學靈長類研究中心的松澤哲郎（Tetsuro Matsuzawa），就是藉由教導黑猩猩根據螢幕上的物品數量，輸入相對應正確數字的作法，讓牠們學會認識 1～6 這幾個數字。

　　另一位美國亞特蘭大喬治亞州立大學的研究人員巴倫（Michael Beran），則是教導黑猩猩使用電腦跟搖桿。牠們會先在螢幕上看到一個數字跟幾張圓點圖，接著會要求牠們挑出與數字相對應的圓點圖，有一隻黑猩猩可以認得 1～7 這幾個數字，另一隻則可以從 1 算到 6。時隔三年後，再讓這兩隻黑猩猩受測時，牠們都還是一樣具有算數能力，只不過犯錯的機率也多了一倍。

靈長類動物似乎具備一定程度的數字概念，較高等靈長類可以學會在看到螢幕上出現數量不等的物品時，輸入相對應的正確數字，進而認識 1～6 這幾個數字。

參照條目 螞蟻的里程表（約西元前一億五千萬年）、伊山戈骨骸（約西元前一萬八千年）

為質數而生的蟬

　　蟬是在大約一百八十萬年前、當覆蓋北美大陸的冰河消退後，於更新世時期，演化而成的有翅昆蟲，其中有一種叫做週期蟬（Magicicada）的品種，會在地底度過生命中絕大多數的時間，靠吸吮樹根的汁液為生，隨後會以很快的速度經歷成長、交配及死亡的過程。這種生物有一種令人吃驚的特性：牠們變成成蟲的時間，通常會跟 13 或 17 這樣的質數年份同步（質數就是 11、13 或 17 這類只能被 1 跟本身兩個數字整除的整數）。當在地底度過 13 或 17 年後，這些對時間週期有感應的週期蟬，會在那年春天一起挖掘一條通往地面的通道，此時一英畝的面積裡大概會有一百五十萬隻以上的成蟬。這些週期蟬就是採取以量制勝的方式，面對鳥類這樣的掠食天敵，只要鳥類沒辦法把牠們一次全部吃光，剩下的週期蟬就能存活下去。

　　有些學者推測這種對應質數的生命週期，是為了避免被壽命較短的掠食者及寄生蟲吞噬、增加成蟬存活率的演化成果，就好比以 12 年的生命週期為例，則所有壽命介於 2、3、4、6 年的掠食者都能更輕易地把蟬吞進五臟廟裡。德國多特蒙德馬克斯普朗克研究所分子生理學家馬庫斯（Mario Markus）及其研究團隊，發現這種質數化的生命週期，可以從掠食者與獵物間互動演化的數學模型中自然地得到解釋；他們先隨機設定生命週期年份不等的成蟬構成母體，經過電腦模擬一段時間的演變後，幾乎所有實驗結果，都會導出這種穩定質數化生命週期的現象。

　　這個研究還處於初步發展階段，當然還有很多可被質疑之處，譬如說，為什麼恰好是 13 跟 17 這兩個質數？到底又是哪些掠食者跟寄生蟲促成蟬演化出這樣的生命週期？而另外一個仍舊無解的謎題則是——在全球 1,500 多種分類中，為什麼只有週期蟬這樣少數的品種，才具備質數化生命週期的特性？

有些蟬會展現出令人吃驚的特性：牠們集體探出土壤的時間通常都跟 13 和 17 這樣的質數年同步，此時大概會有一百五十萬隻以上的成蟬在短時間內同時出現在一英畝的土地上。

結繩記事

結繩記事可能發生在智人誕生之前，譬如在摩洛哥的洞穴中，就發現了八萬兩千年前以赭土著色的穿孔貝殼，還有其他考古學的證據顯示更古早的人類使用過串珠。穿孔就代表有人用細索跟繩結把各種物品串成一環，就好像項鍊一樣。

《凱爾經》（*The Book of Kells*）是一本約西元 800 年由克爾特地區僧侶所製、有著華麗圖飾的福音聖經，在上面可以找到用繩結作為裝飾的典型範例。近代譬如三葉結的繩結研究，則是用數學處理封閉扭曲迴圈此一廣大課題中的一個分支。德國數學家德恩（Max Dehn）就在西元 1914 年證明三葉結（trefoil knot）的左、右結構並不對稱。

幾世紀以來的數學家一直想方設法區別各自獨立的繩結和看起來像是繩結的線團（unknot），經過多年努力，這些數學家們似乎為各個不同的繩結創造了一份永無止境的對照表。截至目前為止，已經可以透過圖示，辨別超過 170 萬個互不等價、最多包含 16 個結點的繩結。

現在已經有專門研究繩結的研討會，參與其中的科學家包括來自分子遺傳（用以推論拆解 DNA 迴圈的方式）到量子物理（用以說明微小粒子基本特性）的研究人員。

繩結在文明發展中扮演極為關鍵的角色。繩結可以用來繫衣物、用來確保武器不離身、用來建造遮風避雨的場所，更是讓船隻得以揚帆探索世界的決定因素。直到今日，有關繩結理論的數學研究，已經先進到沒有人可以完全掌握當中最深刻的應用。才不過經過幾個千禧年而已，人類已經把單純當成項圈用的繩結，發展出現實生活中各種結構的模型。

典型用繩結做為裝飾品的範例可以在《凱爾經》這本約西元 800 年由克爾特地區僧侶所製、有著華麗圖飾的福音聖經上找到；在這張插畫中的各部位可以找出看似繩結的各種構造。

參照條目 祕魯的奇譜（約西元前 3000 年）、博羅密環（西元 834 年）、博科繩結（西元 1974 年）、瓊斯多項式（西元 1984 年）及莫非定律詛咒下的繩結（西元 1988 年）

伊山戈骨骸

西元 1960 年，比利時地質學家兼探險家德柏荷古（Jean de Heinzelin de Braucourt）在現今稱為剛果民主共和國的境內，發現上面帶有標示的狒狒骨骸。帶有一連串刻畫的伊山戈骨骸（Ishango bone），一開始被認為是石器時代非洲人用來簡單記事的短棒，但是，有些科學家卻認為這些刻畫背後所代表的數學涵義，已經遠遠超過單純的計算數目。

這些骨骸是在靠近尼羅河源頭的伊山戈所發現，該地在舊石器時代早期聚居過大量人口，直到火山爆發將該地掩埋為止。其中一根骨骸上面從三筆刻畫變成六筆、四筆變成八筆、十筆變成五筆，顯示出刻畫的人大致理解加倍或減半的概念。更令人驚訝的是，其他骨骸上的刻畫全部都是奇數（9、11、13、17、19 和 21），其中一根上面包含介於 10 到 20 之間的質數，而每一根骨骸上刻畫總數不是 60 就是 48，都是 12 的倍數。

有一些年代比伊山戈骨骸更久遠的記事短棒也被發現過，譬如史瓦濟蘭出土的列朋波（Lebombo）骨骸，三萬七千年前帶有 29 筆刻畫的狒狒腓骨。在捷克斯洛伐克則發現距今三萬兩千年前，五五一組、總共 57 筆刻畫的野狼脛骨。雖然缺乏具體事證，但是，有人大膽假設伊山戈骨骸就像是一種陰曆，是石器時代女性用來記錄經期的工具，就好比有句俗諺說「月經創造了數學」一樣。儘管伊山戈骨骸是簡易的記錄工具，但這些刻畫不但顯示出人獸有別，也代表著符號數學的源頭。除非把其他類似的骨骸都找出來，否則我們還是無法完全解開伊山戈骨骸的謎團。

伊山戈狒狒骨骸上頭有著一連串的刻畫，一開始被認為是石器時代非洲人用來簡單記事的短棒，但是，有些科學家卻認為這些刻畫背後所代表的數學涵義，已經遠遠超過單純的計算數目。

 參照條目 靈長類算數（約西元前三千萬年）、為質數而生的蟬（約西元前一百萬年）及埃拉托斯特尼篩檢法（西元前 240 年）

祕魯的奇譜 |

古早的印加人使用奇譜（Quipu）、一種用繩索跟繩結組成的記憶工具來記錄數字。不久前，我們所知最古老奇譜的年份大約是西元 650 年，直到西元 2005 年才在祕魯沿海城市卡拉爾（Caral）一帶，發現距今大約五千年前的奇譜。

南美洲的印加人已經發展出高度文明，擁有全國共同的宗教信仰跟語言。雖然沒有書寫系統，但是，他們卻透過奇譜這套邏輯數值編碼系統──複雜度可以從三個節點演變成上千個節點──建構出用途廣泛的記錄。只可惜當西班牙人抵達南美看到陌生的奇譜時，把奇譜當成是魔鬼的傑作，遂以上帝之名摧毀了數以千計的奇譜，以致如今僅有大約六百個奇譜被保留下來。

繩結的種類與位置、繩索的方向跟層次，繩索的顏色及間隔等，都對照著真實世界中的物品數量，不同的繩結團則代表不同的十次方。奇譜的繩結可能是用來記錄人物、資源或是曆法之類的訊息，而奇譜可能包括建築計畫、舞步，甚至是印加歷史之類更為豐富的資訊。由於奇譜是在缺乏書寫記錄的社會體系中高度發展，其重要性就在於打破以往公認數學只會在擁有書寫系統文明中發展的想法。有趣的是，如今有一套電腦系統之檔案管理員就是用奇譜為名，藉以表彰這套古老卻實用的設計。

奇譜另中一種可怕的用途是被當成死亡計數器。為了每年獻祭一定數量的成人跟小孩，印加人就使用奇譜進行相關的規畫；這種奇譜的本體就代表整個帝國，其中的繩索代表道路，其上的繩結就表示被犧牲的獻祭者了。

古早印加人使用奇譜這種串連的繩結記錄數字，繩結的種類與位置、繩索的方向、層次跟顏色通常代表日期及相對應人、物的數量。

參照條目　結繩記事（約西元前十萬年）及算盤（約西元 1200 年）

骰子

　　能想像一個沒有亂數的世界嗎？具統計意義的亂數讓物理學家得以在 1940 年代模擬熱核爆炸的過程，今日則有很多電腦系統使用亂數處理網際網路通訊，以避免資訊壅塞的問題，就連政治上的民意調查，也都使用亂數在潛在投票者中，挑出無偏誤的樣本。

　　骰子原本是用有蹄動物的踝骨所製，是古代產生亂數的方法之一。許多古文明都相信骰子擲出後的結果是由天神掌控，因此，就把骰子當成重大事件的決定工具，不論是挑選統治者或者是繼承遺產的分配方式。天神決定骰子結果的說法至今仍舊相當普遍，就連天體物理學家史提芬‧霍金（Stephen Hawking）也說過：「上帝不但會擲骰子，甚至會在我們看不到的時候擲骰子，以困惑世人。」

　　目前已知最古老的骰子，是連同一組五千多年前的雙陸棋（backgammon），在伊朗東南方充滿傳奇色彩的邦特城中被挖掘出來。這座城市歷經四階段的文明過程，在西元前 2100 年變成廢墟之前還曾經被焚燬過。就在同一個挖掘基地裡，考古學家還在一位古代女祭司或預言家的臉上，找到一顆最古老、有如被催眠般望著世界的義眼。

　　幾世紀以來，滾動的骰子一直是用來學習機率的工具。在一顆 n 面的骰子上分別刻上不同數字，則每次擲出骰子得到其中一個數字的機率就是 $1/n$；如果要得到一串由 i 個數字所組成的特定序列，其機率就是 $1/n^i$，譬如要用傳統骰子連續擲出 1、4 兩個數字時，其機率就是 $1/6^2 = 1/36$。使用兩顆傳統骰子擲出特定數字總和的機率，就是該總和的所有組合方式除以兩顆骰子的各種可能組合，這也就是為何擲出總和為 7 的可能性遠遠高過 2 的原因。

骰子原本是用有蹄動物的踝骨所製，是古代產生亂數的方法之一。古文明的人使用骰子預測未來，並且相信骰子所擲出的結果是由天神所掌控。

參照條目 　大數法則（西元 1713 年）、布馮投針問題（西元 1777 年）、最小平方方法（西元 1795 年）、拉普拉斯的《機率的分析理論》（西元 1812 年）、卡方（西元 1900 年）、超空間迷航記（西元 1921 年）、亂數產生器的誕生（西元 1938 年）、豬頭滿江紅（西元 1945 年）及馮紐曼平方取中隨機函數（西元 1946 年）

魔方陣

德貝西（**Bernard Frénicle de Bessy**，西元 1602 年～西元 1675 年）

傳說中魔方陣（Magic Squares）起源於中國，首見於西元前 2200 年、大禹時期的一份手寫稿。魔方陣共有 N^2 個格子（cell），當中填滿各不相同的整數，但不論是水平列、垂直行或者是對角線上的數字加總後，都會得到相同的結果。

當一個魔方陣中的數字是從 1 到 N^2 的連續整數時，我們稱之為 N 階方陣，而該方陣的魔數字——也就是每一列的總和——恆等於 $N(N^2 + 1)/2$。文藝復興時期一位名叫杜勒（Albrecht Dürer）的藝術家在西元 1514 年創造了如圖所示、神奇的 4×4 魔方陣。

首先可以注意最下面一列中間兩個數字併在一起恰好是「1514」，也就是這個方陣誕生的年份。另外，除了每一行、每一列跟對角線上數字的總和都是 34 之外，方陣四個角落的數字總和（16 + 13 + 4 + 1）跟中心 2×2 方陣的數字總和（10 + 11 + 6 + 7）也都是 34。

16	3	2	13
5	10	11	8
9	6	7	12
4	15	14	1

將時間快轉到西元 1693 年，一本名叫《破解魔方陣》（*Des quassez ou tables magiques*）的書在德貝西過世後出版，裡面羅列了 880 種各式各樣的四階魔力陣；德貝西本人是一位傑出的法國業餘數學家，時至今日也被認為是研究魔方陣領域中的佼佼者之一。

從最簡單的 3×3 魔力陣開始，歷史長河中不分時間、地點，從馬雅印地安人到非洲豪薩人等，各種不同文明都找得到有關魔方陣的記載，而今日數學家已經進展到更高維度的魔方陣研究——譬如在四度空間超立方體上所有相對應的適當方位裡加總魔數字。

西班牙巴塞隆納聖家堂（Sagrada Família）內有一組 4×4 的魔方陣。這個方陣以 33——很多聖經典故所註記耶穌受難的歲數——做為魔數字。請注意這個方陣中有些數字是重複的，因此並不屬於傳統定義的魔方陣。

參照條目 富蘭克林魔方陣（西元 1769 年）及完美的魔術超立方體（西元 1999 年）

普林頓 322 號泥板

普林頓（George Arthur Plimpton，西元 1855 年～西元 1936 年）

「普林頓 322」（Plimpton 322）意指一塊神祕的巴比倫泥板，上面有張四欄、十五列，用楔形文子書寫的數字表，知名科學史專家羅伯森（Eleanor Robson）認為這塊泥板是「世上最有名的數學工藝品之一」。泥板上的數字表大約是在西元前 1800 年寫就，前三欄列出各種畢氏三元數（Pythagorean triple）的組合——也就是說，這些數字符合直角三角形三邊邊長適用於畢氏定理 $a^2 + b^2 = c^2$ 的特性；舉例而言，3、4、5 這三個數字就是一種畢氏三元數。數字表第四欄則簡單註記每一列的序數。這塊泥板上的數字表究竟有什麼用途至今仍舊眾說紛紜，有些學者認為這些數字可能是學生在計算代數或三角練習題時所寫出的解答。

普林頓 322 號泥板是根據紐約出版商普林頓命名，他在西元 1922 年以十美元的代價向貿易商買下這塊泥板並捐給哥倫比亞大學。這塊泥板的歷史可以追溯到發源於美索不達米亞的古巴比倫文明——即底格里斯河和幼發拉底河交會的肥沃流域，位於現今伊拉克境內。如果穿越時空回到當初不知名人士製作普林頓 322 號泥板的那個年代，其時間點跟基於「以眼還眼、以牙還牙」精神制訂律法的漢摩拉比王相距不到一世紀。另外，根據聖經典故，傳說中帶領族人離開幼發拉底河畔的吾珥城前往迦南地的亞伯拉罕，也跟這塊泥板的年代相當。

巴比倫人在濕泥板上用手寫筆加壓、楔入的方式書寫文字。在巴比倫的數字系統中，1 就是簡單的一筆畫，並且用單一筆畫的各種組合書寫 2 到 9 這幾個數字。

普林頓 322 號泥板（這張照片旋轉了 90 度）意指一塊用楔形文字記載數字的巴比倫泥板，上面的數字符合直角三角形三邊邊長適用於畢氏定理 $a^2 + b^2 = c^2$ 的特性。

參照條目 畢氏定理與三角形（約西元前 600 年）

約西元前 1650 年

萊因德紙草文件

亞姆士（**Ahmes**，約西元前 1680 年～約西元前 1620 年），
萊因德（**Alexander Henry Rhind**，西元 1833 年～西元 1863 年）

萊因德紙草文件（Rhind Papyrus）被視為是所有已知關於古埃及數學的最重要一份文獻。這份卷軸大約一呎（30 公分）高、十八呎（5.5 公尺）長，是從尼羅河東岸底比斯的墓穴中出土。繕寫人亞姆士採用象形文字系的僧侶體（hieratic）書寫，時間點大約發生在西元前 1650 年，使得亞姆士成為數學史上最早出現的一號人物！這份卷軸也顯示了歷史最悠久的數學符號——加號——雖然只是用兩條線連接兩個要加總數字作為表示。

西元 1858 年，蘇格蘭律師兼埃及古物玩家萊因德因健康因素造訪埃及，並在同年於盧克索的市集買到這份卷軸。倫敦大英博物館隨後在西元 1864 年取得這份卷軸。

亞姆士在卷軸上宣稱：「這份卷軸準確估算許多事物的本質，包含各項事物與謎團的知識，……以及所有的祕密」。卷軸上有關數學的內容包括分數、算術級數、代數、金字塔幾何……等各種實用的數學，可以用於測量、建築跟會計等領域；其中最讓人感興趣的是「第 79 個問題」（Problem 79），一個曾經讓人難以理解其意義的題目。

現在大多數人認為「第 79 個問題」應該翻譯成：「7 間房子有 7 隻貓，每隻貓都抓了 7 隻老鼠，每隻老鼠都吃了 7 穗的麥子，而每穗麥子可以收成 7 荷凱（hekat，一種重量單位）的小麥；那麼，這一切的總數是多少？」有趣的地方在於這種有關數字 7 跟動物的謎題，似乎是人類數千年歷史中亙古不滅的習題！我們可以在費波那契於西元 1202 年出版的《計算書》（Fibonacci's *Liber Abaci*）中看到相當類似的題目。另外有一首古老的英文兒歌〈聖艾維斯的謎題〉（St. Ives puzzle）中，也提到 7 隻貓的情節。

萊因德紙草文件是關於古埃及數學最重要的一份資料，這張照片顯示包含分數、算術級數、代數、幾何、會計等數學問題的部分卷軸內容。

參照條目　《摩訶吠羅的算術書》（西元 850 年）、費波那契的《計算書》（西元 1202 年）及《特雷維索算術》（西元 1478 年）

圈叉遊戲

　　圈叉遊戲（Tic Tac Toe, TTT）是人類史上最古老、最廣為人知的一項遊戲。雖然產生現代化圈叉遊戲規則的確切日期，可能沒那麼歷史悠久，可是，考古學家卻可以把這種「三個連成一列」的遊戲，追溯到大約西元前 1300 年的古埃及，類似的遊戲類型甚至可以追溯到人類社會的最初階段。圈叉遊戲是由兩位分別代表 ○ 方和 × 方的玩家在一個 3×3 的方格上輪流填上己方符號，最先讓己方符號以水平、垂直或對角線方式連成一線的玩家即為勝方；而在 3×3 的方格上多半是以平手的局面作收。

　　在古埃及法老王統治時期，棋弈遊戲在日常生活中，就扮演著相當重要的角色，類似圈叉遊戲之類的賽局，就是從那時候開始發揚光大。如果把圈叉遊戲視為「原子」的話，經過幾世紀的演變，我們現在已經進展到更高階、相當於「分子」的各種遊戲。只要稍微改變規則跟棋盤大小，簡單的圈叉遊戲就會變成需要花大量時間鑽研的華麗挑戰。

　　數學家跟解謎狂已經把圈叉遊戲擴展到更大、更高維度的棋盤，比如輪胎面（Torus，類似甜甜圈的環面）或克萊恩瓶（Klein bottle，單邊、無法區別內外的表面）上的長方形或正方形。

　　回過頭來談談圈叉遊戲的一些特性。代表 ○ 方和 × 方的兩位玩家總共可以在棋盤上排出 9! ＝ 362,880 種不同的棋型組合，而圈叉遊戲分別在第五、六、七、八、九步棋結束的所有可能組合總數為 255,168。在西元 1980 年代初期，希利斯（Danny Hillis）、席維文（Brain Silverman）和他們一群電腦天才的朋友們共同開發一套由上萬組 Tinkertoy® 積木零件所組成、直接命名為 Tinkertoy 的圈叉遊戲機。西元 1998 年，多倫多大學的研究人員跟在校學生一起打造出能跟人類在 4×4×4 三度空間對弈圈叉遊戲的機器人。

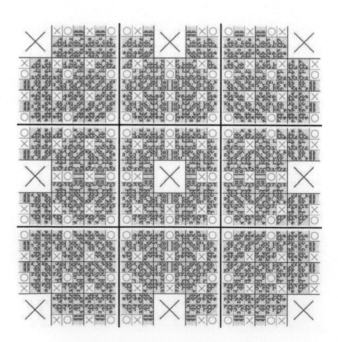

哲學家格林（Patrick Grim）和聖丹尼斯（Paul St. Denis）分析出圈叉遊戲的所有可能呈現方式。圖中棋盤上每一格都被切割成更小的棋盤，並顯示出後續各種可能的不同走法。

 參照條目　圍棋（西元前 548 年）、環遊世界遊戲（西元 1857 年）、破解艾瓦里遊戲（西元 2002 年）及破解西洋跳棋（西元 2007 年）

畢氏定理與三角形

波達亞納（**Baudhayana**，約西元前 **800** 年），
薩莫斯的畢達哥拉斯（**Pythagoras of Samos**，約西元前 **580** 年～約西元前 **500** 年）

　　有些小朋友可能是在西元 1939 年米高梅（MGM）電影《綠野仙蹤》（*The Wizard of Oz*）中，當稻草人終於有了自己的大腦並開口覆誦畢氏定理時，頭一次聽到這個赫赫有名的定理。唉！可是劇中的稻草人卻將這麼有名的定理給背錯了！

　　畢氏定理指的是在每一個直角三角形中，斜邊長 c 的平方必定等於其餘較短兩邊 a 跟 b 的平方和——算式寫成 $a^2 + b^2 = c^2$。這是一個被用最多方法證明過的定理，在盧米斯（Elisha Scott Loomis）那本《畢氏命題》（*Pythagorean Proposition*）中就舉例了 367 種不同的證明方式。

　　畢氏三角形（Pythagorean Triangle, PT）指的是三邊均為整數的直角三角形。「3-4-5」畢氏三角形——即兩短邊邊長分別是 3 跟 4，斜邊長為 5——是唯一一個由連續三個整數構成三邊的畢氏三角形，也是唯一一個三邊長總和數（12）恰為面積數（6）兩倍的直角三角形。排在「3-4-5」之後、下一個由連續數字構成邊長的畢氏三角形是「21-20-29」；以此類推到第 10 個這樣的三角形可就大得多了：「27304197-27304196-38613965」。

　　法國數學家費馬（Pierre de Fermat）在西元 1643 年問了一個問題：請找出一個不論斜邊 c 或者是兩短邊總和（a + b）都是平方數的畢氏三角形，令人吃驚的是，符合這個條件的最小三個數字分別是：4,565,486,027,761、1,061,652,293,520 以及 4,687,298,610,289。顯然下一個符合上述條件的畢氏三角形將大到若以吋為單位的話，其邊長將超過太陽與地球之間的距離！

　　雖然我們都把畢氏定理的構成歸功給畢達哥拉斯，不過，卻有證據顯示在更早幾世紀的印度數學家波達亞納（Baudhayana）約在西元前 800 年左右就在其所著《波達亞納繩法經》（*Baudhayana Sulba Sutra*）上發展這個定理，甚至歷史更久遠的巴比倫人也早就知道畢氏三角形的特性了。

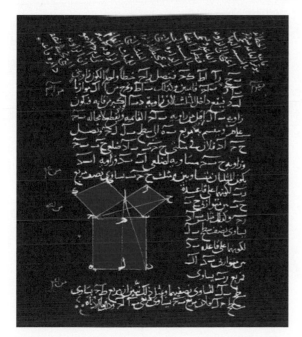

波斯數學家阿杜西（Nasr al-Din al-Tusi）採用歐幾里得幾何方法證明畢氏定理。阿杜西本人是位創造力豐富的數學家、天文學家、生物學家、化學家、哲學家、醫師兼神學家。

**參照
條目**　普林頓 322 號泥板（約西元前 1800 年）、畢達哥拉斯創立數學兄弟會（約西元前 530 年）、月形求積（約西元前 440 年）、餘弦定理（約西元 1427 年）及維維安尼定理（西元 1659 年）

圍棋

　　圍棋大約是西元前 2000 年源自於中國的雙人棋弈，最早提到有關於圍棋的歷史記載是一本叫做《左傳》（左丘明所著的編年史）的中國敘事古籍，當中提到西元前 548 年有個人下圍棋的故事。圍棋之後傳到了日本，並在十三世紀成為廣受歡迎的遊戲。圍棋是由兩位分別持黑子跟白子的玩家，在一個 19×19 的棋盤上對弈，當某一方的棋子完全被另一方的棋子包圍時，就要從棋盤上把被圍住的棋子通通移除（提吃），遊戲目的是儘可能比對手掌握更大的棋盤範圍。

　　有很多因素可以說明圍棋的複雜程度，像是大範圍的棋盤、層出不窮的策略運用，以及大量又變化多端的對弈過程，所以，單單設法在棋盤上擺上比對手更多的棋子並不能保證獲勝。如果把對稱性納入考慮的話，圍棋總共有 32,940 種不同的棋路，其中 992 種被視為較常見的搶手棋；而變幻莫測的棋局據估算更有高達 10^{172} 種不同的最終結果及 10^{768} 種不同的走法。兩位圍棋高手對弈時，通常會在 150 手之內決勝負，期間的每一手棋大約有二百五十種不同的選擇。棋藝高超的西洋棋軟體有時可能擊敗最頂尖的西洋棋高手，不過，最厲害的圍棋軟體卻往往會輸給一位受過圍棋訓練的小朋友。

　　下圍棋的電腦很難做到「先多想幾步後」再做出判斷。相較於西洋棋，圍棋每下一子所需要考慮各種可能的合理變化更多，也由於在不同空位落子會對於整體佈局造成不同的影響，因此，也不容易判斷該在哪邊落子比較有利。

　　匈牙利研究人員在西元 2006 年宣稱可以透過一種名為 UCT 的演算法（Upper Confidence bounds applied to Trees，樹狀結構高階信度分析）幫助電腦判斷出最有可能獲勝的棋路與職業圍棋高手對弈，不過，這套演算法目前只適用在 9×9 規模的棋盤上。

圍棋的複雜度在於大範圍棋盤、複雜的策略，以及數量龐大又變化多端的對弈過程。儘管棋藝高超的西洋棋軟體有能力擊敗西洋棋高手，但是，最厲害的圍棋軟體卻往往會輸給受過圍棋訓練的小朋友。

參照條目　圈叉遊戲（約西元前 1300 年）、破解艾瓦里遊戲（西元 2002 年）及破解西洋跳棋（西元 2007 年）

畢達哥拉斯創立數學兄弟會

薩莫斯的畢達哥拉斯（**Pythagoras of Samos**，約西元前 580 年～約西元前 500 年）

大約在西元前 530 年的時候，希臘數學家畢達哥拉斯搬到了義大利克羅頓教授數學、音樂跟來世學。雖然畢達哥拉斯事實上有許多成就是靠門徒完成，但是他的兄弟會所提出的許多觀點卻影響了之後好幾世紀的生命密數及數學兩個領域；此外，我們通常也把發現樂音調諧的數學的關係歸功給畢達哥拉斯，因為他注意到只要幾根弦之間的長度比為一整數時，撥動這些琴弦就能創造出和弦樂。畢達哥拉斯的研究領域還包括三角形數（triangular numbers，把一些圓點排成三角形並計算這些圓點數的數學特性）和完全數（perfect numbers，即一個整數同時為其所有真因子總和的數字）。當直角三角形斜邊為 c，其餘兩邊分別是 a 跟 b 時，則 $a^2 + b^2 = c^2$ 這個著名的定理也是以他為名。雖然印度人跟巴倫人可能都比畢達哥拉斯更早知道這個恆等式，但有些學者相信畢達哥拉斯及其門徒仍舊是第一批證明此一定理的希臘人。

對畢達哥拉斯及其門徒而言，數字就好像天神一樣純淨、不受物質變化干擾，崇敬 1 到 10 這幾個數字就像是信奉多神教一樣。他們相信數字本身是活的，會跟人的意識心電感應；只要透過各種不同形式的沉思冥想，人類就可以跳脫所處三度空間的束縛，跟這些數目字存有進行心電交流。

這些看似詭異的想法對當今的數學家而言其實並不陌生，當代數學家經常爭辯數學到底是經從人類大腦所創造出來的，還是根本自始就是宇宙的一部分，與人類的思維邏輯無關？對畢達哥拉斯而言，數學就像是神喻般令人著迷；數學跟神學跨域融合的想法，在畢達哥拉斯學派後越加風行，最終還大幅影響了在中世紀宗教扮演重要角色的希臘宗教哲學，甚至是近代的哲學家康德（Immanuel Kant）。另一位哲學家羅素（Bertrand Russell）也曾若有所思地提到：如果沒有畢達哥拉斯的貢獻，神學家可能沒辦法這麼頻繁地探索上帝與不朽的邏輯證明。

在畫作《雅典學院》（*The School of Athens*）中，畢達哥拉斯（左下角抱著一本書的那位大鬍子）正在替一位年輕人上音樂課。這張畫出於文藝復興時期義大利知名的畫家及建築師拉斐爾（Raphael）之手。

參照條目　普林頓 322 號泥板（約西元前 1800 年）及畢氏定理與三角形（約西元前 600 年）

季諾悖論

伊利亞的季諾（**Zeno of Elea**，約西元前 490 年～約西元前 430 年）

　　哲學家跟數學家花了超過一千年的時間想要了解季諾悖論（Zeno's Paradoxes）──關於某些運動若非應該辦不到就根本是個幻覺的一組謎題。季諾是居住在南義大利、早於蘇格拉底的一位希臘哲學家，最有名的季諾悖論談及希臘英雄阿基里斯（Achilles）與一隻遲緩的烏龜賽跑時，只要烏龜在起點擁有些許領先優勢的話，阿基里斯就絕不可能在賽跑途中超越烏龜。事實上，這個悖論還可以蘊涵我們絕對無法離開所處房間──當朝房門走去要離開房間時，我們必須先走完這段距離中的一半，接下來得走完剩餘那半段距離中的再一半，再接著一直重複把剩餘距離減半的動作；結果，我們將永遠不可能在有限的跨步中抵達房門！在數學上，我們可以把這種無窮序列的動作之極限透過（1/2 ＋ 1/4 ＋ 1/8…）的無窮級數總和來表現。一個近代的想法，是堅持這個無窮級數的總和為 1，以解決季諾悖論。只要每一跨步都耗去前一步所需的時間之一半，則完成這一連串無止境跨步所花費的時間，就跟現實生活中走出房間所需耗費的時間一樣。

　　可是這種論證方式並不夠圓滿，因為它並無法解釋我們如何能完成逐一走過無窮多個跨步點，因此現在的數學家採用無限小量（無法想像的極小數量，小到幾乎是卻又不等於 0）的微觀概念分析季諾悖論。結合一個稱之為非標準分析（nonstandard analysis）的數學分支以及特別地，內含集合論（internal set theory），或許我們可以解釋季諾悖論，但相關的論辯並不會因此歇止，譬如就有些人認為當時、空兩者是離散的時候，從甲地前往乙地所需要的跨步數就一定會是有限的。

根據最著名的季諾悖論，只要烏龜在起點擁有些許領先優勢的話，兔子將永遠追不上烏龜；甚至可以得到烏龜跟兔子都無法抵達終點的推論。

參照條目　亞里斯多德滾輪悖論（約西元前 320 年）、發散的調和級數（約西元 1350 年）、發現圓周率 π 的級數公式（約西元 1500 年）、發現微積分（約西元 1665 年）、聖彼得堡悖論（西元 1738 年）、理髮師悖論（西元 1901 年）、巴拿赫—塔斯基悖論（西元 1924 年）、希爾伯特旅館悖論（西元 1925 年）、生日悖論（西元 1939 年）、海岸線悖論（約西元 1950 年）、紐康伯悖論（西元 1960 年）及巴蘭多悖論（西元 1999 年）

月形求積

希俄斯的希波克拉底（**Hippocrates of Chios**，約西元前 470 年～約西元前 400 年）

古代希臘數學家深深著迷於幾何的美、對稱與井然有序。順著這股熱情，希俄斯的希臘數學家希波克拉底為我們演示如何作一個正方形，使其面積等於一個給定的月形。所謂的月形是指一塊新月形的區域，是由兩個內凹的圓弧所組成，而所謂「月形求積」（Quadrature of the Lune）則是已知最早的數學證明題之一。換句話說，希波克拉底成功地把弧線構成的月形面積，以直線形面積，即「求積」來表達。如同插圖中所舉的例子，直角三角形兩邊延伸出去兩個月形，其面積和就跟這個直角三角形一樣。

對古希臘人而言，「化為直線形面積」就表示可以只用直尺和圓規兩種工具，針對某一給定的區域，畫出一個面積相等的方形。一旦可以順利完成尺規作圖的話，這種區域就稱之為「可方形化」（英文稱為 quadrable 或 squareable）。希臘人可以輕易把多邊形化為方，但是，曲線的構圖顯然困難許多。事實上如果以直覺反應的話，要把曲線的物體轉化成方形，看起來就像是不可能的任務一樣。

幾乎早歐幾里得整整一世紀彙整出一套目前已知最古老的幾何學，是希波克拉底另一件著名的事蹟，歐幾里得在他自己那本《幾何原本》（*Elements*）中也可能引用了一些希波克拉底的觀點。希波克拉底作品的重要性在於提供一個共通的架構，好讓其他數學家可以接手進行後續的擴充。

希波克拉底的月形謎題，其實是「化圓為方」（Quadrature of the Circle）這個大問題中的一部分，意思是設法畫出一個方形，使其面積跟一個已知圓的面積相等。數學家花費超過兩千多年的時間想要解決「化圓為方」的問題，直到林德曼（Ferdinand von Lindemann）在西元 1882 年才證明這真的是不可能完成的一件事。我們現在知道只有五種月形可以化為方形，其中三種就是藉由希波克拉底之手完成證明，其餘兩種則要等到西元 1770 年代中期才完成證明。

直角三角形兩邊延伸出去兩個月形（圖中黃色新月形部分）面積的總和，恰好跟直角三角形的面積相等。古代希臘數學家總醉心於探索這一類幾何圖形的優雅之處。

參照條目 畢氏定理與三角形（約西元前 600 年）、歐幾里得的《幾何原本》（西元前 300 年）、笛卡兒的《幾何學》（西元 1637 年）及超越數（西元 1844 年）

柏拉圖正多面體

柏拉圖（**Plato**，約西元前 428 年～約西元前 348 年）

　　柏拉圖正多面體指的是一種立體外凸的多面體，不但每一面都是由相同的正多邊形所組成，每一面的稜邊邊長及頂角角度也都一樣。除此之外，柏拉圖正多面體的每個頂點都被相同數目的面數所圍繞。最廣為人知的柏拉圖正多面體，就是由六個相同正方形所組成的正立方體。

　　古希臘人很早就知道並且證明出只能組成五種柏拉圖正多面體：正四面體、正立方體、正八面體、正十二面體、正二十面體。以正二十面體為例，該正多面體就是由二十個等邊三角形的面所組成。

　　柏拉圖大約是在西元前 350 年時，於《蒂邁歐篇》（*Timaeus*）對話錄中，描述了這五個柏拉圖正多面體。這些正多面體的美妙與對稱性不但讓柏拉圖大受震撼，他甚至認為這些正多面體的形狀恰可用來描述組成宇宙四元素的結構。更進一步說明的話，正四面體因為其尖銳的造型，足以代表火焰的外貌。正八面體代表空氣，相較之下，最平滑的正二十面體就代表水。至於土，就由看起來既紮實又穩固的正立方體所組成。最後，柏拉圖認為上帝就是用正十二面體規劃天上繁星的秩序。

　　薩莫斯的畢達哥拉斯，也就是那位生年大約在西元前 550 年、與佛陀及孔子兩位約略同時的知名數學家暨神祕主義者，可能知道其中三個柏拉圖正多面體（正立方體、正四面體及正八面體）。居住在蘇格蘭一帶、起碼早柏拉圖一千年、新石器時代後期的人類，也被發現曾用石頭做出略微粗糙的柏拉圖正多面體。德國天文學家克卜勒（Johannes Kepler）曾製作過一個把不同柏拉圖正多面體彼此套疊的模型，試圖用以說明行星環繞太陽運行的軌道。雖然這是一個錯誤的理論，但克卜勒仍舊是堅持用幾何原理解說天體運行現象的第一批科學家之一。

傳統正十二面體是由十二個正五邊形所組成，這張圖是由尼蘭德（Paul Nylander）用趨近手法、只取其中一部分的面所畫出來的雙曲線正十二面體。

參照條目 畢達哥拉斯數學兄弟會（約西元前 530 年）、阿基米德不完全正多面體（約西元前 240 年）、歐拉多面體方程式（西元 1751 年）、環遊世界遊戲（西元 1857 年）、皮克定理（西元 1899 年）、巨蛋穹頂（西元 1922 年）、塞薩多面體（西元 1949 年）、西拉夕多面體（西元 1977 年）、連續三角螺旋（西元 1979 年）及破解極致多面體（西元 1999 年）

亞里斯多德的《工具論》

亞里斯多德（**Aristotle**，西元前 384 年～西元前 322 年）

　　亞里斯多德是希臘哲學家暨科學家，是柏拉圖的弟子，同時也是亞歷山大大帝（Alexander the Great）的老師。《工具論》（*Organon*）是亞里斯多德彙編一套六冊、有關邏輯分析的論文集，包括：《範疇篇》、《前分析篇》、《解釋篇》、《後分析篇》、《辨謬篇》和《論辯篇》，以上順序是約西元前 40 年由羅德島的安德羅尼古斯（Andronicus of Rhodes）所排定。雖然柏拉圖、蘇格拉底對於邏輯分析也有相當鑽研，但是亞里斯多德才是以系統性整理邏輯學的第一人，並從此引領西方世界科學論證長達兩千多年。

　　《工具論》的功用並不在於告訴讀者何者為真，而是告訴讀者該採用什麼方式探索真理、該如何用有意義的方式理解世間萬物。三段論法（syllogism）是亞里斯多德最主要的分析工具之一，譬如以下這三段的論證句子：「所有女人都會死亡，埃及豔后（Cleopatra）是個女人，所以，埃及豔后也會死亡。」只要兩個前提為真，我們就可以確信接下來的結論也一定為真。亞里斯多德也區分了通相（廣義範疇）與殊相的不同，埃及豔后是一個特殊項，女人跟死亡則屬於通項，而我們通常會在通項之前加上「所有」、「部分」、「沒有」之類的用詞。亞里斯多德分析了很多種三階段的論證方式，並指出其中哪幾種才是有效的推論。

　　亞里斯多德還把包含模態性質的論證──也就是那些包含「可能」跟「必定」用詞的模態邏輯（modal logic）──納入三段論法的分析中。近代數學邏輯可以從亞里斯多德的方法論為起點，再把他的思維理路延伸到其他種類的句型結構，像是關運性更為複雜的表達方式，或像是「沒有任何女人喜

歡那些總會不喜歡某些女人的所有女人」這種在一個句子中包含數個量詞（quantifier）的句型。無論如何，亞里斯多德試圖以系統性方式所發展出來的邏輯分析，已經被公認是人類最偉大的成就之一，提供遠古時代與邏輯有緊密關係的數學領域一塊發展的奠基石，甚至也影響了神學家理解實在的探索方式。

文藝復興時期的義大利畫家拉斐爾（Raphael）畫出手拿自己著作的《倫理學》（*Ethics*）、緊鄰柏拉圖而立的亞里斯多德。這幅位於梵諦岡的壁畫叫做《雅典學院》（*The School of Athens*），繪於西元 1510 年至西元 1511 年間。

參照條目　歐幾里得的《幾何原本》（西元前 300 年）、布爾代數（西元 1854 年）、文氏圖（西元 1880 年）、《數學原理》（西元 1910 年～西元 1913 年）、哥德爾定理（西元 1931 年）及模糊邏輯（西元 1965 年）

亞里斯多德滾輪悖論

亞里斯多德（**Aristotle**，西元前 384 年～西元前 322 年）

　　記述在古希臘教科書《論力學》（*Mechanica*）上的亞里斯多德滾輪悖論，是一個好多世紀以來讓不少最偉大數學家們感到困惑的謎題。一個小輪以同心圓方式固定在另一個大輪上，則大輪圓周上的每一點，都可以在小輪的圓周上找出一對一的對應關係。也就是說，對大輪圓周上的任何一點而言，在小輪圓周上都只能找到唯一一個對應點，反之亦然。接下來，不論是以小輪在一根橫桿上滾動，或者是讓大輪直接在地面滾動時，這個組合輪的水平位移距離應該一樣；可是這怎麼可能呢？我們明明就非常清楚知道這兩個輪子的圓周長是不一樣的。

　　如今數學家們已經知道，存在一對一的對應關係並不表示兩條曲線的長度相同；康托爾（Georg Cantor）就證明出不論線段長短，在上面可以取得的點基數（cardinality of points）都是一樣的。他稱點的這種**超限數**（Transfinite Number of points）為「連續統」（continuum）。舉例而言，所有存在於 0 與 1 這個區間中的點，都可以用一對一的對應方式擺進另一條無限長的直線上，而在康托爾之前的數學家顯然就是對這個問題百思而不得其解。不過，在此也要用物理學的觀點說明一下，當大輪真的在地面滾動時，被拖行的小輪其實並不會完整滾過與其接觸的橫桿。

　　雖然普遍認為《論力學》出自亞里斯多德之手，但有些學者懷疑這本最古老的工程教科書，作者恐怕另有其人，也就是亞里斯多德的學生、朗普薩克斯的斯特拉圖（Straton of Lampsacus，亦寫做 Strato Physicus）。斯特拉圖早在約西元前 270 年就離開人世，因此，這本教科書確切問世的時間，跟真正的作者恐怕永遠都會覆上一層謎樣的面紗。

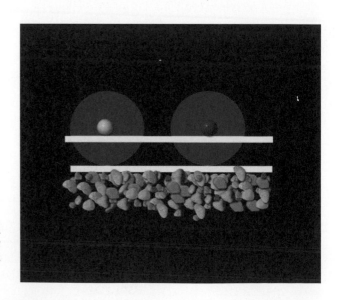

如圖所示，一個大輪子上面黏著一個小輪子。亞里斯多德的滾輪悖論就是描述當這個組合輪從左往右滾時，小輪子滾過相接觸棒子的距離，就跟大輪子滾過地面的距離一樣。

參照條目 季諾悖論（約西元前 445 年）、聖彼得堡悖論（西元 1738 年）、康托爾的超限數（西元 1874 年）、理髮師悖論（西元 1901 年）、巴拿赫—塔斯基悖論（西元 1924 年）、希爾伯特旅館悖論（西元 1925 年）、生日悖論（西元 1939 年）、海岸線悖論（約西元 1950 年）、紐康伯悖論（西元 1960 年）、無法證明的連續統假設（西元 1963 年）及巴蘭多悖論（西元 1999 年）

歐幾里得《幾何原本》

亞歷山卓的歐幾里得（Euclid of Alexandria，約西元前 325 年～約西元前 270 年）

　　亞歷山卓的幾何學家歐幾里得活在托勒密王朝時代的埃及，所著《幾何原本》（*Elements*）是數學史上最成功的一本教科書。歐幾里得建立平面幾何學的定理都只源自於 5 個簡單的公理（axiom）或公設（postulate），其中一個就是穿過兩點之間只能決定出唯一一條直線。給定一個點跟一條直線時，另一個著名的公設指出穿過該點，也只能畫出唯一的一條平行線。一直到了十九世紀，數學家們才開始探索平行線公設不再是必要前提的「**非歐幾里得幾何**」（Non-Euclidean Geometries）。歐幾里得透過邏輯論證建構數學定理的研究途徑，不但替幾何學打下根基，同時也替數不清涉及邏輯及數學證明的組織立下典範。

　　《幾何原本》一系列共十三本書，涵蓋範圍包括平面幾何、三度空間幾何、比例及數論等領域，不但是第一批在印刷機發明後被大量印製的書籍，幾世紀以來也都是世界各地大學必備的課程。自西元 1482 年最原始的版本以降，目前已經有上千種各式各樣不同版本的《幾何原本》。雖然《幾何原本》中各項證明方式的第一位創作者不見得都是歐幾里得本人，但是其清晰的組織與風格讓《幾何原本》的影響力源遠流長。數學史學家希斯（Thomas Heath）稱《幾何原本》為「史上最偉大的數學教科書」，後代科學家如伽利略（Galileo Galilei）、牛頓（Isaac Newton）都深受《幾何原本》影響。哲學與邏輯學家羅素（Bertrand Russell）曾在文章中表示：「我十一歲時在哥哥的指導下開始學習《幾何原本》，那是我生命中最精彩的其中一段時光，如同初戀般光彩奪目，根本無法想像世間還有什麼其他事情能如此令人著迷」。女詩人聖文森米萊（Edna St. Vincent Millay）則寫到：「只有歐幾里得看得見最純粹的美。」

這是巴斯的阿德拉（Adelard of Bath）約在西元 1310 年把歐幾里得阿拉伯文版《幾何原本》翻譯成拉丁文版本的卷首，也是僅存最古老的一本拉丁文版《幾何原本》。

參照條目 畢氏定理與三角形（約西元前 600 年）、月形求積（約西元前 440 年）、亞里斯多德的《工具論》（約西元前 350 年）、笛卡兒的《幾何學》（西元 1637 年）、非歐幾里得幾何（西元 1829 年）及威克斯流形（西元 1985 年）

阿基米德：沙粒、群牛問題跟胃痛遊戲

敘拉古的阿基米德（**Archimedes of Syracuse**，約西元前 287 年～西元前 212 年）

西元 1941 年，數學家哈代（G. H. Hardy）留下這麼一句話：「當（劇作家）埃斯庫羅斯（Aeschylus）被遺忘時，阿基米德卻還是會被人們提起，因為語言文字會有消失的一天，但是數學點子卻不會；或許沒人相信『不朽』這回事，但用來描述數學家卻可能是最貼切的。」信哉斯言，阿基米德這位古希臘的幾何學家經常被認為是古代最偉大的數學暨科學家，同時也被認為是世上最偉大的四位數學家之一，與牛頓（Isaac Newton）、高斯（Carl Friedrich Gauss）、歐拉（Leonhard Euler）三人並列。特別值得一提的是，如果發現研究伙伴們竊取他的想法時，阿基米德有時會寄送一些不正確的定理給對方，讓他們誤入歧途以略施薄懲。

除了許多數學想法外，阿基米德也以研究極為誇張的天文數字而著名。在他那本《數沙術》（*Sand Reckoner*）中，阿基米德就估算出只要 8×10^{63} 粒沙，就足以填滿整個宇宙。

另一個更叫人吃驚的天文數字：$7.760271406486818269530232833213\cdots \times 10^{202544}$，就是阿基米德某一版「群牛問題」（cattle problem），計算假設中四群牛總共有幾隻的謎題解答。阿基米德認為不管什麼人、只要能夠解出這個謎題就配得上「榮耀的桂冠」，並「被視為智慧族群中最完美的人」。直到西元 1880 年才有數學家算出趨近的答案，更精確的數字則要等到西元 1965 年，才由加拿大數學家威廉斯（Hugh C. Williams）、傑曼（R. A. German）、札恩克（C. Robert Zarnke）等人透過 IBM 7040 電腦第一次計算出來。

西元 2003 年，數學史學家發現失傳已久的「阿基米德胃痛遊戲」（Stomachion of Archimedes）。令人嘖嘖稱奇的是，這是一份由僧侶們在大約一千多年前覆寫在陳舊羊皮紙上的文獻，上面記載著這個關於組合數學（combinatorics）的謎題。組合數學是研究某一給定問題究竟有幾種解法的學門，胃痛遊戲的目的就是算出如圖所示的十四片拼圖究竟有多少種方式可以拼成一個正方形。四位數學家在同年算出不同組合方式的總數應該是 17,152 種。

阿基米德胃痛遊戲的其中一個目標，就是算出到底有幾種方法可以把圖中十四片拼圖組合成正方形。四位數學家在西元 2003 年算出可能的拼法共有 17,152 種。此圖出自克拉塞克（Teja Krašek）之手。

 參照條目 圓周率 π（約西元前 250 年）、歐拉多邊形分割問題（西元 1751 年）、天文數字「Googol」（約西元 1920 年）及雷姆斯理論（西元 1928 年）

圓周率 π

敘拉古的阿基米德（**Archimedes of Syracuse**，約西元前 **287** 年～約西元前 **212** 年）

　　圓周率通常以希臘字母 π 表示，意指一個圓的圓周與其直徑的比，其值約為 3.14159 倍的比率關。古人大概是觀察到車輪每轉動一圈，車子就會向前移動大約車輪直徑三倍的距離——因此成為早期意識到圓周大約是直徑三倍的方式。古巴比倫人曾有張表，敘述過一個圓的圓周相較於內接該圓的六角形邊長，其比為 1：0.96，隱含圓周率是 3.125 的意思。希臘數學家阿基米德（約西元前 250 年）是第一位用數字嚴密區間表示圓周率的人——介於 223/71 及 22/7 之間。威爾斯數學家瓊斯（William Jones）在西元 1706 年採用 π 這個符號、其靈感大概來自希臘文以字母 π 起頭的「周圍」一字，我們才開始以 π 表示圓周率。

　　π 是人類數學領域中最有名的比，宇宙中的其他高等文明可能亦做如是觀。π 小數點後的位數永無止境，而且無人可偵測其排列順序具有一定規則。能用多快速度推算 π 已經成為一種評估電腦計算能力的有趣方式，如今我們已經知道 π 小數點後的位數起碼破兆。

　　我們通常把 π 跟圓聯想在一起，十七世紀之前的人也都這麼想。自從十七世紀開始，π 跟圓之間不再有必然的關係；人類創造許多不同的曲線加以研究，譬如各種不同的拱形、擺線、還有被稱做女巫的箕舌線，這些曲線的區域面積都能用 π 加以表示。如今 π 甚至也不再侷限於幾何領域而已，現在可以在數論、機率、複數等數不清的領域中看到 π，就連簡單位分數的級數也都跟 π 產生連結，像是 π/4 = 1 − 1/3 + 1/5 − 1/7…。西元 2006 年，一位日本退休工程師原口證（Akira Haraguchi）創下世界記錄，一口氣背誦出 π 小數點後的十萬位數字。

圓周率 π 近似於 3.14，是一個圓的圓周相對於其直徑的比。古代人可能注意到每當車輪轉動整整一圈後，車子向前距離大約會是車輪直徑 3 倍的現象。

参照條目　阿基米德：沙粒、群牛問題跟胃痛遊戲（約西元前 250 年）、發現圓周率 π 的級數公式（約西元 1500 年）、繞地球一圈的彩帶（西元 1702 年）、歐拉數 e（西元 1727 年）、歐拉—馬歇羅尼常數（西元 1735 年）、布馮投針問題（西元 1777 年）、超越數（西元 1844 年）、霍迪奇定理（西元 1858 年）及正規數（西元 1909 年）

埃拉托斯特尼篩檢法

埃拉托斯特尼（Eratosthenes，約西元前 276 年～約西元前 194 年）

　　質數，是一個大於 1、而且只能被 1 跟本身整除的數字，像是 5 或是 13。14 因為可以被 2 跟 7 整除（14 ＝ 2×7），所以並不是一個質數。數學家對於質數著迷的歷史已經超過兩千多年。大約在西元前 300 年的時候，歐幾里得證明出沒有所謂「最大的質數」這一回事，硬要找的話，可以找出無窮無盡的質數。問題是，我們該如何確認某個數字是質數呢？大約在西元前 240 年時，希臘數學家埃拉托斯特尼發展出史上第一套檢驗一個數字與否為質數的方法，也就是現今稱為「埃氏篩檢法」的計算方式。更特別的是，這種作法可以找出某個特定整數以下的所有質數（多才多藝的埃拉托斯特尼當年不但擔任亞歷山卓某個知名圖書館的館長，也是已知第一位合理估算地球直徑的天才）。

　　法國另一位神學家暨數學家梅森（Marin Mersenne）也對質數深感興趣，因此打算找出一條可以用來搜尋所有質數的公式。雖然梅森並沒有成功找出此一公式，但他所開創的梅森數（Mersenne numbers，即 $2^p - 1$，其中 p 為任意整數）至今仍舊是一個有趣的研究課題。當梅森數中的 p 為質數時，梅森數不僅是最容易證明為質數的類型，這種數字多半也是人類已知最大的質數。$2^{43,112,609} - 1$ 是在西元 2008 年被發現的第 45 個梅森質數，該數字總計有 12,978,189 位數！

　　如今，質數在密碼學演算法中設定公鑰（public-key）、傳送機密資訊一事上，扮演著相當重要的角色。對鑽研純粹數學領域的專家而言，利用質數探索史上耐人尋味卻尚未解出的數學謎題更顯得關鍵，譬如探討質數分佈的黎曼假設（Riemann Hypothesis），以及認為所有大於 2 的偶數一定可以寫成兩個質數和的哥德巴赫猜想（Goldbach Conjecture）。

波蘭藝術家顧司科斯（Andreas Guskos）利用一連串不同造型的質數串連成當代藝術作品。為了紀念開發出第一套質數檢定方法的希臘數學家埃拉托斯特尼，這幅作品就是以他為名。

參照
條目

為質數而生的蟬（約西元前一百萬年）、伊山戈骨骸（約西元前一萬八千年）、哥德巴赫猜想（西元 1742 年）、正十七邊形作圖（西元 1796 年）、高斯的《算術研究》（西元 1801 年）、黎曼假設（西元 1859 年）、質數定理的證明（西元 1896 年）、布朗常數（西元 1919 年）、吉伯瑞斯猜想（西元 1958 年）、謝爾賓斯基數（西元 1960 年）、烏拉姆螺線（西元 1963 年）、群策群力的艾狄胥（西元 1971 年）、公鑰密碼學（西元 1977 年）及安德里卡猜想（西元 1985 年）

阿基米德不完全正多面體

敘拉古的阿基米德（**Archimedes of Syracuse**，約西元前 **287** 年～約西元前 **212** 年）

就像柏拉圖正多面體（Platonic Solid）一樣，阿基米德不完全正多面體（Archimedean Semi-Regular Polyhedra, ASRP）也是立體外凸，並且由稜邊邊長相同、頂角角度相同的正多邊形所組成的正多面體，差別在於阿基米德不完全正多面體的每一面並不盡相同，譬如現代足球那種由 12 個正五邊形跟 20 個正六邊形所構成的正多面體，就是跟其他 12 個阿基米德不完全正多面體並列的其中一種。阿基米德不完全正多面體的每個頂點有相同的正多邊形出現在同一序列，好比說「正六邊形─正六邊形─正三角形」。

阿基米德究竟是在哪本著作中提到全部的 13 個不完全正多面體已不可考，只能從其他參考資料中找到相關的敘述。文藝復興時代的藝術家設法回溯出其中的 12 個不完全正多面體。克卜勒（Kepler）接著於西元 1619 年，在其所著《世界的和諧》（*The Harmonies of the World*，原文為 *Harmonices Mundi*）一書中，羅列出完整的阿基米德不完全正多面體。由於阿基米德不完全正多面體的特性，我們可以用一串描述各頂點正多邊形的數列組合分別標記之，像是「3-5-3-5」就表示一個頂點依序由正三角形、正五邊形、正三角形、正五邊形的不完全正多面體；透過這樣的標記方式，13 個不完全正多面體分別可以寫成「3-4-3-4」（截半八面體）、「3-5-3-5」（截半十二面體）、「3-6-6」（截角四面體）、「4-6-6」（截角八面體）、「3-8-8」（截角立方體）、「5-6-6」（截角二十面體，也就是現代足球的造型）、「3-10-10」（截角十二面體）、「3-4-4-4」（小斜方截半立方體）、「4-6-8」（大斜方截半立方體）、「3-4-5-4」（小斜方截半二十面體）、「4-6-10」（大斜方截半二十面體）、「3-3-3-3-4」（扭稜立方體）、「3-3-3-3-5」（扭稜十二面體）。

32 面的截角二十面體是個特別吸引人的造型，不僅足球外觀取自於這個阿基米德不完全正多面體，為了觀察二次大戰期間在日本長崎投下的原子彈──「胖子」（Fat Man）爆炸震波的觀測儀器，也是

以相同的結構配置鏡片。到了西元 1980 年代，化學家們成功地以 60 個碳原子為頂點所組成的截角二十面體分子結構，排列出全世界最小的一顆足球。由於這種被稱為「巴克球」（Buckyball）的結構同時具有奇妙的物理及化學性質，因此，不論是潤滑油或者是愛滋病藥物等不同的研究領域，都是其可能的應用方式，

斯洛伐尼亞藝術家克拉塞克（Teja Krašek）在她以「世界的和諧 II」（*Harmonices Mundi II*）為名的作品中，描繪出 13 個阿基米德不完全正多面體。這幅作品就是為了紀念西元 1619 年克卜勒在「世界的和諧」一書中所呈現的所有阿基米德不完全正多面體。

參照條目 柏拉圖正多面體（約西元前 350 年）、阿基米德：沙粒、群牛問題跟胃痛遊戲（約西元前 250 年）、歐拉多面體方程式（西元 1751 年）、環遊世界遊戲（西元 1857 年）、皮克定理（西元 1899 年）、巨蛋穹頂（西元 1922 年）、塞薩多面體（西元 1949 年）、西拉夕多面體（西元 1977 年）、連續三角螺旋（西元 1979 年）及破解極致多面體（西元 1999 年）

阿基米德螺線

敘拉古的阿基米德（**Archimedes of Syracuse**，約西元前 287 年～約西元前 212 年）

螺線這個詞，通常用於概括性描述任何一種圍繞著某個中心點或中心軸，並逐漸朝中心前進的一種平滑幾何曲線。每當提到螺線的時候，我們可以聯想到較常見或較稀奇古怪的例子，包括蕨類微微捲曲卷鬚、章魚後縮的觸手、蜈蚣裝死的模樣、長頸鹿螺線狀的腸道、蝴蝶舌頭的外觀、包覆卷軸的螺線形狀等。由於具有極簡的美麗外觀，人類往往會在藝術作品或日常工具上複刻上螺線的形狀，日常生活中許多其他類型的創作品，也都看得到螺線般的性質。

阿基米德螺線被歸類成數學領域中最簡單的螺旋結構，他在西元前 225 年所著那本《論螺線》（*On Spirals*）給予討論，此一螺線可以極坐標方程式 $r = a + b\theta$ 表之，其中參數 a 控制整個螺線的旋轉方式，參數 b 表示兩個線圈之間的距離。阿基米德螺線也是最常見的螺旋結構——被緊緊壓縮的彈簧、捲成圓桶狀的地毯外緣、裝飾珠寶用的螺旋造型等。比較實用例子的則是縫紉機上轉動與線性移動之間的變換機制。阿基米德螺線狀彈簧最值得注意的一點，就是其所具有的扭力及施力轉換特質。

古代阿基米德螺線的例子包括史前時代螺旋狀的迷宮、始於西元前六世紀在陶甕上的螺旋設計、古阿爾泰時期（西元前最後一個千禧年中葉）的製品、愛爾蘭當地入門大廳門檻石上的雕刻、愛爾蘭人製成卷軸狀的手寫稿，甚至是以圖博宗教信仰為基礎的藝術作品唐卡（Tanka）——一種被佛教徒以顏料或針織方式表現的設計圖案，有時會懸吊在寺院周遭展示。因此，螺旋在古代各地可以說是一種普遍可及的符號。此外，螺旋也經常在墓地附近出現，似乎象徵這個符號代表著生命到死亡，再從死亡到重生的循環過程，有如太陽般永不停息的升起與沒落一樣。

提琴般的蕨類呈現出阿基米德在他西元前 225 年那本《論螺線》書中所提到的螺旋形式。

參照條目 黃金比例（西元 1509 年）、傾角螺線（西元 1537 年）、費馬螺線（西元 1636 年）、對數螺線（西元 1638 年）、渥德堡鋪磚法（西元 1936 年）、烏拉姆螺線（西元 1963 年）及連續三角螺旋（西元 1979 年）

蔓葉線

戴奧克利斯（Diocles，約西元前 240 年～約西元前 180 年）

　　蔓葉線（Cissoid of Diocles）是西元前約 180 年由希臘數學家戴奧克利斯所發現，當時他正試圖利用該曲線的奇妙特性作出一個兩倍體積的立方體。「倍立方體」表示某個較大立方體的體積恰為另一已知較小立方體的兩倍，這也意味著一項歷史悠久的著名挑戰──較大立方體的邊長必須是已知立方體邊長的 2 倍。戴奧克利斯利用蔓葉線跟另一條直線的交點，在理論上成功克服了這個挑戰，但是，這個方法並未嚴格遵守歐幾里得訂下只使用尺、規兩種工具作圖的原則。

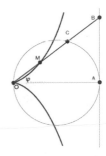

　　蔓葉線的原名 Cissoid 取自希臘文的「象牙狀外型」一詞，其曲線圖案只有一個歧點（cusp），並向 y 軸兩端無限延伸，自歧點往外延伸的兩條曲線會以漸進方式逼近同一條垂直線。如果我們畫一個通過歧點的圓，並以該漸進線作為該圓切線時，則任何一條通過歧點（O 點）並與蔓葉線交會於 M 點的直線，都會在漸進線上找到另一個交點 B。此時，直線與圓交於 C 點，而 B 點與 C 點之間的長度將恆等於 O 點與 M 點之間的長度。如果用極座標系統表示的話，蔓葉線的方程式可以寫成 $r = 2a(\sec\theta - \cos\theta)$，用直角座標系統表示的話，就是 $y^2 = x^3/(2a - x)$。

蔓葉線另一個有趣的特點，是可以用兩個大小一樣、只以頂點交會的拋物線，並以滾動而非滑動的方式移動其中一個拋物線，此時只需逐一描繪該拋物線頂點的移動軌跡，就能畫出一條蔓葉線。

　　戴奧克利斯對於被稱為「圓錐曲線」（conic sections）的圖形特別著迷，另外還在所著《論燃燒的鏡面》（*On Burning Mirrors*）探討拋物線的焦點。戴奧克利斯進行這些研究工作的其中一個目的，就是設法找出能在陽光底下聚集最多熱量的一種鏡面。

這是一個外觀跟碗很接近的長途通訊天線，這樣的曲線造型讓希臘數學家戴奧克利斯深深著迷，他在《論燃燒的鏡面》探討拋物線狀的焦點，試圖找出被照射的鏡面如何能聚集出最大可能的熱量。

參照條目　心臟線（西元 1637 年）、奈爾類立方拋物線的長度（西元 1657 年）及星形線（西元 1674 年）

托勒密的《天文學大成》

托勒密（Claudius Ptolemaeus，約西元 90 年～約西元 168 年）

活躍於亞歷山卓的數學家暨天文學家托勒密編撰了一套共計十三冊、幾乎可以說是完整涵蓋當時所有天文學專論的《天文學大成》（*Almagest*）。托勒密在《天文學大成》中探討了滿天星辰清晰的移動軌跡，他所提出的地心說（geocentric model）——地球是宇宙的中心，太陽跟其他行星則以環繞地球的軌跡運轉——也被歐洲及阿拉伯世界認為是正確的理論，時間長達一千年之久。

《天文學大成》的拉丁文書名源自阿拉伯文「偉大的書」（*al-kitabu-l-mijisti*）一詞，數學家們對這套書會感到特別有興趣的原因，在於當中所羅列的三角函數值——一張以十五分（15-minute）為間隔、詳列從 0 度 到 90 度的的正弦函數值（sine value）表，並且也略微簡介了球面三角。《天文學大成》裡面還提到相當於現代「正弦定理」的理論，甚至包括所謂的複角公式及半角公式。蓋伯格（Jan Gullberg）曾如此描述：「許多希臘早期有關天文學的研究之所以會失傳，或許可以歸咎於托勒密這套完整又經典的《天文學大成》，這套叢書使得許多更早期的研究內容顯得累贅。」葛拉斯霍夫（Gerd Grasshoff）則如此推崇：「托勒密這套《天文學大成》與歐幾里得的《幾何原本》（*Elements*）共享最長壽科學文本的榮譽。這套叢書源自於西元二世紀的概念一直延續到了晚近的文藝復興，促使天文學在科學領域也佔有了一席之地。」

《天文學大成》大約在西元 827 年時被翻譯成阿拉伯文，隨後在十二世紀又從阿拉伯文翻譯成拉丁文。一位波斯數學家暨天文學家阿瓦伐（Abu al-Wafa）在這段期間以《天文學大成》的內容為基礎，系統化地整理三角函數相關定理及證明方式。

還有一則有關於托勒密的趣事。托勒密曾經依據自己的模型，認定所有星球都是在「周轉圓」（epicycle）上轉動，同時繞行另一個更大的圓形軌道運轉，並試圖以此計算出宇宙的大小。根據托勒密的估計，一個包含遙遠「恆星」的宇宙球體，其距離大約是地球半徑的兩萬倍之遠。

托勒密在《天文學大成》叢書中描述地心說的宇宙模型，也就是太陽跟其他行星皆以地球為中心繞行的宇宙觀；這個模型的說法在歐洲及阿拉伯世界曾經風行超過一千年以上。

參照條目　歐幾里得的《幾何原本》（西元前 300 年）及餘弦定理（約西元 1427 年）

戴奧芬特斯的《數論》

亞歷山卓的戴奧芬特斯（**Diophantus of Alexandria**，約西元 200 年～約西元 284 年）

亞歷山卓的希臘數學家戴奧芬特斯不但是《數論》（*Arithmetica*，約西元 250 年）的作者，有時也被稱為「代數之父」。《數論》是一系列影響後代好幾世紀的數學文本，也是所有希臘數學關於代數領域最著名的一部作品，書裡包含許多數學習題以及方程式的數值解。戴奧芬特斯在數學符號上的卓越貢獻，以及把分數當成一個數字看待的方式，也都彰顯了他的重要性。戴奧芬特斯在《數論》的提辭上寫給戴奧尼希斯（Dionysus，很可能是當時亞歷山卓的主教）一段話，表示這部作品可能很難，不過「只要有我的傳授跟你熱忱的學習，很容易就能掌握住其中要領」。

戴奧芬特斯眾多著作都被阿拉伯人保存下來，隨後在西元十六世紀翻譯為拉丁文。必須求出整數解的戴奧芬特斯方程式（Diophantine equations）就是為了紀念他而以之為名。費馬提出著名的「**費馬最後定理**」（Fermat's Last Theorem），設法求得 $a^n + b^n = c^n$ 方程式整數解的想法，也源自於西元 1681 年所發行法文版的《數論》。

戴奧芬特斯經常在《數論》中求取 $ax^2 + bx = c$ 這類方程式的整數解。雖然巴比倫人早就知道一些讓戴奧芬特斯鑽研不止的一次與二次方程式解的某些方式，但是我們可以引史威夫（J. D. Swift）的一句話來印證戴奧芬特斯的獨特性：「他是引進大量且有一致性的代數符號的第一位先驅，較諸多前人（以及許多後代）僅以口頭表述的方式進步太多了。……透過拜占廷讓《數論》得以重出江湖，促成西歐數學在文藝復興時期的大幅進展，也激發了許多數學家的思維，而費馬就是其中最偉大的一位。」

DIOPHANTI
ALEXANDRINI
ARITHMETICORVM
LIBRI SEX.
ET DE NVMERIS MVLTANGVLIS
LIBER VNVS.

Nunc primùm Græcè et Latinè editi, atque absolutissimis Commentariis illustrati.

AVCTORE CLAVDIO GASPARE BACHETO
MEZIRIACO SEBVSIANO,V.C.

LVTETIAE PARISIORVM,
Sumptibus SEBASTIANI CRAMOISY, via
Iacobæa, sub Ciconiis.
M. DC. XXI.
CVM PRIVILEGIO REGIS.

另一位值得注意的波斯數學家，是與戴奧芬特斯共享「代數之父」盛名的阿爾・花拉子密（al-Khwarizmi）。阿爾・花拉子密自行著作一本《代數》（*Algebra*），當中也系統性地針對一性與二次方程式提供解答方式。阿爾・花拉子密將流傳於印度、阿拉伯的數字系統與代數觀念，轉介進入歐洲數學領域中，如今演算法（algorithm）與代數（algebra）這兩個英文單字，前者就源自阿爾・花拉子密的名字，後者則源自另一個阿拉伯字「*al-jabr*」，用來描述求取二次方程式解答的一種數學運算方式。

圖為西元 1621 年版戴奧芬特斯《數論》的封面頁，由法國數學家德梅齊立亞克（Claude Gaspard Bachet de Méziriac）翻譯成拉丁文。歐洲人因為這本《數論》的失而復得，才促成西歐社會在文藝復興時代的數學發展。

參照
條目 希帕提婭之死（西元 415 年）、阿爾・花拉子密的《代數》（西元 830 年）、《簡明摘要》（西元 1556 年）及費馬最後定理（西元 1637 年）

帕普斯六邊形定理

亞歷山卓的帕普斯（**Pappus of Alexandria**，約西元 290 年～約西元 350 年）

　　有位農夫想要種下 9 棵楓樹，並且讓其中任三棵楓樹所構成的直線數達到 10 條；達成這個目標的一個令人好奇方法，是利用帕普斯定理。假設有 A、B、C 三個點在某條線上任三個位置，另外三個點 D、E、F 則在另一條線上的任三個位置，帕普斯定理指出，相對穿越兩條線上 A、F、B、D、C、E 六星形的三個交點 X、Y、Z 也將落在一條直線上；如此一來，這位農夫只要調整一下位於 B 點上的楓樹，使其跟 Y、E 兩點的楓樹可以連成一線，就可以畫出第十條直線，解決上述問題。

　　帕普斯生前是當時最重要的希臘數學家之一，並且以約在西元 340 年所寫就的《全集》（稱為 *Synagoge* 或 *Collection*）而聞名。這套作品聚焦在幾何學的課題，包括多邊形、多面體、圓、螺旋，還有蜜蜂打造的蜂巢結構。《全集》另一個值得注意的重點，在於重現早期曾經失傳的相關推論成果，希斯（Thomas Heath）如此評論《全集》：「這套書顯然寫進了許多讓古典希臘幾何學重獲新生的主題，就實用性而言，也幾乎涵蓋了所有相關領域。」

　　德恩（Max Dehn）對於著名的帕普斯定理也有以下評論：「在幾何學史上取得了一定地位。幾何學最初關切的課題就是測量，不論是線段的長度，平面圖形的面積，或是某個物體的體積等。自從帕普斯定理之後，我們第一次在一般測量理論的基礎上建立了一個新定理，一個本身跟所有測量因素都毫不相干的定理。」換句話說，這個定理可適用於只有點、線之間相互關連的圖形。迪恩補充說明這個圖形就是「第一個關於**攝影幾何**（projective geometry）的結構配置」。

　　《全集》在西元 1588 年、卡門迪諾（Federico Commandino）完成拉丁文譯本付印後，成為歐洲廣為人知的作品。帕普斯的圖形帶給牛頓（Isaac Newton）跟笛卡兒（René Descartes）不同的啟發。在帕普斯寫完《全集》後約一千三百年，法國數學家巴斯卡（Blaise Pascal）跟進提出了帕普斯的一個有趣延拓定理。

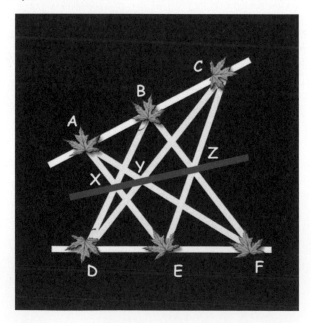

如圖所示，假設 A、B、C 三點位於某一線段上任三位置，而 D、E、F 位於另一線上任三位置時，帕普斯定理指出這六個點交會出的 X、Y、Z 三點必定也位於一條直線上。

參照條目　笛卡兒的《幾何學》（西元 1637 年）、射影幾何（西元 1639 年）及西爾維斯特直線問題（西元 1893 年）

巴克沙里手稿

巴克沙里手稿（Bakhshali Manuscript）是相當知名的一件數學相關收藏品，在西元 1881 年於印度西北的石穴中被找到，其誕生時間點可以追溯至西元三世紀左右。當被發現時，這份手稿中的絕大部分都已經毀壞，只剩下大約 70 頁左右寫在樺樹皮上的遺跡。巴克沙里手稿上記載了有關解決算術、代數、幾何問題的技巧與法則，甚至還包括計算平方根的一個公式。

茲提供手稿上的一則問題如下：「在你面前有一群由男人、女人及小孩所組成，總數共 20 人的團體。這個團體的勞動所得合計為 20 枚硬幣，其中，每個男人賺得 3 枚硬幣，每個女人賺得 1.5 枚硬幣，每個小孩則可以賺得 0.5 枚硬幣。那麼，這個團體中，究竟有多少的男人、女人跟小孩？」各位讀者，你們算得出來嗎？這一題的答案是 2 位男人、5 位女人跟 13 位小孩。我們可以用 m、w、c 三個符號分別代表男人、女人跟小孩的人數，並用兩條算式描述整個問題內容：$m + w + c = 20$，以及 $3m + (3/2)w + (1/2)c = 20$，而上述的答案將會是唯一的有效解。

這份手稿是在白沙瓦特區（Peshawar District，現屬於巴基斯坦）的宇穌法札分區（Yusufzai subdivision）靠近巴克沙里的村落出土。儘管手稿的真實年份尚有許多爭論，卻有相當部分的學者相信這份手稿是針對另一份更古老的作品大約介於西元 200 年到西元 400 年間所寫就的評論集。巴克沙里手稿比較不尋常的特性，是數字的後面擺上「＋」這個符號表示負值，並且在算式後面以一個大點表示待求出的未知數。另外，類似的大點也被當成數字 0 使用。德瑞西（Dick Teresi）評論這份手稿說：「巴克沙里手稿最值得注意的一件事，在於這是以印度數學的方式所呈現，卻又跟宗教毫無關連的第一份文件。」

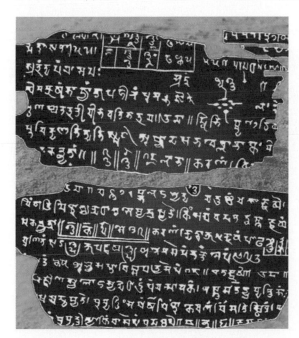

巴克沙里手稿的其中一部分，該手稿在西元 1881 年被發現於印度西北部。

參照條目　戴奧芬特斯的《數論》（西元 250 年）、數字 0（約西元 650 年）及《摩訶吠羅的算術書》（西元 850 年）

希帕提婭之死

亞歷山卓的希帕提婭（**Hypatia of Alexandria**，約西元 370 年～約西元 415 年）

亞歷山卓的希帕提婭最終是被一位信奉基督的暴民支解而殉難，其中一部分的殺人動機，應該是因為希帕提婭並未嚴格遵守基督教的教義。希帕提婭認為自己是一位新柏拉圖學派（neo-Platonist）的信徒，一位異教徒，同時也是一位畢達哥拉斯理念的追隨者。令人感傷的是，希帕提婭不但是人類史上第一位女性數學家，我們也是透過她才得以確保許多寶貴知識的細節。據說希帕提婭擁有極為性感誘人的體態，但是卻意志堅定地成為一位單身主義者；當被問到為何選擇沉迷於數學而不結婚時，她只是淡淡回答說自己已經嫁給真理了。

希帕提婭的作品包括對於戴奧芬特斯《數論》（Diophantus's *Arithmetica*）的評論。她曾經出了一個數學題目給學生們作答；希帕提婭要求學生們算出符合以下聯立方程式的整數解：$x - y = a$，以及 $x^2 - y^2 = (x - y) + b$，其中 a 跟 b 都是給定的已知數。各位讀者，你們有辦法找出一組包含 x、y、a、b 共 4 個整數以符合兩個聯立方程式的整數解嗎？

基督信仰對希帕提婭來說，根本是理性思考最頑固的對手，他們公然詆毀希帕提婭柏拉圖式對於上帝本質以及死後世界的觀點。西元 414 年某個溫暖的三月天中，一群信奉基督的狂熱主義者無故挾持希帕提婭並脫去她所有衣物，並用甲殼製成的尖銳物品把希帕提婭刮得骨肉分離，隨後還將她的遺體支解逐一焚燒。就像今日某些宗教恐怖主義的受難者一樣，希帕提婭被迫害的原因，說穿了，就只因為她是另一支不同立場宗教流派中的知名人物罷了。之後一直等到了文藝復興時代，希帕提婭知名數學家的身分，才透過另一位女性數學家安聶希（Maria Agnesi）而獲得平反。

希帕提婭之死引發大批學者選擇離開亞歷山卓；就各種不同層面分析，這也象徵持續進展好幾世紀的希臘數學被劃上了休止符。就當歐洲大陸黑暗時期，阿拉伯人跟印度人也就接手扮演持續孕育數學進展的角色。

英國畫家米歇爾在西元 1885 年畫出死前最後一刻的希帕提婭，她是在教堂裡被一位信奉基督的暴民脫去衣裳後慘遭殺害。根據某些記載，希帕提婭是被銳器活剝並被活活燒死。

參照條目　畢達哥拉斯創立的數學兄弟會（約西元前 530 年）、戴奧芬特斯的《數論》（西元 250 年）、安聶希的《解析的研究》（西元 1748 年）及柯瓦列夫斯卡婭的博士學位（西元 1874 年）

數字 0

婆羅摩笈多（**Brahmagupta**，約西元 598 年～約西元 668 年），
婆什迦羅（**Bhaskara**，約西元 600 年～約西元 680 年），
筏馱摩那（**Mahavira**，約西元 800 年～約西元 870 年）

　　古巴比倫人原本並沒有 0 這個符號，導致他們書寫標記系統的不確定性，就好像今日的我們如果沒有用 0 加以區隔的話，我們也會搞不清楚 12、102、1,002 這三個數字的差別一樣。巴比倫人書寫時只在應該是 0 的地方留下一個空格，因此，要區分某個空格是用來表示一個數字中的其他位數，或者是表示某個數字的結尾，就變得相當困難。雖然巴比倫人最終還是發明了一個符號用來區隔數字中的不同位數，但是，他們很可能還是沒有把 0 當成一個數字看待的觀念。

　　如今所使用的數字符號系統，在大約西元 650 年時候的印度就已經普遍了。在德里南方瓜利爾出土的一塊石板上面，就刻著 270 跟 50 兩個數字。這塊石板上的數字據推測大約是在西元 876 年的時候被刻上，看起來相當接近現代的數字系統，只不過這兩個數字中的 0 寫得比較小也比較高。印度數學家包括婆羅摩笈多、婆什迦羅、筏馱摩那等人都在數學運算中使用 0，譬如婆羅摩笈多就解釋過某個數字減去自己以後就只剩下 0，還注意到任何數字乘以 0 以後就是 0。儘管實際年份已不可考，但是巴克沙里手稿（Bakhshali Manuscript）應該是以書面記載 0 具有數學意義的最古老物證。

　　中美洲的馬雅文明在約西元 665 年時也進展到數字 0 的誕生，可是，他們的成就似乎並未對其他地區造成影響，反倒是源自印度的數字 0 向外傳播至阿拉伯、歐洲、中國等地，進而改變了整個世界。

　　數學家阿珊姆（Hossein Arsham）評論 0 的重要性時指出：「在十三世紀時把數字 0 引進十進位系統，是整個數系發展階段中，最具代表性的一個里程碑，從此使得計算大數變得可行。如果沒有 0 的話，……不論是商業、天文、物理、化學或工業模型推演的進展都將變得難以想像。沒有數字 0 這個符號，也就是羅馬數碼系統中最大的一個致命傷。」

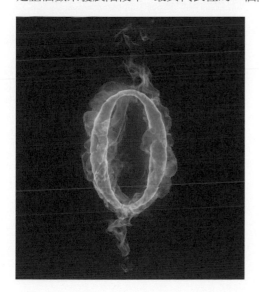

0 這個符號所引燃的火苗終於讓人類可以輕易處理大數，並且讓不論是商業或是物理學的計算都變得更有效率。

參照
條目　巴克沙里手稿（約西元 350 年）、《摩訶吠羅的算術書》（西元 850 年）、印度數學璀璨的章節（約西元 953 年）、阿爾薩馬瓦爾的《耀眼的代數》（約西元 1150 年）及費波那契的《計算書》（西元 1202 年）

阿爾琴的《砥礪年輕人的挑戰》

約克的阿爾琴（**Alcuin of York**，約西元 735 年～約西元 804 年），
歐里亞克的傑伯特（**Gerbert of Aurillac**，約西元 946 年～約西元 1003 年）

阿奎尼世（Flaccus Albinus Alcuinus），也就是俗稱約克的阿爾琴，是英格蘭約克一帶出生的學者，之後應查理曼大帝（King Charlemagne）之邀，成為卡洛林王朝領銜的宮廷教師，並從事神學專論與詩詞的寫作工作。阿爾琴在西元 796 年出任圖爾的聖馬丁修道院院長一職，孜孜向學的阿爾琴也是卡洛林文藝復興（Carolingian Renaissance）最重要的一位學者。

有些學者認為阿爾琴所著的數學之書《砥礪年輕人的挑戰》（*Propositiones ad acuendos juvenes*）對於教育最後一位數學教宗——歐里亞克的傑伯特——的貢獻很大。傑伯特本身相當熱愛數學，在西元 999 年被選為教宗席爾維斯特二世，這位教宗高深的數學知識，讓他的敵人深信他是位邪惡的魔法師。

這位「數字教宗」把法國漢斯教堂的地板整修成一個巨大的**算盤**，並採用阿拉伯數碼系統（1、2、3⋯一直到 9）取代原本的羅馬數碼系統。另外，他還發明了鐘擺、追蹤行星軌道的儀器，甚至發表有關幾何學的論著。當體認到自己欠缺形式邏輯（formal logic）的知識時，教宗席爾維斯特二世馬上就教於日耳曼的邏輯學專家。數字教宗說：「為信仰而活的人才會堅定不移，如果他能把自己的信仰跟科學結合的話，那就更好了。」

阿爾琴《砥礪年輕人的挑戰》這本書除了有許多 50 個左右的文字題外，也可以在書裡找到問題的解答。其中幾個比較知名的問題包括渡河問題、在階梯上數鴿子的問題、不幸溺斃的父親把酒遺留給孩子的問題、三個好嫉妒的丈夫彼此不讓其他兩人跟自己太太獨處的問題。有許多重要的題型都是在這本書裡頭第一次出現，數學作家皮特遜（Ivars Peterson）如此評論：「瀏覽《砥礪年輕人的挑戰》這本書的問題（與解答），可以將我們引入中世紀一窺各種不同的生活面貌，並見證數學謎題對於教育工作所發揮歷久彌新的威力。」

阿爾琴的數學作品很可能對最後一位數學教宗——歐里亞克的傑伯特的教育工作貢獻不少。熱愛數學的傑伯特在西元 999 年被選為教宗席爾維斯特二世，照片上這尊數字教宗的雕像，就豎立在法國奧弗涅的歐里亞克。

參照條目 萊因德紙草文件（約西元前 1650 年）、阿爾·花拉子密的《代數》（西元 830 年）及算盤（約西元 1200 年）

阿爾‧花拉子密的《代數》

阿爾‧花拉子密（**Abu Ja'far Muhammad ibn Musa al-Khwarizmi**，約西元 780 年～約西元 850 年）

　　阿爾‧花拉子密是一位波斯數學家暨天文學家，一生中絕大多數時間都在巴格達度過，他在代數領域的一本著作原名為 *Kitab al-mukhtasar fi hisab al-jabr wa'l-muqabala*，意指「還原與對消的摘要集」，是第一本系統性解答一次及二次方程式的書，有時候會直接以《代數》（*Algebra*）作為這本書的簡稱。阿爾‧花拉子密跟戴奧芬特斯（Diophantus）並稱為「代數之父」，他的作品翻譯成拉丁文後，也一併將十進位的數字系統傳進歐洲。說實在的，代數的英文單字 *algebra* 其實就來自於 *al-jabr*，是阿爾‧花拉子密在書中用來求二次方程式解的兩種運算方式中的其中一個。

　　阿爾‧花拉子密把 al-jabr 定義成在方程式兩邊分別加上相同數量以消除負項的方式，譬如只要在等號兩邊都加上 $5x^2$ 的話，原本 $x^2 = 50x - 5x^2$ 的方程式就能簡化成 $6x^2 = 50x$。另一個運算方式 *Al-muqabala* 的作用則是把相同類型的元素移到方程式的同一邊，譬如把 $x^2 + 15 = x + 5$ 改寫成 $x^2 + 10 = x$。

　　這本書可以幫助讀者求取以下這類方程式的解：$x^2 + 10x = 39$，$x^2 + 21 = 10x$ 以及 $3x + 4 = x^2$。如果放大視野來看的話，不難理解阿爾‧花拉子密深信再困難的數學題目，都能經由拆解成一連串較小片段的問題加以克服。阿爾‧花拉子密刻意讓這本書充滿實用性，用以協助他人進行金錢、遺產、法律訴訟、貿易，甚至是開鑿運河等項目的計算工作。這本書裡面也同時包括許多例題與解答。

　　阿爾‧花拉子密一生中大多數時間都奉獻給巴格達的「智慧宮」（House of Wisdom），一個既是圖書館、翻譯中心，同時也是進行教育的場所，可以說是呈現伊斯蘭文明黃金時期智慧結晶的一個重要中心。令人扼腕的是，蒙古人在西元 1258 年摧毀了「智慧宮」；據說當時底格里斯河都因為大量被倒入書籍上的油墨，轉而變成黑色的河水。

這是一枚蘇聯在西元 1983 年為了紀念阿爾‧花拉子密而發行的郵票。這位波斯數學家暨天文學家關於代數的著作為各種各樣的方程式提供了系統性的解答。

參照條目　戴奧芬特斯的《數論》（西元 250 年）及阿爾薩馬瓦爾的《耀眼的代數》（約西元 1150 年）

博羅密環

泰特（Peter Guthrie Tait，西元 1831 年～西元 1901 年）

博羅密環（Borromean Rings）是三個彼此交錯連結的環；十五世紀義大利文藝復興時期博羅密家族將這個圖案塗裝在盔甲上而得名——是個簡單、耐人尋味、彼此交錯連結的物品，引發了數學家跟化學家的高度興趣。

需要注意的是，博羅密環當中的任兩個環彼此之間都不相連，所以只要切斷其中一個環，原本的三環結構就會完全分離。有些歷史學家認為這個古老的環狀結構曾經代表三大家族——維茲孔提（Visconti）、史佛爾札（Sforza）、博羅密——透過聯姻所建立的鬆散同盟關係。這個環狀結構在西元 1467 年也曾經於佛羅倫斯聖龐克拉吉歐（San Pancrazio）教堂現身過。再更古老一點的話，維京人也曾經用三角形排出類似的結構，其中一個著名的例子，就是某位於西元 834 年過世的貴婦，在其靈柩上的刻紋。

蘇格蘭數理物理學家泰特在西元 1876 年發表一篇關於**繩結**的論文，從此把博羅密環帶進了數學領域。由於每個環都有兩種交錯的可能（從上覆蓋或是墊在下方），因此博羅密環總共有 $2^6 = 64$ 種可能的交錯模式；如果再把對稱情況加以剔除的話，就只剩下 10 種在幾何學上具有差異性的博羅密環。

數學家們現在已經知道沒辦法用平面圓圈建構出博羅密環的結構，各位讀者也可以自己利用線圈動手試試看，除非以外力扭曲或擠壓，否則一定做不出博羅密環的結構。這一點也在西元 1987 年由傅萊德曼（Michael Freedman）跟史科拉（Richard Skora）兩人完成證明。

加州大學洛杉磯分校的化學家在西元 2004 年用六個金屬離子創造出一個 2.5 奈米大小的博羅密環複合分子結構。現在則有更多研究人員正設法找出博羅密分子環各種可能的用途，像是在自旋電子學（一種利用電子自旋自由度及高速移動特性的技術）跟醫學影像等領域的應用方式。

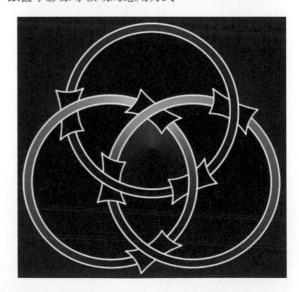

博羅密環這個主題被發現於一份十三世紀的法文手稿上，象徵基督教的三位一體。原本在三個環上分別寫著 tri、ni、tas 這三個音節，合起來就是「三位一體」的拉丁文 trinitas 這個字。

 參照條目 結繩記事（約西元前十萬年）、強森定理（西元 1916 年）及莫非定律詛咒下的繩結（西元 1988 年）

《摩訶吠羅的算術書》

筏馱摩那（**Mahavira**，約西元 800 年～約西元 870 年）

寫於西元 850 年，《摩訶吠羅的算術書》（*Ganita Sara Samgraha*，意指「基礎數學概要」）具有相當多特點。首先，它是耆那教派（Jaina）唯一僅存一本關於算術的著作。其次，這本書大體上囊括了印度在九世紀中葉時的所有數學知識。而這本書也是現存最早一本完全只討論數學的印度文本。

《摩訶吠羅的算術書》的作者筏馱摩那（亦寫作 Mahaviracharya，意指師者筏馱摩那）居住於南印度，書裡面有則讓好幾世紀的學者都感到很有趣的一個題目，茲描述如下：有位年輕女士跟她先生吵架，並弄斷了她的項鍊；項鍊上三分之一的珍珠撒在這位女士身上，另外有六分之一掉在床上，剩下一半的珍珠滾得到處都是，再剩下一半的珍珠也滾得到處都是，再剩下一半的珍珠又滾得到處都是……（就這樣一直重複了六次的「再剩下一半」）。現在，總共剩下 1161 顆珍珠還留在項鍊上；那麼，這位女士一開始到底有幾顆珍珠？

別被答案給嚇到了——這位女士的項鍊上原本應該要有 148608 顆珍珠！讓我們回過頭再看一次題目：六分之一的珍珠掉在床上、三分之一的珍珠撒在她身上，那就表示項鍊上有一半的珍珠既不在床上也不在她身上；而這些剩下的珍珠一再減半了六次之多，因此得到這個方程式：$((1/2)^7)x = 1161$，其中 x 就代表原先所有珍珠的數量，所以可以求出 $x = 148608$ 的結果。這位印度女士如此巨大的項鍊，確實值得為了它好好吵上一架！

另外值得注意的一點，《摩訶吠羅的算術書》清楚表明負數的平方根並不存在。筏馱摩那在書裡也探討了數字 0 的特性，並針對 10 到 10^{24} 之間的數字提供一套命名的方式，此外也提供計算等差數列平方和的方法、計算橢圓面積與周長的法則，以及一次與二次方程式的解法。

摩訶吠羅的算術書當中有一則數學題目，是一位女士跟先生吵架並弄壞項鍊，項鍊上的珍珠則以一定的規則四處散落，而我們必須算出這串項鍊到底包含了多少顆珍珠。

參照條目　巴克沙里手稿（約西元 350 年）、數字 0（約西元 650 年）及《特雷維索算術》（西元 1478 年）

塔比親和數公式

塔比（**Thabit ibn Qurra**，西元 826 年～西元 901 年）

自古希臘畢達哥拉斯以降的學者都對親和數（amicable numbers）的研究深感興趣。親和數就是指一對彼此分別是對方所有小於本身的其他因數（意指除了數字本身外，其他可以整除該數字的因數）總和的數字，而其中最小的一對親和數分別是 220 及 284。220 這個數字可以被 1、2、4、5、10、11、20、22、44、55 跟 110 這些數字整除，其總和是 284；另一方面，284 這個數字可以被 1、2、4、71 跟 142 這些數字整除，其總和恰好就是 220。

西元 850 年，阿拉伯天文學家暨數學家塔比提出一套用來尋找親和數的公式如下：使 $p = 3 \times 2^{n-1} - 1$，$q = 3 \times 2^n - 1$，$r = 9 \times 2^{2n-1} - 1$，其中 n 為任何一個大於一的數字，只要 p、q、r 三個數字都是質數的話，則 $2^n pq$ 跟 $2^n r$ 這對數字就會是親和數，當 $n = 2$ 的時候，算出來的那對親和數就是 220 跟 284，只可惜這套公式還無法找出所有的親和數。在所有已知的親和數中，兩個數字要嘛都是奇數，不然就都是偶數，有可能找出一奇一偶的一對親和數嗎？尋找親和數是相當困難的一項工作，以瑞士數學家暨物理學家歐拉為例，他畢生只找出 30 對親和數。如今我們已經找到超出 1100 萬對的親和數，但其中只有 5001 對是兩個數字都小於 3.06×10^{11} 的親和數。

在《創世紀》（32:14）上的記載，雅各把 220 頭羊當作送給孿生兄弟的禮物；部分神祕教派認為這是「寓意深遠的安排」，因為 220 是親和數中的一個數字，暗示雅各亟欲跟以掃建立友好關係的盼望。知名的數學與科學作家賈德納（Martin Gardner）另外寫過這麼一個故事：「十一世紀時，有個可憐的阿拉伯人為了提高性愛刺激度吞下了某個標記著 284 的東西，並要求另一個人吞下標記著 220 的東西，可惜，他沒能把這個實驗的結果記錄下來。」

根據《創世紀》的記載，雅各把 220 頭羊送給自己的孿生兄弟當禮物，部分神祕教派認為這是「寓意深遠的安排」，因為 220 是親和數當中的一個數字，暗示雅各想跟以掃建立友好的關係。

參照條目 畢達哥拉斯開創的數學新視野（約西元前 530 年）

印度數學璀璨的章節

阿爾·歐克里迪西（**Abu'l Hasan Ahmad ibn Ibrahim al-Uqlidisi**，約西元 920 年～約西元 980 年）

　　阿爾·歐克里迪西此名字的原意是「歐幾里得的信徒」，是一位阿拉伯數學家，他所著《印度數學璀璨的章節》（*kitab al-fusul fi al-hisab al-Hindi*）是已知最早論及印度－阿拉伯數碼系統（Hindu-Arabic numerals）的阿拉伯文作品。印度－阿拉伯數碼系統指的是使用 0 到 9 這幾個數字，由右至左分別依照 10 的冪數（即 1、10、100、1000、……，以此類推），填寫出多位數的數字。阿爾·歐克里迪西的作品也呈現已知最古老、以阿拉伯文寫成的算術。雖然阿爾·歐克里迪西出生地及安息地都在大馬士革，但是，他在生前遊歷豐富，甚至可能曾經前往印度學習數學，而他的手稿作品如今在世上也僅存一份拷貝。

　　阿爾·歐克里迪西在作品中也用新的數碼系統，回過頭探討早期的數學問題，科普作家德瑞西（Dick Teresi）如此評論：「從他的名字就可以看出阿爾·歐克里迪西對希臘先賢的崇敬。他轉錄了歐幾里得的作品，甚至替自己取了一個發音相近的名字。使用紙、筆進行數學推導也是他帶給後世的貢獻之一。」在阿爾·歐克里迪西那個年代的印度跟阿拉伯世界都習於在砂地、塵土上算數學，另一隻手則隨著演算進展，把之前的計算步驟抹掉。阿爾·歐克里迪西提倡改用紙筆，留存之前推算的過程。雖然這個方法不能再把筆墨寫成的數字塗抹掉，但是，卻提供計算過程更多的便利性。就某種意義上而言，使用紙筆也促成了現代乘法與長除法的計算方式。

　　《阿拉伯科學史百科全書》（*Encyclopedia of the History of Arabic Science*）的編者摩爾隆（Régis Morelon）曾指出：「阿爾·歐克里迪西在算術上所提出最重大的構想之一，就是使用十進位小數系統。」當然也就包括使用十進位的符號系統。譬如把 19 這個數字連續減半的話，阿爾·歐克里迪西會把它寫成：

19、9.5、4.75、2.375、1.1875、0.59375；十進位這套優越的系統最終也從區域性演變成全球通行的計算方式。

阿爾·歐克里迪西所處年代的印度跟阿拉伯人世界往往在砂地跟塵土上進行數學運算，並且隨著運算過程用手把先前的步驟抹去。阿爾歐克里迪西採用紙跟筆把推算過程保留下來，並提供計算過程更多的便利性。

參照條目　數字 0（約西元 650 年）

奧瑪・海亞姆的《代數問題的論著》

奧瑪・海亞姆（Omar Khayyam，西元 1048 年～西元 1131 年）

　　奧瑪・海亞姆是一位波斯的數學家、天文學家暨哲學家，他的詩集《魯拜集》（*Rubaiyat of Omar Khayyam*）讓他名流千古，不過他的另一本著作《代數問題的論著》（*Treatise on Demonstration of Problems of Algebra*，西元 1070 年問世）也同樣讓他名滿天下。奧瑪・海亞姆在《代數問題的論著》中推導三次或更高階方程式的解法，書中一個三次方程式的例子為 $x^3 + 200x = 20x^2 + 2000$。雖然奧瑪・海亞姆的進路稱不上是絕對的創新，不過他的一般化以求解所有的三次方程式仍舊相當令人稱道。《代數問題的論著》包含所有三次方程式的完整分類，並用圓錐截線交點的幾何方式求解。

　　奧瑪・海亞姆也示範了如何把二項式 $a + b$ 的 n 次方展開成 a 跟 b 的乘冪。給定 n 為任一正整數，$(a + b)^n$ 這個式子意味著 $(a + b) \times (a + b) \times (a + b) \cdots$ 連乘 n 次；譬如 $(a + b)^5$ 這個二項式展開的結果，可以寫成 $(a + b)^5 = a^5 + 5a^4b + 10a^3b^2 + 10a^2b^3 + 5ab^4 + b^5$，其中（*1, 5, 10, 10, 5, 1*）這一串數值就稱作二項式係數（binomial coefficient），也就是巴斯卡三角形（Pascal's Triangle）其中一列的數字。針對這個主題，奧瑪・海亞姆其實在其他著作中的參照也曾多次提及，只可惜原出處現在已經失傳了。

　　奧瑪・海亞姆在西元 1077 年發表一本有關幾何學的作品——《評論歐幾里得公設的困難挑戰》（*Commentaries on the Difficulties in the Postulates of Eculid's Book*），針對歐幾里得著名的平行公設提出饒富趣味的觀點，並討論「非歐幾里得幾何」的特性——一個在當時沒有多少人注意，直到十九世紀才佔有一定地位的數學領域。

　　按照字面意思翻譯的話，奧瑪・海亞姆本名的原意是「織帳棚的人」，極有可能取自他父親賴以維生的職業，奧瑪・海亞姆也曾經據此表示自己就是位「一針一線編織出科學營帳」的人。

這是位於伊朗尼夏普的奧瑪・海亞姆紀念墓園，開放式的結構上銘刻著詩人雋永的作品是一大特色。

參照條目　歐幾里得《幾何原本》（西元前 300 年）、卡丹諾的《大術》（西元 1545 年）、巴斯卡三角形（西元 1654 年）、常態分佈曲線（西元 1733 年）及非歐幾里得幾何（西元 1829 年）

阿爾・薩馬瓦爾的《耀眼的代數》

阿爾・薩馬瓦爾（**Ibn Yahya al-Maghribi al-Samawal**，約西元 1130 年～約西元 1180 年），
阿爾・卡拉吉（**Abu Bakr ibn Muhammad ibn al Husayn al-Karaji**，約西元 953 年～約西元 1029 年）

阿爾・薩馬瓦爾出生於巴格達的一個猶太家庭，在十三歲開始學習印度人算數方式的時候，就展現出他對數學的熱情。等到他十八歲的時候，阿爾・薩馬瓦爾幾乎把那個年代所有可以取得的數學文本都讀過了一輪。當阿爾・薩馬瓦爾完成一生中最重要的作品《耀眼的代數》（*al-Bahir fi'l-jabr*）時，那年他才不過十九歲而已。《耀眼的代數》包含許多具有原創性的觀點，同時也補上十世紀波斯數學家阿爾・卡拉吉失傳作品的相關訊息，這兩點讓這本書顯得意義非凡。

《耀眼的代數》著重在代數運算的原則，說明如何在進行算術運算的時候，把未知數或變數當成一般的數字處理，阿爾・薩馬瓦爾更進一步定義了數字與多項式的不同次方表示法，並提出多項式求根的方法。很多學者認為《耀眼的代數》是第一本申論 $x^0 = 1$（已轉換成現代的符號）的作品，換句話說，阿爾・薩馬瓦爾不但充分理解任何數字的零次方就是 1 的觀念，並且把這個想法公諸於世。在這本書裡也經常可以看到負數跟數字 0，像是 $0 - a = -a$（以現代符號表示）這樣的概念；他不但已經知道如何處理包含負數的乘法，並且也以發現 $1^2 + 2^2 + 3^2 + \cdots + n^2 = n(n + 1)(2n + 1) / 6$ 的計算公式自豪；這確實不是一個可以輕易找出來的計算公式。

在經過大量鑽研與反思後，阿爾・薩馬瓦爾選擇在西元 1163 年從猶太教改宗成為伊斯蘭教的信徒。要不是為了顧及父親感受的話，他很有可能再早個幾年，就做出這樣的決定，他所寫的《針對基督與猶太教的深刻批判》（*Decisive Refutation of the Christians and Jews*）則留存至今。

阿爾薩馬瓦爾所著《耀眼的代數》很可能是第一本申論 $x^0 = 1$ 的作品，換句話說，阿爾薩馬瓦爾不但充分理解任何數字的零次方就是 1 的觀念，並且把這個想法公諸於世。

參照條目 戴奧芬特斯的《數論》（西元 250 年）、數字 0（約西元 650 年）、阿爾・花拉子密的《代數》（西元 830 年）及代數基本定理（西元 1797 年）

算盤

　　富比士網站（Forbes.com）的讀者、編輯和一群專家們在西元 2005 年的時候，依據對人類文明所造成的影響排序，選出算盤作為史上第二重要的工具（排名第一與第三的工具分別是刀子跟指南針）。

　　現代用線串著計算用珠子的算盤，源自於古老類似沙拉米斯箋（Salamis tablet）之類的器具，那是一種巴比倫人大約在西元前 300 年時使用、現存最古老的一種計算板。這種器具多半採用木頭、金屬或石頭製成，其中分佈著直線或溝槽讓珠子或小石頭可以移動。大約在西元 1000 年的時候，阿茲特克人發明了一種叫做「nepohualtzitzin」（根據阿茲特克研究迷的說法，這個字的意思是「阿茲特克電腦」）、用木架串接玉米粳以用來輔助計算的器具，看起來就像是現代的算盤。

　　我們現在普遍看到那種在一條線上推動珠子的算盤，來自於西元 1200 年時的中國，日本則把算盤的發音寫成「soroban」。就某種意義上而言，算盤可以被視為是電腦的始祖，因為兩者都是讓我們可以快速完成商業或工程計算的工具。除了外觀設計上有些許不同外，算盤至今仍常見於中國、日本、一部分前蘇聯的境內跟非洲地區，有時候就連視障者也都能上手。雖然算盤主要是用來快速完成加減法的計算，但熟練的使用者也能用算盤迅速完成乘除法，甚至是算平方根的工作。西元 1946 年在東京舉行過一場算術競速比賽，比賽者分別使用算盤跟當時的電子計算機，結果使用算盤的參賽者往往比使用電子計算機的人更快算出答案。

就對人類文明所造成的影響而言，算盤是最重要的幾項工具之一。好幾世紀以來，算盤一直是讓人類可以快速完成商業或工程計算的工具。

參照條目　祕魯的奇譜（約西元前 3000 年）、阿爾琴的《砥礪年輕人的挑戰》（約西元 800 年）、計算尺（西元 1621 年）、巴貝奇的計算機器（西元 1822 年）及科塔計算器（西元 1948 年）

費波那契的《計算書》

比薩的李奧納多（Leonardo of Pisa，約西元 1175 年～約西元 1250 年）

　　波比爾（Carl Boyer）描述比薩的李奧納多（也就是費波那契〔Fibonacci〕）：「毫無疑問是中世紀基督文明世界中最具有創意也最全能的數學家。」費波那契是一位義大利富商，足跡遍及埃及、敘利亞和巴巴里（位於現今阿爾及利亞境內）並且在西元 1202 年發表《計算書》（Liber Abaci），把印度－阿拉伯數碼系統（Hindu-Arabic numerals）跟十進位制傳進了西歐。這套如今已經通行全球的系統，解決了費波那契當時經常碰到又異常累贅的羅馬數字系統，費波那契在《計算書》上寫道：「1～9 是九個來自於印度的數字，這九個數字再加上 0 這個符號（阿拉伯人稱之為 zephirum）後，所有數字都可以找到對應的符號加以表示之。」

　　雖然《計算書》並不是第一本介紹印度－阿拉伯數碼系統的書，甚至十進位制也沒有因為這本書的發行而迅速地普及；但《計算書》仍舊被視為是對歐洲思想造成強烈衝擊的一本書，因為書上的內容對於學術界跟商業界的讀者皆一體適用。

　　《計算書》也向西歐世界介紹了一串相當有名的數列：1，1，2，3，5，8，13 …，如今就稱作費波那契序列（Fibonacci sequence）。這串數列除了頭兩個數字外，之後的所有數字都是其前兩個數字的和，而這些數字也呈現出一種奇妙的數學規律，甚至呼應著大自然現象。

　　上帝是一位數學家嗎？當然是！因為我們似乎可以透過數學充分理解宇宙間的天地萬物。大自然本身就是數學，譬如向日葵種子排序的方式就符合費波那契數列的規律。向日葵大大的花盤跟其他種類的花一樣，由許許多多種子排列成交錯的螺旋狀 ——其中一條順時針螺線會伴隨著另一條逆時針螺線——而花盤上所有螺線的總數就跟向日葵的花瓣數一樣，通常都會是費波那契數列中的數字。

向日葵花盤由許多種子排列成交錯的螺旋狀 ——其中一條順時針螺線會伴隨著另一條逆時針螺線 —— 而所有螺線總數就跟花瓣數一樣，通常都是費波那契數列中的數字。

參照條目　數字 0（約西元 650 年）、《特雷維索算術》（西元 1478 年）、費馬螺線（西元 1636 年）及本福特定律〈西元 1881 年〉

西洋棋盤上的小麥

伊本・海利坎（Abu-l 'Abbas Ahmad ibn Khallikan，西元 1211 年～西元 1282 年），
但丁（Dante Alighieri，西元 1265 年～西元 1321 年）

　　希薩的棋盤問題在數學史上有著顯著地位，因為這個問題被用來展現幾何成長的特質，並說明何謂幾何級數的時間，已經長達好幾世紀，同時也是最早一個提到西洋棋的數學謎題。西元 1256 年，當時的阿拉伯學者伊本・海利坎，很可能是第一位以偉大希薩（Grand Vizier Sissa ben Dahir）故事為題的人，題目中提到印度國王席爾漢（Shirham）詢問希薩想要什麼樣的禮物作為發明西洋棋的報酬。

　　希薩恭敬地向國王說：「陛下，我希望您能在棋盤上的第一格賜予我一顆小麥，在第二格賜予我兩顆小麥，在第三格賜予我四顆小麥，在第四格賜予我八顆小麥，以此類推到第六十四格。」

　　「啊？這就是你想要的報酬？希薩，你瘋了不成？」大吃一驚的國王高聲詢問。

　　想必當時這位國王還不知道希薩將獲得多少顆小麥做為報酬！想要知道的話，就得算出一條幾何級數的前 64 項：$1 + 2 + 2^2 + \cdots + 2^{63} = 2^{64} - 1$，這個天文數字大到足足有 18,446,744,073,709,551,615 顆小麥那麼多！

　　但丁可能聽過類似題目的不同版本，因為他在神曲第三部《天堂》中，也引用類似的概念描述天堂變幻多端的光線：不同光線的數量之多，累計起來甚至快過在西洋棋盤上加倍的速度。」蓋伯格（Jan Gullberg）有過這樣的比喻：「100 顆小麥大約相當於一立方公分大小，所以（希薩的）小麥總量大約是……200 立方公里，如果裝進 20 億輛鐵路貨運用的車廂，則這輛列車的長度將可以繞行地球一千次。」

著名的希薩棋盤問題展現了幾何級數的特性，這張圖畫出了一個濃縮版；圖中發餓的甲蟲順著 1 ＋ 2 ＋ 4 ＋ 8 ＋ 16 ＋ … 這樣的幾何級數算下去的話，總共可以吃到幾顆糖？

參照條目 發散的調和級數（約西元 1350 年）、繞地球一圈的彩帶（西元 1702 年）及魔術方塊（西元 1974 年）

約西元 1350 年

發散的調和級數

奧雷姆（Nicole Oresme，西元 1323 年～西元 1382 年），
曼戈里（Pietro Mengoli，西元 1626 年～西元 1686 年），
白努利兄弟（Johann Bernoulli，西元 1667 年～西元 1748 年；
Jacob Bernoulli，西元 1654 年～西元 1705 年）

如果用無限象徵上帝的話，發散級數就像是一群想要高飛以接近上帝的天使；只要存在永恆的狀態，這些天使就會跟造物主緊緊相隨。以下面這串無窮級數為例：1 + 2 + 3 + 4 + …，如果每年在級數後面增加一個數字，經過四年後可得總和為 10；但只要經過無數年以後，這串級數的總和終究會變成無限大。這種會在累加無窮項後變成無限大的級數，數學家稱之為發散級數。本條目要介紹的發散級數，其發散速度相對而言慢了許多，如果要用先前天使的比喻形容這個神奇的級數，我們可以說這位天使的翅膀力量小了許多。

讓我們來談談調和級數，一個最簡單的發散級數而且其無窮項會逼近 0 的例子：1 + 1/2 + 1/3 + 1/4 + …。這個級數發散的速度當然遠遠不及前一個例子，但其總和仍舊會在無窮項後變成無限大。說得再更仔細一點，這個級數累加速度之慢根本難以想像；如果我們每年只增加一個數字的話，過了 10^{43} 年後，該數列的總和居然還小於 100。鄧漢（William Dunham）就說：「鑽研數學多年的專家往往有意忽略此一驚人的現象會對初入門的學生帶來什麼樣的衝擊——也就是說，就算每次只累積一丁點微不足道的小東西，最終，這樣努力的總和還是可以超過任何一個預設的數量。」

中世紀法國知名的哲學家奧雷姆是第一位證明出調和級數也會發散的人（約西元 1350 年），他推導的結果之後失傳了好幾世紀，一直到了西元 1647 年才由義大利數學家曼戈里完成證明。另外，瑞士

數學家約翰·白努利也在西元 1687 年完成同一證明。約翰·白努利的哥哥雅各布·白努利在西元 1689 年出版《無窮級數的論著》（Tractatus de Seriebus Infinitis）一書時，也在其中發表一種證明方式，並且結論道：「無窮盡的靈魂其實潛藏在微小的細節中；想要窮盡最細微的極限，卻發現這樣的探索，永無止境。無窮禁區辨識細微之中的更細微處，是何等令人雀躍之事！在細微處反倒能看到無垠邊際，多麼神奇！」

奧雷姆在大約西元 1360 年出版一本《論起源、自然、法律狀態與鑄幣權的演變》，並在書中描繪出作者本人。

參照
條目　季諾悖論（約西元前 445 年）、西洋棋盤上的小麥（西元 1256 年）、圓周率 π 級數公式隻發現（約西元 1500 年）、
布朗常數（西元 1919 年）及外接多邊形（約西元 1940 年）

餘弦定律

阿爾・卡西（Ghiyath al-Din Jamshid Mas'ud al-Kashi，約西元 1380 年～西元 1429 年），
韋達（François Viète，西元 1540 年～西元 1603 年）

只要我們已知三角形某個角的角度，以及形成這個夾角的兩邊邊長，我們就可以運用餘弦定律（Law of Cosines）算出這個夾角對邊的邊長，這個定律可以表達成 $c^2 = a^2 + b^2 - 2ab\cos(C)$，其中 a、b、c 分別是三角形的三邊邊長，C 則是 a 跟 b 兩邊之間的夾角。由於這個定律具有普遍性，因此運用範圍可以從土地丈量擴大到計算飛行物體的路線等等。

餘弦定律值得一提的有兩點，一、當此定律運用在直角三角形上就成為**畢氏定理**（$c^2 = a^2 + b^2$），因為當 C 角為直角時，其餘弦值為 0；二、如果三角形的三邊邊長為已知的話，透過此一定律就可以算出此三角形的三個角。

歐幾里得的《幾何原本》（約西元前 300 年）孕育了日後餘弦定律的種子。十五世紀時，波斯數學家暨天文學家阿爾・卡西完成計算精確的三角函數數值表，並且以現代慣用的符號形式說明相關定理。另一位法國數學家韋達與阿爾・卡西毫無淵源，也獨力完成了餘弦定律的證明。

法國人把餘弦定律寫成阿爾・卡西定理（Théorème d'Al-Kashi），以茲紀念阿爾・卡西費心把同一主題的各種既存說法整理成一套統一的論述。阿爾・卡西最重要的一本作品是西元 1427 年完成的《算術之鑰》（The Key of Arithmetic），當中討論了天文學、土地測量、建築與會計等領域所運用的數學。阿爾・卡西也用十進位的小數系統計算施工穆卡納斯（Muqarnas，一種在伊斯蘭或波斯建築物裡面的裝潢結構）所需的總表面積。

韋達的一生多采多姿，其中最特別的經歷，是成功為法國國王亨利四世破解西班牙國王腓力二世所使用的密碼。腓力二世一直認為自己複雜的編碼方式不可能被凡人加以破解，因此，當他發現法國人清楚掌握他的軍事計畫時，他還向當時的教宗抱怨有人使用黑魔法對抗他的王國。

這是一枚西元 1979 年在伊朗發行、用以紀念阿爾・卡西的郵票。法國人把餘弦定律寫成阿爾・卡西定理，以茲紀念阿爾卡西把此一主題的各種既存說法統整成一套論述。

GHYATH-AL-DIN JAMSHID KASHANI
(14–15) A.C.

參照條目　畢氏定理與三角形（約西元前 600 年）、歐幾里得的《幾何原本》（西元前 300 年）、托勒密的《天文學大成》（約西元 150 年）及《轉譯六書》（西元 1518 年）

西元 1478 年

《特雷維索算術》

　　歐洲十五、十六世紀時的算術文本，通常都是用文字敘述與商業活動有關的數學問題，用以傳授各種數學概念。在這些考驗學生的文字題中，所隱含的通用數學概念可以上溯好幾世紀，有些歷史最悠久的文字題甚至可以在古代的埃及、中國或印度等地找到相關史料。

　　《特雷維索算術》（*Treviso Arithmetic*）書中充滿各式各樣的文字題，很多都跟不想被詐欺的商人如何進行投資有關。西元 1478 年當這本書在義大利特雷維索這個城鎮發行的時候，其實是用威尼斯的方言所寫，真實身分已不可考的作者在書中寫了這麼一句話：「有一群我所認識，同時也感到很投緣的年輕人經常問我許多數學問題；這些年輕人很嚮往商場生涯，也要求我把算術的基本原則寫給他們做參考。因此，基於我對這群年輕人的好感，也由於這個主題本身的價值，我必須竭盡個人的棉薄之力，好起碼能夠多少滿足他們的願望。」作者接著就以沙巴西堤安諾跟賈克摩兩位商人合夥投資為故事背景，寫出許多的文字題。書裡面也呈現許多計算乘法的方式，甚至包含費波那契《計算書》（Fibonacci's *Liber Abaci*）裡面的故事。

　　《特雷維索算術》特別之處，在於它是已知最早在歐洲印刷發行的數學文本，這本書同時提倡印度－阿拉伯數碼系統和各種不同的算術方法。由於那時候的商業活動開始帶有跨國貿易的行為，想要鴻圖大展的商人必須更迫切地學好數學。也因為《特雷維索算術》可以當作一個認識十五世紀歐洲數學教育的入門書，這一點也深深吸引著現代的學者。換個角度來看，由於這本書探討了如何計算購買商品的應付款、如何切割布匹、番紅花的交易、鑄造貨幣的合金比率、貨幣兌換、合夥關係的股利分配等議題，讀者也可以因此了解當時有關詐欺、高利貸，以及如何訂定利率的相關訊息。

這張照片描繪約十五世紀時，市集裡的商家對不同商品估價的情形；實體存放地點在法國沙特爾大教堂於十五世紀完工的彩繪玻璃窗上。《特雷維索算術》是已知最早在歐洲印刷發行的數學文本，當中就包含這類有關經商、投資與貿易的文字題。

參照條目　萊因德紙草文件（西元前 1650 年）、《摩訶吠羅的算術書》（西元 850 年）、費波那契的《計算書》（西元 1202 年）及《簡明摘要》（西元 1556 年）

圓周率 π 的級數公式之發現

萊布尼茲（**Gottfried Wilhelm Leibniz**，西元 1646 年～西元 1716 年），
格列固里（**James Gregory**，西元 1638 年～西元 1675 年），
索馬雅吉（**Nilakantha Somayaji**，西元 1444 年～西元 1544 年）

在數學領域中相當重要的無窮級數（infinite series），指的是無窮多個數的和，像是 1 ＋ 2 ＋ 3 …
這個和為無限大的無窮級數稱之為發散（diverge）。交錯級數（alternating series）則是指每隔一項數字
即為負值的無窮級數，以下將介紹一個讓數學家鑽研好幾世紀的交錯級數。

以拉丁字母 π 標記的圓周率，其定義是一個圓的圓周相對於其直徑的比，可以用一條奇妙精簡的
方程式表達：$\pi/4 = 1 - 1/3 + 1/5 - 1/7 + \cdots$。另外值得注意的是，三角函數中的反正切（arctan）函
數也可以用類似的式子加以表達：$arctan(x) = x - x/3 + x/5 - x/7 + \cdots$；只要取 $x = 1$，就可以從反正
切級數得到 π 的級數。

羅伊（Ranjan Roy）曾表示：「……住在不同地區，生活在相異文化環境下的不同人……，分別
各自發現圓周率 π 的級數公式，此一現象……讓我們一窺數學穿越宇宙時空通行無礙的特性……。」
包括德國數學家萊布尼茲，蘇格蘭數學家暨天文學家格列固里都發現了圓周率 π 的級數公式，另一位
約莫生於十四、十五世紀，身分無法完全確認，但通常被認定是索馬雅吉的印度數學家，也發現了此
一結果。萊布尼茲和格列固里分別在西元 1673 年跟西元 1671 年發現圓周率 π 的數列方程式，羅伊
認為「圓周率 π 的級數公式之發現是萊布尼茲最偉大的一項成就」，荷蘭數學家惠更斯（Christiaan
Huygens）告訴萊布尼茲這則與圓特性有關的重大
發現，將永遠被數學家所推崇，就連牛頓也都認為
找出這條方程式，就足以證明萊布尼茲是位天才。

雖然格列固里比萊布尼茲更早發現反正切函
數公式，可是他卻沒注意到 $\pi/4$ 正好是公式的其
中一個特例。無窮級數之一的反正切函數也曾經
在索馬雅吉於西元 1500 年出版的《坦特羅概要》
（*Tantrasangraha*，坦特羅為密宗的一支）中，索馬
雅吉甚至已經知道不可能用有限的有理數級數表達
圓周率 π 。

圓周率 π 可以像圖中這樣以十進位小數無止境得表達下
去，也可以用一條著名而簡單的算式 $\pi/4 = 1 - 1/3 +
1/5 - 1/7 + \cdots$ 表達之。

**參照
條目** 圓周率 π（約西元前 250 年）、季諾悖論（約西元前 445 年）、發散的調和級數（約西元 1350 年）及歐拉－馬
歇羅尼常數（西元 1735 年）

黃金比

帕西奧利（**Fra Luca Bartolomeo de Pacioli**，西元 1445 年～西元 1517 年）

身為達文西（Leonardo da Vince）密友的義大利數學家帕西奧利，在西元 1509 年出版《神聖比例》（*Divina Proportione*）一書，專門探討如今廣為人知的的一個數學觀念——「黃金比」。黃金比通常用符號 φ 加以表示，可以在數學領域跟大自然中以相當驚人的頻率不斷出現。想要了解這個比最簡單的方法，就是把一條線段分成兩截，使得整條線段相對於分割後較長線段的比，恰好等於分割後較長線段相對於較短線段的比，或者用以下的數學式表示之：$(a + b)/b = b/a = 1.61803...$。

如果一個矩形兩邊的邊長比符合黃金比的話，就稱為「黃金矩形」（golden rectangle）。黃金矩形可以在分割出一個正方形後，使其餘下部
分維持是一個黃金矩形，所以較小的這個黃金矩形當然可以再分割出另一個正方形及更小的黃金矩形，這樣的過程可以無窮盡持續下去，不斷產生越來越小的黃金矩形。

如果我們從原先最大黃金矩形的右上角往左下角畫一條對角線，並且在第二大黃金矩形（也就是第二個黃金矩形）的右下角往左上角畫出另一條對角線的話，則這兩條對角線的交點就是所有越來越小的黃金矩形最終收斂的位置；除此之外，依照相同原則所畫出的所有對角線，彼此間也都會維持著黃金比例。我們有時會把所有黃金矩形所收斂的位置稱之為「上帝之眼」（Eye of God）。

黃金矩形是唯一一個可以在分割出正方形後，讓餘下部分跟原先矩形具有相似特性的矩形。如果畫一條串連所有黃金矩形頂點的曲線，可以約略畫出一條「圍繞」上帝之眼的對數螺線。對數螺線隨處可見——海螺、動物的捲角、內耳中的耳蝸——所有大自然需要規律並且充分利用空間的地方，都有對數螺線的蹤跡，因為這是一種能用最少材質構成堅固結構的造型，而且當螺線外擴時，只會改變大小卻不會改變它的形狀。

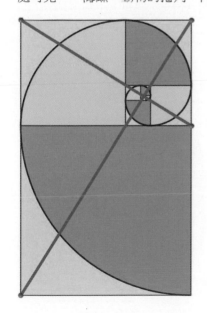

這是一張用藝術手法呈現黃金比例的圖；請注意，分屬最大兩個黃金矩形的對角線交點，就是所有小黃金矩形逐漸收斂的位置。

 參照條目 阿基米德螺線（西元前 225 年）、費馬螺線（西元 1636 年）、對數螺線（西元 1638 年）及用正方形拼出的矩形（西元 1925 年）

《轉譯六書》

特里特米烏斯（Johannes Trithemius，西元 1462 年～西元 1516 年），
肯迪（Abu Yusuf Yaqub ibn Ishaq al-Sabbah Al-Kindi，約西元 801 年～約西元 873 年）

　　如今，數學理論已經成為密碼學的核心觀念，不過古代經常只採用替換原本訊息字母的方式，作為簡單的替代性編碼，譬如把 CAT 這個單字中的字母，依序分別用下一個字母替換成 DBU。這種簡單的編碼方式當然很容易被破解，譬如透過九世紀阿拉伯學者肯迪的字母頻率分析（frequency analysis）。這種方法會分析某種語言中最常被使用的單字——像是英文中的「ETAOIN SHRDLU」（按：這兩個原本無意義的單字，是早期讓打字機快速換行所使用的最簡潔字串，久而久之反而有了特殊意義）——再透過分析後所獲得的資訊，逆推字母被替代的編碼規則。另一種更複雜的統計分析是計算一對字母同時出現的頻率，像是 Q 跟 U 就幾乎是英語中最常一併出現的兩個字母。

　　史上第一套有關於密碼學的書——《轉譯六書》（*Polygraphiae Libri Sex*）——出於德國修道士特里特米烏斯之手，並在他過世後的西元 1518 年發表。《轉譯六書》裡面有好幾百行拉丁文的單字，每一頁只並列其中兩行，而每個單字就代表著一個字母。舉例來說，書上某一頁可能這樣寫著：

a: Deus　　　　　　a: Clemens

b: Creator　　　　　b: clementissimus

c: Conditor　　　　c: pius

　　當要編碼的時候，使用者可以根據所需要的字母，在每一列找出相對應的單字，特里特米烏斯這整套單字列表最厲害之處，是使得編碼過後的句子，看起來就跟一篇真正的禱告文一樣。假設某個訊息的頭兩個字母是 CA 的話，編碼後會變成以 *Conditor clemens*（慈悲的造物主）為首、一句常見的拉丁祈禱文。《轉譯六書》在這幾百行的拉丁文單字之外，還包括其他更複雜的編碼方式，以更有創意的方式隱藏訊息。

　　特里特米烏斯另一本知名著作《隱寫術》（*Steganographia*，寫於西元 1499 年，之後在西元 1606 年發行），看起來就像是一本討論黑魔法的書籍，因此，被天主教教會明文公告在「禁書之列」。然而，事實上，《隱寫術》也不過就是另一本提供編碼方式的書罷了！

這是一幅由德維特（André de Thevet，西元 1502 年～西元 1590 年）所刻畫德國修道士特里特米烏斯。特里特米烏斯的《轉譯六書》是第一本討論密碼學的書，其中提供用來編碼的各種拉丁文單字，使得他人就算截取到機密訊息，看起來也像是一篇平凡無奇的祈禱文一樣。

參照條目 餘弦定律（約西元 1427 年）及公鑰密碼學（西元 1977 年）

傾角螺線

努涅斯（**Pedro Nunes**，西元 1502 年～西元 1578 年）

　　想要從事地表航程嗎？傾角螺線（loxodromic spiral）會對你有幫助的。傾角螺線從南到北、對於地球上每一條子午線都維持相同夾角，看起來就像是一尾橫亙在地球上的超級大蟒蛇，環繞著南、北兩極卻永遠也不會抵達這兩個端點。

　　在地球上航行的其中一個方法，是循著兩點間最短的路徑前進，它是大圓的一段弧線，這條路徑其實是一條弧線。雖然這條路徑的距離最短，但是旅途中必須隨時根據指南針判讀的結果，不斷進行方位調整，對早期領航員而言，幾乎是個不可能的任務。

　　相反地，採取傾角螺線航行的話，雖然這不是條抵達目的地的最短路徑，但是，領航員只要固定朝指南針上的某個方位不斷前進就行了。譬如使用傾角螺線方式從紐約前往倫敦的話，我們只要固定朝東北方 73° 角前進即可。這意味著在麥卡托投影法（Mercator Projection）的地圖上，傾角螺線其實是一條直線。

　　傾角螺線是由葡萄牙數學家暨地理學家努涅斯所發明。努涅斯生前活在宗教法庭造成歐洲人人自危的時期，很多居住在西班牙的猶人人被迫改信羅馬天主教教會，就連當時還只是小孩子的努涅斯也不例外。之後，西班牙宗教法庭的主要目標，則是這些改宗者的後代子孫，像是努涅斯出生在十七世紀初的孫子輩。至於法蘭德斯（Flemish）的製圖師麥卡托（Gerardus Mercator）也因為本身的新教信仰跟頻繁出訪各國而入獄，甚至還差一點被處以死刑。

　　在北美洲，有些穆斯林團體會捨棄傳統最短路徑方位、改採傾角螺線指向麥加（相對而言在東南方）的方位作為朝拜方向。西元 2006 年時，馬來西亞太空總署（MYNASA）還曾贊助過一個研討會，以決定地球軌道上的穆斯林最適當的朝拜方位。

專精電腦繪圖的藝術家尼藍德（Paul Nylander）採用傾角螺線的球極射影（stereographic projection，將球面映成平面），創造出這幅引人注目的雙螺旋圖形。

參照條目　阿基米德螺線（西元前 225 年）、麥卡托投影法（西元 1569 年）、費馬螺線（西元 1636 年）、對數螺線（西元 1638 年）及渥德堡鋪磚法（西元 1936 年）

卡丹諾的《大術》

卡丹諾（Gerolamo Cardano，西元 1501 年～西元 1576 年），
塔爾塔利亞（Niccolo Tartaglia，西元 1500 年～西元 1557 年），
費拉里（Lodovico Ferrari，西元 1522 年～西元 1565 年）

　　卡丹諾是義大利文藝復興時代的數學家、物理學家、占星師兼賭徒，他最為人所稱道的是一本名為《大術》（*Artis magnae, sive de regulis algebraicis*──也可簡稱為 *Ars magna*）是一部探討代數問題的作品。雖然這本書銷路極佳，蓋伯格（Jan Gullberg）卻如此評價：「從來沒有一本書會像卡丹諾的《大術》那樣激發讀者對代數的興趣，不過，卡丹諾的論述手法對現代社會的每一位讀者而言，都是枯燥乏味的。他習慣使用長篇大論又累贅的文辭解題……，就像街頭藝人反覆拉奏推車上的風琴一樣，卡丹諾單調乏味地一再重申數十個近似題型的解答方法，提供相同的答案。」

　　儘管如此，卡丹諾揭露不同類的三次與四次方程式（也就是方程式的變數分別有三、四次冪）的解，還是讓人印象深刻。另一位義大利數學家塔爾塔利亞在更早之前，曾經寫信告訴卡丹諾如何計算像是 $x^3 + ax = b$ 的三次方程式；為了不讓卡丹諾逕自公佈解答，塔爾塔利亞還要求卡丹諾必須對天發誓。不過，卡丹諾後來似乎發現塔爾塔利亞並不是第一位使用求根法計算三次方程式的原創者，因此最終還是把計算方法公諸於世，至於四次方程式的一般性解法，則是由卡丹諾的學生費拉里所完成。

　　雖然不是很能接受如今被稱為**虛數**（imaginary numbers，也就是 −1 的平方根）的數學特性，但是，卡丹諾還是在《大術》中探討了虛數是否存在的問題。事實上，卡丹諾還是第一位進行複數計算的數學家，他在書裡面寫著：「先不論對於理解力的折磨如何，計算 $5 + \sqrt{-15}$ 乘以 $5 - \sqrt{-15}$，我們接下來可以得到 $25 - (-15)$ 的計算式，亦即，這兩者的乘積等於 40。」

　　西元 1570 年時，卡丹諾因為推算耶穌的星座被指控為異端，並被宗教法庭宣判入監服刑數月之久。據說卡丹諾還準確預知了自己的死期，不過，也有人認為他是為了實現自己的預言才在那一天自我了斷。

義大利數學家卡丹諾，以他那本《大術》聞名於世。

參照條目 奧瑪‧海亞姆的《代數問題的論證》（西元 1070 年）、虛數（西元 1572 年）及群論（西元 1832 年）

西元 1556 年

《簡明摘要》

迪亞茲（**Juan Diez**，西元 1480 年～西元 1549 年）

西元 1556 年在墨西哥市發行的《簡明摘要》（*Sumario Compendioso*）是第一本在美洲印製的數學之書籍。這本書出現在北美洲新大陸的時間點，比日後前往移民並定居在維吉尼亞州詹姆士鎮的清教徒還早了好幾十年。它的作者迪亞茲，則是當時阿茲特克帝國征服者科爾蒂斯（Hernándo Cortes）的同伴。

迪亞茲這本書主要是為了祕魯、墨西哥所出產黃金和白銀礦砂的購買者而寫，書裡面除了提供數值表讓商人可以更輕易完成計算工作外，也有一部分篇幅用來討論二次方程式的代數問題——也就是 $ax^2 + bx + c = 0$，其中 $a \neq 0$。書裡面舉了一個例子：「某數的平方減去 $15\frac{3}{4}$ 後等於自己，則某數為何？」用算式表達的話，可以寫成 $x^2 - 15\frac{3}{4} = x$。

迪亞茲這本書原文的全名是「*Sumario compendioso de las quentas de plata y oro que in los reynos del Piru son necessarias a los mercaderes y todo genero de tratantes los algunas reglas tocantes al Arithmetica*」，意思是「對經商或各式貿易皆為必需品，用來計算祕魯王國黃金、白銀數量的完整摘要」。當時印刷術跟紙張從西班牙一路運往墨西哥市，目前只知道僅剩下四本《簡明摘要》流傳至今。

根據蓋瑞跟薛第夫兩人的評論：「新大陸第一本英文的數學之書籍直到西元 1703 年才問世……；在所有用殖民者語言寫成的數學之書籍中，就屬西班牙文版的最有趣，因為這些書幾乎都是在美洲完成著作，並提供給美洲當地的居民使用。」

《簡明摘要》是第一本在美洲印製的數學之書籍。

參照條目　戴奧芬特斯的《數論》（西元 250 年）、阿爾·花拉子密的《代數》（西元 830 年）及《特雷維索算術》（西元 1478 年）

麥卡托投影法

麥卡托（Gerardus Mercator，西元 1512 年～西元 1594 年），
萊特（Edward Wright，約西元 1558 年～西元 1615 年）

在中世紀的時候，很多源自於古希臘、將地球球體用平面地圖表現的想法都失傳了，直到十五世紀，根據蕭特（John Short）的說法：「在海盜船船長眼中主要是用來競逐金銀財寶的航海圖變得越來越有價值，後來，地圖更象徵著富商們的地位，如果在汪洋大海中沒有這些可靠的導航資訊，他們就無法透過興盛的海上貿易通路累積鉅額的財富。」

麥卡托地圖（西元 1569 年）是為了紀念法蘭德斯製圖師麥卡托而命名，這也是史上最有名的投影地圖之一，並成為航運界廣泛使用的世界地圖。根據索羅爾（Norman Thrower）的說法：「就跟很多其他投影法一樣，麥卡托投影法採用保角映射（conformal，指地圖上某一點的周圍之形狀接正確）繪製，但與眾不同之處在於：地圖上的直線都是**傾角螺線**（loxodromes，線上每一點的指南針角度維持固定）。」汪洋中的導航員非常需要具有傾角螺線特性的麥卡托地圖，如此一來，他就能用指南針及其他儀器標定船隻地理位置並選擇要行駛的航線。自精準的航海天文鐘（marine chronometer）在十八世紀被發明後，透過這個計時器跟天文導航可以算出船隻所在的經度，也讓麥卡托地圖的普及率越來越高。

雖然麥卡托首創這種讓選定的指南針方位能跟經線夾角維持固定常數的投影法，但是，他可能相當倚賴本身的製圖知識而較少引用數學觀念。英國數學家萊特在自己所著《導航的迷思》（*Certaine Errors in Navigation*，西元 1599 年）一書中，分析了麥卡托地圖奇妙的特性。對於喜好鑽研數學的讀者而言，麥卡托地圖上的座標 x 跟 y，可以從相對緯度 ϕ 跟經度 λ 的數值推算之：$x = \lambda - \lambda_0$，$y = \sinh^{-1}(\tan(\phi))$，其中 λ_0 表示地圖中心位置的經度。麥卡托投影法當然也有缺點，譬如誇大了離赤道越遠區域的面積。

麥卡托地圖已經成為航海常用的地圖，但是，這種地圖也有失真之處，譬如格陵蘭看起來幾乎跟非洲一樣大，但實際上非洲面積足足比格陵蘭大上十四倍。

參照條目 傾角螺線（西元 1537 年）、射影幾何（西元 1639 年）及三臂量角器（西元 1801 年）

虛數

邦貝利（**Rafael Bombelli**，西元 1526 年～西元 1572 年）

虛數（imaginary number），指的是平方後為負值的數。偉大的數學家萊布尼茲（Gottfried Wilhelm Leibniz）稱虛數「像是聖靈般的奇妙旅程，幾乎處於存在與不存在之間」。因為所有實數（real number）的平方都是正數，因此好幾世紀以來的數學家都認定負數不可能有平方根。儘管還有一些數學家暗示虛數存在的可能，但是數學史上對於虛數的研究，要一直等到十六世紀的歐洲才開始變得熱門。生前以沼澤整治而出名的義大利工程師邦貝利，如今卻以自己在西元 1572 年發行的《代數》（*Algebra*）一書而留名。他在書中介紹 $\sqrt{-1}$ 這個符號，也就是 $x^2 + 1 = 0$ 的解。邦貝利在書中寫道：「這對很多人而言，是一個瘋狂的想法」，非常多數學家猶豫著是否要「相信」虛數存在，包括笛卡兒（René Descartes）在內，笛卡兒還認為虛（*imaginary*）是個帶有侮辱性質的字眼。

歐拉（Leonhard Euler）在十八世紀引用 i 這個符號——拉丁文「假想」*imaginarius* 的頭一個字母，取代 $\sqrt{-1}$，並一直沿用至今。如果沒有虛數的話，現代物理學恐怕很難有所進展。物理學家在很多領域都使用虛數進行計算，包括交流電、相對論、訊號處理、流體動力學、量子力學等領域都需要虛數才能有效完成計算工作，甚至就連華麗的碎形（fractal）圖形也都少不了虛數，才能在不斷被放大檢視的圖形中持續產生豐富的細節。

從弦理論（string theory）到量子理論，越深入研究物理的學者，研究內容就越接近純數學，甚至有人說數學「運轉」真實世界的道理，就跟微軟作業系統操作電腦一樣。薛丁格波動方程式（Schrödinger's wave equation）：用波動函數與機率描述基本的實在及事件——可以視為我們所寄託之逝基板（evanescent substrate），而逝基板則建立在虛數之上。

虛數對於雷依斯（Jos Leys）創造豐富的碎形藝術作品相當重要，如此，吾人才能在不斷被放大檢視的圖形中持續產生豐富的細節。早期數學家非常質疑虛數的實用性，並對其他接受虛數存在的數學家嗤之以鼻。

參照條目　卡丹諾的《大術》（西元 1545 年）、歐拉數 *e*（西元 1727 年）、四元數（西元 1843 年）、黎曼假設（西元 1859 年）、布爾夫人的《代數的哲學與趣味》（西元 1909 年）及碎形（西元 1975 年）

克卜勒猜想

克卜勒（**Johannes Kepler**，西元 1571 年～西元 1630 年），
黑爾斯（**Thomas Callister Hales**，西元 1958 年～）

　　想像你現在需要在一個大箱子中盡可能塞進高爾夫球，塞滿後再把箱蓋緊緊蓋上。塞球的密度取決於高爾夫球佔去箱子多少比例的體積，換句話說，想要盡可能塞進最大數量高爾夫球的話，就必須先找出一種密度最大的塞球方式。如果只是隨意把高爾夫球丟進箱子的話，我們頂多只能塞到大約百分之六十五的密度；如果謹慎一點，先在箱底以六角形鋪滿一層，第二層鋪在第一層的凹槽處，第三層再鋪在第二層的凹槽處，以此類推的話，我們大概可以塞到 $\pi / \sqrt{18}$、相當於百分之七十四的密度。

　　德國數學家暨天文學家克卜勒在西元 1611 年提出沒有其他塞法可以排列出更高密度的想法。克卜勒特別在《六角雪花》（*The Six-Cornered Snowflake*）這本專著中寫下克卜勒猜想（Kepler's conjecture），指稱在立體空間排列外型相同的球體時，沒有任何其他方式可以比面心立方法（face-centered cubic）及六方最密堆積法（hexagonal close packing）堆疊出更多的球。雖然高斯（Karl Friedrich Gauss）在十九世紀證明出若依照固定規律的立體結構排列時，傳統六方最密堆積法會是空間運用效率最高的排列方式，不過，若以不規律的方式排列時，還是沒有人能證明克卜勒猜想會是密度最高的排列方式。

　　直到西元 1998 年，美國數學家黑爾斯終於把克卜勒猜想為真的證明方式，攤在久不聞此道的世人面前。他那包含 150 個變數的方程式可以清楚說明 50 顆球的排列方式，電腦計算的結果也證明沒有其他變化組合的方式，可以讓塞球的密度高於百分之七十四。

　　在通過 12 位評審委員的審查後，《數學年刊》（*Annals of Mathematics*）同意讓黑爾斯發表這篇證明克卜勒猜想的論文；這組審查委員之後在西元 2003 年發表聲明同意黑爾斯的證明方式「百分之九十九成立」，黑爾斯本人則估算大概還要再花費 20 年左右的時間，才能正式且完整地證明克卜勒猜想為真。

普林斯頓大學一群深受克卜勒著名猜想所影響的研究人員，包括柴金、托奎托及其他同僚們研究過 M&M 牛奶巧克力的包裝方式；他們發現這種造型巧克力糖的包裝密度大約是百分之六十八，比隨機排列球體的密度多百分之四。

參照
條目　算額幾何（約西元 1789 年）、四色定理（西元 1852 年）及希爾伯特的二十三個問題（西元 1900 年）

西元 1614 年

對數

納皮爾（**John Napier**，西元 **1550** 年～西元 **1617** 年）

　　蘇格蘭數學家納皮爾在西元 1614 出版《神奇對數法則專論》（*A Description of the Marvelous Rule of Logarithms*）提倡他所發明的對數而聲名大噪。自此之後，這個讓棘手的計算變得可行的方法，已經對數不清的科學、工程領域做出貢獻；在電子計算機普遍流行之前，對數跟對數表是常用的量測與導航工具。納皮爾也發明了納皮爾籌（Napier bones）——由刻上數字的短棒所組成的乘法表，可以協助懂得如何放置短棒的人進行計算。

　　數字 x 與對數 y 的關係（以 b 為底的話）以數學式表達的話，寫成 $\log_b(x) = y$，亦即指數 y 可以滿足等式 $x = b^y$。舉個實際的例子，$3^5 = 3 \times 3 \times 3 \times 3 \times 3 = 243$，因此我們稱 243（以 3 為底）的對數是 5，寫成 $\log_3(243) = 5$；再舉一個例子，$\log_{10}(100) = 2$。再以 $8 \times 16 = 128$ 說明對數的實用性；由於這條算式可以改寫成 $2^3 \times 2^4 = 2^7$，使用對數就可以把原來的乘法轉換成簡單的指數相加（3 + 4 = 7）。因此，在電子計算機問世之前，當工程師需要計算兩個數字的乘積時，他通常會先在數值表查出這兩個數字的對數，然後再用這兩個對數的和，透過數值表還原回實際數字的乘積。這種方法不但顯然比直接筆算乘法還來得快，同時也是計算尺（slide rule）的基本原理。

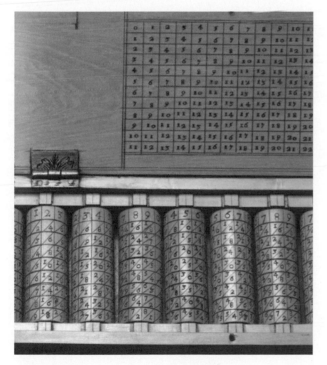

　　現代生活有各種數量及科學量測結果採用對數而非原本的數據加以表示，譬如化學領域的 pH 值、衡量聲響大小的分貝、記錄地震強度的芮氏規模等都是以 10 為底的對數值。換個角度來看的話，剛好比牛頓（Isaac Newton）的年代早一點被發現的對數，其對科學領域的影響，可以跟二十世紀電腦的誕生等量齊觀。

對數的發明者納皮爾還創造另一種稱為納皮爾籌的計算工具，只要視需要調整短棒位置，就可以用一連串簡單的加法，取代乘法的計算。

參照條目　計算尺（西元 1621 年）、對數螺線（西元 1638 年）及斯特靈公式（西元 1730 年）

計算尺

奧特雷德（William Oughtred，西元 1574 年～西元 1660 年）

對於在西元 1970 年代之前就接受高中教育的讀者而言，你們應該會記得曾經跟打字機一樣流行的計算尺（Slide Rule）。只要一把計算尺在手，專業工程師就可以在幾秒內完成乘、除、開平方根，甚至其他更多樣的數學運算。最原始版的計算尺是英國數學家暨英國國教牧師奧特雷德在西元 1621 年，依據蘇格蘭數學家納皮爾的**對數**（logarithm）概念所發明，不過，奧特雷德起初可能還不曉得自己的重大貢獻，以致沒有立即公佈這項成果。歷史考據顯示某一位奧特雷德的學生剽竊了他的想法，發行一本計算尺使用說明的小手冊，除了強調計算尺的方便性外，更大力宣揚這個工具「不論是騎馬或是步行都能運用自如」；不消說，奧特雷德當然被這位學生的行為給氣炸了。

西元 1850 年，一位十九歲的法國砲兵尉官改良了原始版的計算尺，法軍隨後就在普法戰爭中使用新版計算尺計算發射砲彈的軌道。二次世界大戰期間，美軍轟炸部隊也都配有特製的計算尺。

計算尺大師史托爾（Cliff Stoll）曾表示：「回想一下有多少工程結晶是因為這把計算尺才完成的——帝國大廈、胡佛水壩、金門大橋的曲線造型、水動力自動變速器、電晶體收音機，還有波音 707 客機；設計德國 V-2 火箭的馮布勞恩是德國聶斯特勒公司製計算尺的愛好者，愛因斯坦也是。皮凱特公司的計算尺甚至還跟著阿波羅號一起上太空出任務，只為了預防太空船上的電腦出狀況！

在二十世紀內，世界各地總共生產了四千多萬把計算尺。只要想到這個工具從工業革命起一直到現代社會所扮演的關鍵性角色，這本書就應該為計算尺保留一個專屬位置。奧特雷德計算尺愛好會（Oughtred Society）有過一篇紀念文章：「橫跨了三個半世紀，幾乎所有地球上主要建築結構的設計階段，都是透過計算尺完成的」。

自工業革命起一直到現代社會，計算尺一直扮演著非常重要的角色，光是在二十世紀就生產超過四千萬把計算尺，以便工程師們在數不清的領域中使用。

參照條目 算盤（約西元 1200 年）、對數（西元 1614 年）、科塔計算器（西元 1948 年）、HP-35：第一台口袋型工程計算機（西元 1972 年）及電腦套裝軟體 Mathematica（西元 1988 年）

費馬螺線

費馬（**Pierre de Fermat**，西元 **1601** 年～西元 **1665** 年），
笛卡兒（**René Descartes**，西元 **1596** 年～西元 **1650** 年）

在十七世紀初期，法國律師暨數學家費馬針對數論以及其他數學領域，提出許多精妙絕倫的創新觀點。西元 1636 年，費馬《平面與立體軌跡引論》（*Ad locos planos et solidos lisagoge*）手稿上的研究，超越了笛卡兒解析幾何方面的成果，讓費馬定義出很多重要的曲線加以鑽研，包括擺線（cycloid）和費馬螺線。

費馬螺線又稱作拋物線螺線（parabolic spiral），以極座標方程式表示的話，可以寫成 $r^2 = a^2\theta$，其中 r 表示曲線與原點之間的距離（徑坐標），a 是決定這個螺線緊密度的一個常數，θ 則是方位角（角坐標）。只要給定任何一個正值 θ，就存在一正一負兩個不同的 r 值，形成費馬螺線以原點相互對稱的特性。費馬本人特別喜歡研究費馬螺線其中一臂在不同旋轉角度下，會與 x 軸夾集出不同區域面積的關係。

現在的電腦繪圖專家有時候會採用費馬螺線，模擬花卉種子排列方式的模型，譬如我們可以用極座標方程式 $r(i) = ki^{1/2}$ 作為種子分佈的中心點，而 θ 定義為 $\theta(i) = 2i\pi/\tau$，其中 τ 就是黃金數 $(1 + \sqrt{5})/2$，i 則是 1，2，3，4…這樣一個簡單的計數。

電腦繪圖可以畫出很多種朝不同方向扭轉的螺線臂，我們可以觀察不同的對稱螺線從中心點往外放射的圖案，譬如 8，13，21 這三種不同的螺線臂。而這些全都是費波那契序列中的數字（請參照條目**費波那契的《計算書》**）。

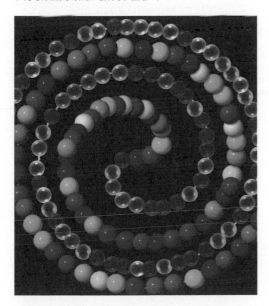

根據馬洪尼（Michael Mahoney）的說明：「費馬曾經花費一段時間研究各種螺線，一直到他在《伽利略對話錄》（*Galileo Dialogue*）中獲得滿意的解答。西元 1636 年六月三日，費馬在一封寫給梅森（Marin Mersenne）的信中，提到了 $r^2 = a^2\theta$ 這個螺線……。」

費馬螺線又稱為拋物線螺線，可以用極座標方程式 $r^2 = a^2\theta$ 表示之。給定任何一個正值 θ 就會產生兩個 r 值，形成費馬螺線以原點相互對稱的特性；而螺線的原點，就位於這張藝術作品的正中央。

參照
條目 阿基米德螺線（西元前 225 年）、費波那契的《計算書》（西元 1202 年）、黃金比例（西元 1509 年）、傾角螺線（西元 1537 年）、費馬最後定理（西元 1637 年）、對數螺線（西元 1638 年）、渥德堡鋪磚法（西元 1936 年）、烏拉姆螺線（西元 1963 年）及連續三角螺旋（西元 1979 年）

費馬最後定理

費馬（Pierre de Fermat，西元 1601 年～西元 1665 年），
懷爾斯（Andrew Wiles，西元 1953 年生），
狄利克雷（Johann Dirichlet，西元 1805 年～西元 1859 年），
拉梅（Gabriel Lamé，西元 1795 年～西元 1870 年）

費馬是一位十七世紀初期的法國律師，他在數論領域發現相當多了不起的結果。雖然費馬只是一位「業餘」的數學家，卻創造出費馬最後定理（Fermat's Last Theorem, FLT）這個艱困的數學挑戰，一直要到西元 1994 年才被英裔美籍的數學家懷爾斯解決。懷爾斯一生中有七年的時間都耗在證明這個定理上，它也是數學史上被嘗試證明最多次的定理。

費馬最後定理，指的是 $x^n + y^n = z^n$ 這個方程式在 $n > 2$ 的時候，並不存在一組非無聊的 x、y、z 整數解。費馬於西元 1637 年在自己收藏的戴奧芬特斯《算術書》中用一段話描述這個定理：「對於這個定理，我自己真的有一套美妙的證明方式，只可惜這裡的頁邊空間不夠我把證明方式記下來。」如今，我們認為費馬本人當時應該還不知道該如何證明。

說實在的，費馬絕不符合我們一般對於律師的印象，他被認為是足以跟巴斯卡並列的機率論開山鼻祖，並且跟笛卡兒共同開創解析幾何的領域。可以說費馬稱得上是首屈一指的現代數學家也不為過。費馬還曾經思考過一個問題——試著找出一個直角三角形，使其斜邊跟另兩邊邊長的和都是平方數；我們現在已經知道，符合這個條件的最小一組數字其實非常大，分別是：4,565,486,027,761、1,061,652,293,520 以及 4,687,298,610,289。

從費馬還在世的時候起，費馬最後定理一直牽引出很多有意思的數學研究和全新的證明方式。西元 1832 年，德國數學家狄利克雷證明費馬最後定理在 $n = 14$ 時成立；西元 1839 年，法國數學家拉梅證明當 $n = 7$ 的時候也成立。艾克塞爾（Amir Aczel）評論說：「費馬最後定理已經成為世上最難以言喻的數學謎題。費馬最後定理簡潔、優雅又（看似）根本無從證明起，引得三世紀以來不論專業或業餘的數學家都想在這個議題上有所突破，其中有些人甚至對這個定理產生奇妙的情愫，讓他們逐步邁進一個充滿騙局、陰謀以及精神錯亂的陷阱。」

法國畫家勒費佛（Robert Lefèvre）筆下的費馬。

 參照條目　畢氏定理與三角形（約西元前 600 年）、戴奧芬特斯的《算術書》（西元 250 年）、費馬螺線（西元 1636 年）、笛卡兒的《幾何學》（西元 1637 年）、巴斯卡三角形（西元 1654 年）及卡塔蘭猜想（西元 1844 年）

笛卡兒的《幾何學》

笛卡兒（**René Descartes**，西元 **1596** 年～西元 **1650** 年）

法國哲學家暨數學家笛卡兒在西元 1637 年出版《幾何學》（*La Géométrie*）一書，論證如何用代數來解析呈現幾何形狀圖形。這本書因而催生出解析幾何——以座標系統表示空間位置，其中數學家可以運用代數加以分析的數學領域。《幾何學》也討論如何用實數系呈現平面幾何上的點並解決相關的數學問題，以及利用方程式分類與表現各種曲線。

值得注意的是，《幾何學》裡面並未真正採用直角座標系（Cartesian coordinate axes，也稱為笛卡兒座標系）或其他的座標系統。這本書的重點在於代數與幾何形式之間的相互表徵；笛卡兒深信代數證明的步驟，應該都可以找出相對應的幾何表徵。

蓋伯格（Jan Gullberg）對於這本書的看法如下：「對現代數學領域的學生而言，《幾何學》是距今歷史最悠久、卻又不會讓學生們在閱讀時深陷數不清過時符號的數學文本……，《幾何學》跟牛頓那套《自然哲學的數學原理》（*Principia*）都被列為十七世紀最具科學影響力的重要文獻之一。」另外，根據波耶（Carl Boyer）的看法，試圖用代數運算將幾何學從圖形結構中「解放出來」，同時也透過幾何表徵賦予代數運算另一層次的涵義。

更廣義地說，笛卡兒發表《幾何學》的目的，是為了完成將代數與幾何整合成單一主題的創舉，就好像葛賓娜（Judith Grabiner）所說：「正如同西方哲學史被視為持續不斷替柏拉圖論點添加註解的過程一樣，過去 350 年來的數學家也都一直在替笛卡兒的《幾何學》添加註解……，以及解題的笛卡兒方法之勝利。」

以波耶對於笛卡兒的觀察做為結論：「就數學才能而言，笛卡兒可能是所處年代最出類拔萃的一位，但是在他內心深處卻從未以數學家自居。」相較於笛卡兒在科學、哲學以及宗教等其他領域的成就，幾何學只不過是他多采多姿人生當中的其中一面罷了。

《亙古常在者》（*The Ancient of Days*）是布萊克（William Blake）的水彩蝕刻作品。中世紀的歐洲學者往往會把幾何跟神聖的自然律聯想在一起，幾世紀之後，原本依靠尺規作圖的幾何學也變得更抽象、更具解析性。

參照條目 畢氏定理與三角形（約西元前 600 年）、月形求積（約西元前 440 年）、歐幾里得的《幾何原本》（西元前 300 年）、帕普斯六邊形定理（約西元 340 年）、射影幾何（西元 1639 年）及碎形（西元 1975 年）

心臟線

杜勒（**Albrecht Dürer**，西元 1471 年～西元 1528 年），
艾提安・巴斯卡（**Étienne Pascal**，西元 1588 年～西元 1640 年），
羅默（**Ole Rømer**，西元 1644 年～西元 1710 年），
拉依爾（**Philippe de La Hire**，西元 1640 年～西元 1718 年），
卡斯提倫（**Johann Castillon**，西元 1704 年～西元 1791 年）

　　外型就跟心臟一樣的心臟線（Cardioid），幾世紀以來都由於它的數學性質、圖案美觀跟實用特性，讓數學家們深深著迷。想要畫出這個曲線，只需要追蹤圓上的某一點，讓該點隨著圓繞行另一個半徑相同且緊鄰的（固定）圓，並逐一描出該點的軌跡即可。心臟線的英文名源自希臘文的「心」，用極座標表示的話，可以寫成 $r = a(1 - \cos\theta)$，其面積為 $(3/2)\pi a^2$，周長為 $8a$。

　　還有另一個畫出心臟線的方法。畫出一個圓 C，並在其上固定一點 P；接下來，循著圓 C 的周長為圓心，畫出一連串大小互異、但一律通過 P 點的圓，最後描出這一連串圓的輪廓，就可以得到心臟線。很多看似毫不相關的數學領域都看得到心臟線的蹤影，像是光學的焦散（caustics）現象，還有碎形（fractal）幾何中曼德博集合（Mandelbrot Set）中間部位的形狀。

　　歷史上有好幾個跟心臟線有關的時間。法國律師及業餘數學家、也是數學家巴斯卡之父的艾提安・巴斯卡，大約在西元 1637 年，認真研究過心臟線更一般化的情況，並把研究成果稱之為「巴斯卡耳蝸」（Limaçon of Pascal）。再更早一點，德國畫家暨數學家杜勒在西元 1525 年所出版的《量測準則》（*Underweysung der Messung*）一書中，提供繪製這類耳蝸的方法。西元 1674 年，丹麥天文學家羅默曾認真思考過開發心臟線外型齒輪齒的可能。另一位法國數學家拉依爾則在西元 1708 年，算出心臟線的周長。有趣的是，心臟線這個望文生義的詞彙要等到卡斯提倫在西元 1741 年於《皇家學會會誌》（*Philosophical Transactions of the Royal Society*）發表論文後，才被廣泛引用。

　　維邱恩（Glen Vecchione）為我們說明了心臟線的實用性：「心臟線可以顯示聚集在單一源點往外放射波紋的干擾與全等（interference and congruence），如此一來，我們就能找出麥克風或天線感應最靈敏的區域……，而心型指向式麥克風就是一種對前方聲音敏銳，同時又可以降低後方雜音干擾的麥克風。」

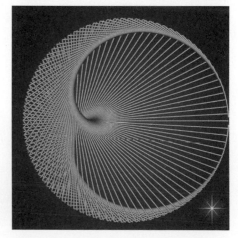

此圖出自雷依斯（Jos Leys）之手。圖中心臟線外型是由圓上兩端點的直線所組成，且左半邊端點連線速度是右半邊的兩倍。

參照條目 蔓葉線（約西元前 180 年）、奈爾類立方拋物線的長度（西元 1657 年）、星形線（西元 1674 年）、碎形（西元 1975 年）及曼德博集合（西元 1980 年）

對數螺線

笛卡兒（René Descartes，西元 1596 年～西元 1650 年），
白努利（Jacob Bernoulli，西元 1654 年～西元 1705 年）

　　大自然中，不論是植物界或動物界都很容易找到對數螺線的輪廓，最常見的例子當屬鸚鵡螺或其他貝類生物、長有犄角的各種哺乳類動物、多數植物（譬如向日葵或是菊花）種子的排列方式，還有大小不一的松果。賈德納（Martin Gardner）還觀察到一種蜘蛛（名為 *Eperia*）所結的網，會從中心點以對數螺線的方式往外盤繞。

　　對數螺線（又名為等角螺線〔equiangular spiral〕或白努利螺線〔Bernoulli spiral〕）可以用極座標方程式 $r = ke^{a\theta}$ 表示之，r 就表示螺線與原點之間的距離，螺線的正切線（tangent line）與畫至（r, θ）徑線（radial line）之間的夾角恆為一常數。歷史上首見對數螺線的討論，要追溯到法國數學家暨哲學家笛卡兒在西元 1638 年一封寫給法國神學家暨數學家——梅森（Marin Mersenne）的信。之後，瑞士數學家白努利針對這個主題，進行了更廣泛的研究。

　　許多銀河星系巨大的螺旋臂堪稱最壯觀的對數螺線，一般認為必須要有長距離的引力互相牽引，才能創造出這樣龐大的秩序。在這樣的銀河星系中，其螺旋臂就是由一堆活躍的行星所組成。

　　螺線模式通常自發地出現在大自然中經由對稱變換所組成的物質中，這些變換包括了大小改變（成長）與旋轉。組織結構依據功能性而決定，而螺線形式可以在拉長一段距離的情況下，維持住組織的緊緻結構。在一定長度下維持導管的緊緻、在增加表面積的同時兼具一定強度，這對軟體動物或是耳蝸都具有顯而易見的功用。生物界物種發育成熟之際，通常會讓身體各部位以近似比例放大的方式演化，這也可能是大自然為何經常展現自我相似（self-similar）螺線成長的原因。

鸚鵡螺就是一個展現對數螺線結構的最佳範例。螺體內部分割成許多殼室，成年鸚鵡螺最多可以長成三十間，甚至更多的殼室。

參照條目　阿基米德螺線（西元前 225 年）、黃金比（西元 1509 年）、傾角螺線（西元 1537 年）、對數（西元 1614 年）、費馬螺線（西元 1636 年）、奈爾類立方拋物線的長度（西元 1657 年）、渥德堡鋪磚法（西元 1936 年）、烏拉姆螺線（西元 1963 年）及連續三角螺旋（西元 1979 年）

射影幾何

阿爾伯蒂（Leon Battista Alberti，西元 1404 年～西元 1472 年），
笛沙格（Gérard Desargues，西元 1591 年～西元 1661 年），
彭賽列（Jean-Victor Poncelet，西元 1788 年～西元 1867 年）

射影幾何通常關注各種形狀與其映射成「映像」之間的關係，所謂「映像」就是來自這些形狀投射到一個平面上，這種射影結果通常也被視為形體的影子。

義大利建築師阿爾伯蒂基於自己在藝術領域探索透視法的高度興趣，成為最早一批研究射影幾何的少數先驅。廣義來講，文藝復興時期的藝術家及建築師都試圖找出如何在平面畫作上展現三度空間物體的方法。阿爾伯蒂有時候會在自己跟風景之間放置一片玻璃，然後閉上一隻眼睛，接著就在玻璃上某些特定位置標記出風景的映像所形成的點，結果就產生一幅能夠忠實展現三度空間景致的平面圖畫。

法國籍的笛沙格是第一位正式研究射影幾何的專業數學家，他希望經由自身的努力能夠拓展探討歐幾里得幾何的領域。笛沙格在西元 1636 年出版一本名為《里昂笛沙格先生探討透視實務的一個通則之案例》，並在書中陳述如何用幾何方法建構物體在透視法下所呈現的圖像，書裡也探討了各種形體在透視法的映射後，有哪些特性會不受影響地保存下來，是一本對畫家及雕刻家都相當實用的著作。

笛沙格最重要的作品《試論錐面截一平面所得結果初稿》發行於西元 1639 年，採用射影幾何探討圓錐曲線的理論。另一位法國數學家暨工程師彭賽列也在西元 1882 年出版一本以全新觀點討論射影幾何的專論著述。

點、線、面這些元素在射影幾何中通常仍舊維持點、線、面的特性，有可能改變的只是長度、長度比跟夾角角度，不過在射影幾何中，歐幾里得平面中的平行線會在投影到無窮遠處的地方相交。

這幅畫作是荷蘭文藝復興時期建築師暨工程師佛里斯（Jan Vredeman de Vries）運用透視原理試繪而成。射影幾何就是奠基於歐洲文藝復興時期藝術領域的透視原理，逐步發展。

參照
條目　帕普斯六邊形定理（約西元 340 年）、麥卡托投影法（西元 1569 年）及笛卡兒的《幾何學》（西元 1637 年）

托里切利的小號

托里切利（Evangelista Torricelli，西元 1608 年～西元 1647 年）

如果你的朋友給你一加侖的紅油漆，並要求你用這桶紅油漆塗滿無止境的曲面時，你會選擇塗在哪種曲面上？這個問題有很多種解答，其中可供選擇最有名的造型，就是托里切利的小號（Torricelli's Trumpet）——透過函數 $f(x) = 1/x$ 繞著 x 軸旋轉一圈所得出的一種很像小號的物體，其中 $1 \leq x < +\infty$。運用標準微積分運算就可以證明托里切利小號體積有限但表面積無限的特性。

德菲利斯（John dePillis）認為就數學意義上而言，往托里切利小號內注入紅油漆將會填滿這個漏斗狀的物體，因此，就算我們只有有限的油漆染料，我們還是可以在小號內壁無止盡的表面積塗上一層紅油漆。很矛盾的說法，不是嗎？不過可別忘了，托里切利小號只是數學概念上的一種構造，我們能夠用有限的油漆染料「填滿」小號，其實只是基於小號體積有限的緣故，因而推論出的一種概略說法。

那麼，當函數 $f(x) = 1/x^a$ 當中的 a 值等於多少時，我們可以畫出一個體積有限但面積無限的圖形？這個問題就留給你和你的數學同好們排遣時間的時候去想一想吧！

托里切利小號的名稱是為了紀念義大利物理學暨數學家托里切利，他在西元 1641 年發現這個函數具有連續無限的長度、無止盡的表面積，和體積有限等驚人的特性，可惜，當年他跟他的同僚認為這種構造實在是一種深刻的悖論，而且，那個時候也沒有適當的微積分工具可以完全欣賞、了解這個構造。如今，托里切利留給世人的印象不外乎他所發明的氣壓計，以及他跟伽利略一起進行的天文觀測。托里切利小號有時候也會稱之為加百利號角（Gabriel's Horn），這個名稱會讓人聯想到大天使（Archangel）加百利吹動號角宣告審判日的來臨，並聯想到上帝無遠弗屆的力量。

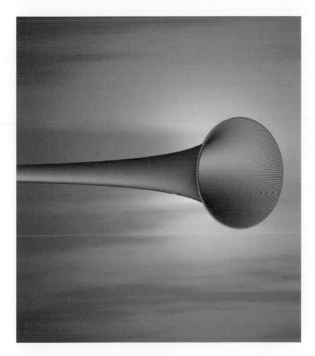

托里切利小號圍出一個體積有限但是表面積無限的物體，這個造型有時候也叫做加百利號角，讓人聯想到大天使加百利吹動號角宣告審判日的來臨，此圖出自雷依斯之手，但是旋轉了 180 度。

參照條目　發現微積分（約西元 1665 年）、最小曲面（西元 1774 年）、貝爾特拉米的擬球體（西元 1868 年）及康托爾的超限數（西元 1874 年）

巴斯卡三角形

巴斯卡（Blaise Pascal，西元 1623 年～西元 1662 年），
奧瑪·海亞姆（Omar Khayyam，西元 1048 年～西元 1131 年）

　　巴斯卡三角形是數學史上最著名的整數模式之一，在西元 1654 年以專論深入探討這個整數級數的巴斯卡則是數學史上第一人；雖然波斯詩人暨數學家奧瑪·海亞姆早在西元 1100 年左右就已經知道這個模式的存在，甚至更早的古印度及中國數學家也是如此。巴斯卡三角形的前七列數字如圖所列。

　　巴斯卡三角形中的每一個數字都是其上方兩個數字之和，許多年來數學家在討論機率論、$(x + y)^n$ 形式的二項展開式，以及許多數論不同應用領域時，都無法忽視巴斯卡三角形所扮演的角色。高德納（Donald Knuth，西元 1938 年生）曾說過，由於巴斯卡三角形中的數字充滿太多衍生關係及組合模式，以致當某些人找出一種全新特性時，除了發現者本人以外，並沒有太多人會因此興奮不已。儘管如此，研究迷人的巴斯卡三角形還是可以找出各種數不清的奇妙之處，像是對角線的幾何模式、帶有各種六邊形數性質的完美正方形模式之存在，或是把三角形及其模式往負數或更高維度的方向延伸。

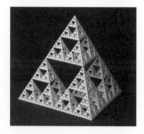

　　如果把三角形內的偶數用點表示、單數用空格取代的話，結果將成為一個極為複雜、以不同大小重複出現相同模式的碎形圖案。碎形圖案在實務運用上的重要性，在於提供一種模型，讓材料科學的科學家藉以開發具有新穎特性的新結構，譬如有些研究人員在西元 1986 年，開發出一種微米等級的金屬絲密封墊，外觀幾乎跟奇數位置留空的巴斯卡三角形一樣。這個密封墊最小的三角形區域面積只有 1.38 平方微米，科學家們還觀測到這個密封墊在磁場中具有不平常的超導體特性。

上圖——哈特（George W. Hart）利用俗稱雷射挑燒（selective laser sintering）的物理製程，創造出這個尼龍做成的巴斯卡三角形。下圖——在條目解說中提到的巴斯卡三角碎形。在中軸紅色三角形區域內的胞室數目均為偶數（6、28、120、496、2016…），而且包含所有的完美數（數字本身可由其真因數加總而得）。

參照
條目　奧瑪·海亞姆的《代數問題的論著》（西元 1070 年）、常態分佈曲線（西元 1733 年）及碎形（西元 1975 年）

奈爾類立方拋物線的長度

奈爾（**William Neile**，西元 1637 年～西元 1670 年），
沃利斯（**John Wallis**，西元 1616 年～西元 1703 年）

西元 1657 年，英國籍的奈爾成為史上第一位想要「算出」一條重要代數曲線長度的數學家。這條特殊的曲線叫做「類立方拋物線」，定義成 $x^3 = ay^2$，如果改寫成 $y = \pm ax^{3/2}$ 的話，就更容易理解為何它會被叫做「半立方體」（half a cube），以及所謂類立方（semicubic）的由來。奈爾努力的成果彙整在另一位英國數學家沃利斯於西元 1659 年所出版的《論擺線》（*De Cycloide*）當中。值得注意的是，在西元 1659 年之前，數學家只算出對數螺線或擺線這兩種超越曲線（transcendental curve）的長度。

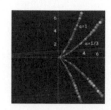

由於計算橢圓跟雙曲線的弧長之嘗試並不成功，有些數學家像是法國的哲學家暨數學家笛卡兒就猜測只有些許的曲線的長度可以計算。結果義大利物理學暨數學家托里切利成功算出對數螺線的長度，對數螺線也成為第一條我們確知其長度的曲線（除了圓以外）。下一條被算出長度的曲線是擺線，是由英國幾何學家暨建築師雷恩爵士在西元 1658 年所算出。

荷蘭數學家暨物理學家惠更斯大約在西元 1687 年，證明當一顆粒子受重力影響沿著類立方拋物線掉落時，會在相同的時間間隔內，位移相同的垂直距離。類立方拋物線也可以用一組等式表達：$x = t^2$ 和 $y = at^3$。寫成這種形式時，曲線長度就會是 t 的函數，亦即 $(1/27) \times (4 + 9t^2)^{3/2} - 8/27$；換句話說，

也就是曲線介於 0 到 t 時間間隔內的長度。在文獻中，奈爾拋物線會以 $y^3 - ax^7$ 方程式表達之，好讓曲線歧點（cusp）朝下定在 y 軸上，而不是往左定在 x 軸上。

上圖——以方程式 $x^3 = ay^2$ 所表示的類立方拋物線，並分別代入兩個不同的 a 值。下圖——法蘭德斯藝術家維雍特畫筆下的惠更斯。惠更斯注意到粒子受重力影響沿著類立方拋物線下降的軌跡。

參照條目 蔓葉線（約西元前 180 年）、笛卡兒的《幾何學》（西元 1637 年）、對數螺線（西元 1638 年）、托里切利的小號（西元 1641 年）、等時曲線問題（西元 1673 年）及超越數（西元 1844 年）

維維亞尼定理

維維亞尼（Vincenzo Viviani，西元 1622 年～西元 1703 年）

請在任一等邊三角形中選取一點，並從這個點往三角形三邊各畫出一條垂直線；無論你一開始所選取的點位於何處，此點到三邊的（垂直）距離的和一定等於這個三角形的高。這個定理是因義大利數學家暨科學家維維亞尼而命名，當年伽利略對於維維亞尼的天賦印象深刻，還把維維亞尼帶回義大利阿切特里的家中，視其為研究團隊的一份子。

後代的研究者已經把維維亞尼定理加以延伸，像是把原先選取的點移到三角形之外，或者是檢視該定理在正多邊形的應用結果。就後者而言，在一個由 n 邊所組成正多邊形中的內部一點，到各邊垂直距離的和，恰好是邊心距（意指從中心點到其中一邊的距離）的 n 倍。維維亞尼定理也可以運用到更高維度的研究領域。

在伽利略過世之後，維維亞尼不但寫了一本伽利略的傳記，還打算發行一套伽利略作品全集，只可惜，教會並不允許他這麼做，這不但損害了維維亞尼的聲望，也普遍對科學界造成打擊。日後，維維亞尼在西元 1690 年時出版歐幾里得《幾何原本》的義大利文版本。

維維亞尼定理可以有許多種不同證明方式，這一點不但讓數學家們深感興趣，這個定理也很適合用來教育小孩子各種的幾何觀點。有些老師會用真實世界的角度詮釋問題，譬如用文字敘述的方式問道——有一位愛衝浪的人住在一座外型是等邊三角形的小島上，她打算在小島中建造一棟小木屋，並設法使小木屋到三邊海岸的距離總和最短，好讓她在每一邊的海岸花費相同的時間。透過這個定理就可以讓學生們知道，選擇在哪裡建造小木屋，其實根本一點也無關緊要。

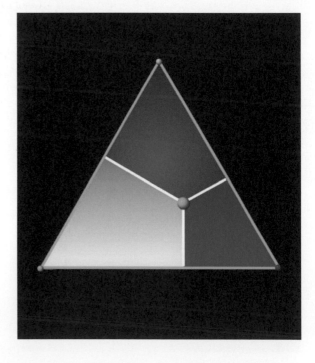

在等邊三角形內部隨意選取一點，如圖所示畫出三條與三邊互相垂直的線，從這個點到三邊垂直距離的總和，一定等於這個三角形的高。

參照
條目　畢氏定理與三角形（約西元前 600 年）、歐幾里得的《幾何原本》（西元前 300 年）、餘弦定律（約西元 1427 年）、莫雷角三分線定理（西元 1899 年）及球內三角形（西元 1982 年）

發現微積分

牛頓（**Isaac Newton**，西元 1642 年～西元 1727 年），
萊布尼茲（**Gottfried Wilhelm Leibniz**，西元 1646 年～西元 1716 年）

　　我們通常會把發現微積分的功勞歸給英國數學家牛頓或是德國數學家萊布尼茲，不過有許多更早期的數學家曾經探討過速率跟極限的觀念，甚至可以回溯到古埃及人所發明用來估算金字塔體積或是推算圓面積的計算方式。

　　在十七世紀時，牛頓跟萊布尼茲兩人花時間思索切線、變化率、極小值與極大值、無限小（無法想像的極小數量，小到幾乎是卻又不等於 0）這些問題，兩個人也都知道微分（找出曲線上某個點的切線，也就是一條「恰好在該點觸及」曲線的直線）跟積分（算出曲線範圍以下的面積）是兩個恰好相反的步驟。牛頓發現（時間點介於西元 1665 到 1666 年之間）的原因，是基於他對無窮級數的興趣，不過他發表的時間稍晚；萊布尼茲早在西元 1684 年就先發表自己對於微分的見解，隨後又在西元 1686 年發表積分的論述，他說：「優秀的人不應該像奴隸一樣把時間浪費在計算的工作上，……我這套微積分工具……可以給相當多的分析帶來不需要花費功夫想像的事實。」這下可就惹惱牛頓了，並造成後續好幾年究竟該把發現微積分歸功給誰的激烈爭辯，也連帶導致微積分的進展因而遲滯。牛頓是把微積分運用在物理學上的第一人，萊布尼茲則為現代微積分文本提供許多慣用的符號系統。

　　如今，微積分已經拓展至每一個科學領域，並且在生物學、物理學、化學、經濟學、社會學、工程，甚至是任何一個涉及速度或溫度變化量的領域中，扮演無可取代的角色。我們可以用微積分解釋彩虹的結構，也可以用來在股市中賺取更多金錢，或是用微積分替太空梭導航、進行天氣預報、預測人口成長、設計建築物和分析疾病的擴散，可以說微積分所造成的革命，已經徹底改變我們看待這個世界的方式。

布萊克畫筆下的牛頓（繪於西元 1795 年）。布萊克既是詩人也是藝術家，他描繪牛頓是一位非凡的幾何學家，凝視著地面上的技術性圖形，思考著數學與宇宙間的各種問題。

參照條目　季諾悖論（約西元前 445 年）、托里切利的小號（西元 1641 年）、洛必達的《闡明曲線的無窮小分析》（西元 1696 年）、安嗇希的《解析的研究》（西元 1748 年）、拉普拉斯的《機率的分析理論》（西元 1812 年）及柯西的《無窮小分析教程概論》（西元 1823 年）

牛頓法

牛頓（Isaac Newton，西元 1642 年～西元 1727 年）

利用遞迴——也就是讓序列中的每一項都定義為前一項的函數——的算術方法可以追溯到數學發軔之初，巴比倫人就是透過這種方法計算正數的平方根，希臘人也用這種方法估算圓周率 π，今天有很多重要又特殊的數學物理，也是使用遞迴公式進行計算。

數值分析通常指涉求取困難問題近似解答的方法，牛頓法就是用來計算不太能用簡單代數運算求取方程式 $f(x) = 0$ 之解的最著名數值分析方法之一。使用牛頓法求取令函數值為 0 的 x，也就是求取該函數之零位或根（root）的這類問題，普遍見於科學與工程領域之中。

牛頓法的使用方式如下。首先，任選根的一個數值近似值 x，那麼，這個函數 $f(x_0)$ 的圖形（是一條曲線）就會被它在 $(x_0, f(x_0))$ 的切線所逼近。所謂切線就是一條只跟函數圖形「恰好交會」於一點的直線。接著，算出切線與 x 軸的交會點，而這個交會點通常會比原先猜測的數值，更接近函數真正根值的位置。透過不斷重複相同方式，就能找到越來越精確的估算。牛頓法可以寫成精確的方程式 $x_{n+1} = x_n - f(x_n)/f'(x_n)$，其中「′」（prime）這個符號表示函數 $f(x)$ 的一階導函數。

如果在複數域使用牛頓法時，透過電腦繪圖的顯示結果，就可以看出牛頓法在什麼時候可以套用，在什麼時候會變得相當詭異。通常這些圖案會演變成混沌的型態，並產生美麗的碎形圖案。

牛頓法最初的發想記載在牛頓於西元 1669 年所著《論無限項方程式的分析》一書上，之後才在西元 1711 年由瓊斯加以印製發行。西元 1740 年，英國數學家辛普森（Thomas Simpson）將牛頓法加以改良，並形容牛頓法是一種選儀法，計算一般非線性方程式的方法。

當運用牛頓法計算方程式複數根的時候，透過電腦繪圖可以展示計算結果錯綜複雜的程度。這張圖是尼藍德（Paul Nylander）用牛頓法計算 $z^5 - 1 = 0$ 的電腦繪圖成果。

參照條目　發現微積分（約西元 1665 年）、混沌與蝴蝶效應（西元 1963 年）及碎形（西元 1975 年）

等時曲線問題

惠更斯（Christiaan Huygens，西元 1629 年～西元 1695 年）

十七世紀時，數學家及物理學家都想找出一條曲線，更精確一點說的話，是找出一種特殊造型的斜坡，不但會使在同一時間點置放於斜坡上的物體最終都滑落到斜坡底部，而且不論這些物體一開始擺在斜坡上的哪個位置，其滑落到斜坡底部所需花費的時間都是一樣的。讓物體下滑的力量來自地心引力，此外也假定這種斜坡本身並不會產生摩擦力。

荷蘭數學家、天文學家暨物理學家惠更斯在西元 1673 年找到這個答案，並發表於他那本《擺鐘》上。純就技術性質分析的話，等時曲線（Tautochrone）其實是一種擺線──也就是當一個圓沿著一條直線滾動時，圓周上某一定點所形成的軌跡。等時曲線也被稱作最速落徑（brachistochrone），以突顯這條曲線上不受摩擦力影響的物體，會以最快速度從甲處滑降到乙處。

惠更斯原本打算利用他的發現設計出更準確的擺鐘。這個擺鐘在靠近主擺軸處借用一部分等時曲線的表面特性，如此一來，無論使用者從什麼地方開始擺盪軸線，都不影響擺軸能沿著最理想的曲線擺動（不過想也知道，表面存在的摩擦力當然會造成難以克服的誤差）。

《白鯨記》裡面也有關於等時曲線特性的描述，出現在討論鯨油提煉爐（用來提煉鯨脂或製油的大鍋爐）的段落：「這個大鍋爐也是一個沉思、冥想數學問題的好地方。我每天都要用滑石勤加擦拭百戈號左舷的鯨油提煉爐，此地也讓我不經意地發現一個驚人的現象──不論外觀是什麼樣的幾何構造，譬如我常用的滑石，它們沿著提煉爐內壁擺線上任何一點滑落到爐底的時間，通通一樣。」

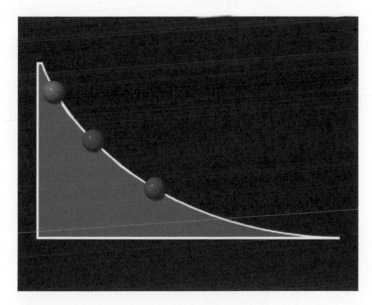

圖中三顆球受重力影響從不同位置沿著等時曲線下滑時，滑落到曲線底部所耗費的時間是一樣的（這三顆球必須在同一時點置放在斜坡上）。

參照條目　奈爾類立方拋物線的長度（西元 1657 年）

星形線

羅默（Ole Christensen Rømer，西元 1644 年～西元 1710 年）

　　星形線是一個具有四個歧點（cusp）的曲線，只要大圓的直徑是小圓的四倍，並追蹤像齒輪般沿著大圓圓周內部滾動的小圓圓周上某一定點軌跡，就能描繪出星形線。各路學有專精的數學家都想找出星形線的奇異特性，使得星形線聲名大噪。丹麥天文學家羅默在西元 1674 年為了找出更有用的齒輪齒外型，開始針對星形線進行研究，其後包括瑞士數學家約翰·白努利（Johann Bernoulli）在西元 1691 年、德國數學家萊布尼茲（Gottfried Wilhelm Leibniz）在西元 1715 年、法國數學家達朗伯特（Jean d'Alembert）在西元 1748 年都曾醉心研究過星形線。

　　星形線的方程式寫成 $x^{2/3} + y^{2/3} = R^{2/3}$，其中 R 是固定外大圓的半徑，$R/4$ 就是在內部滾動的小圓半徑。星形線的弧長是 $6R$，面積是 $3\pi R^2/8$，有趣的是，雖然產生星形線的方式跟圓脫不了關係，但是，星形線周長 $6R$ 卻跟圓周率 π 一點關係也沒有。

　　數學家丹尼爾·白努利（Daniel Bernoulli）在西元 1725 年發現，如果在固定的大圓內部滾動一個直徑只有大圓本身 3/4 的小圓時，同樣也可以畫出星形線；換句話說，畫出來的圖形就跟滾動另一個更小、直徑只有固定大圓 1/4 的小圓一樣。

　　物理學上的斯通納─沃法爾斯（Stoner-Wohlfarth）星形線被用來描述能量與磁學的諸多特徵；美國專利編號第 4,987,984 號敘述星形線在機械滾動離合器上的運用方式：「星形線分散壓力的效果跟相對應的圓弧曲線一樣好，可是卻可以減少凸輪材料的使用，提供更堅強的結構。」

　　值得注意的是，星形線所有延伸出去到與 x 軸或 y 軸相交的切線，其長度通通一樣；你可以在腦海中想像用各種角度把梯子靠在牆壁上的畫面，這也是一種畫出部分星形線的方法。

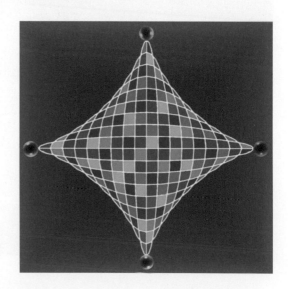

這是用藝術手法呈現許多橢圓「外廓包絡線」（envelope）所產生的星形線（就幾何學而言，許多曲線的包絡線，其定義就是一條跟每條曲線都相切於一點的外廓曲線）。

參照
條目　蔓葉線（約西元前 180 年）、心臟線（西元 1637 年）、奈爾類立方拋物線的長度（西元 1657 年）、勒洛三角形（西元 1875 年）及超級橢圓蛋（約西元 1965 年）

西元 1696 年

洛必達的《闡明曲線的無窮小分析》

洛必達（Guillaume François Antoine, Marquis de l'Hôpital，西元 1661 年～西元 1704 年）

西元 1696 年，法國數學家洛必達在歐陸出版了第一本微積分教科書——《闡明曲線的無窮小分析》，並且希望這本書成為了解微積分技巧的推動工具。牛頓跟萊布尼茲在此之前幾年發現了微積分，隨後白努利兄弟檔數學家雅各布跟約翰讓微積分變得更加簡潔，不過德福林（Keith Devlin）則認為：「事實上，如果沒有洛必達出版這本書的話，牛頓、萊布尼茲跟白努利兄弟這些人恐怕會是地球上僅有幾位真正了解微積分的人。」

在西元 1690 年代初期，洛必達聘請約翰·白努利傳授他微積分，被微積分深深吸引的洛必達學習進展很快，沒多久就能融會貫通，並且把他學會的知識系統性地寫成這本教科書。鮑爾（Rouse Ball）對洛必達著作的評價如下：「寫出第一本整合各方知識的專論，用以解釋微積分原理及使用方法的功勞，應該歸給洛必達，……他的作品發行量大，讓法國普遍接受慣用的微分符號，甚至推廣至歐洲各地。」

除了這本微積分教科書本身之外，洛必達另一項關於微積分法則的重要貢獻，也寫在這本書裡——當分子與分母同時逼近 0 或同時逼近無限大時，計算該分式極限值的方法。洛必達本人最初的生涯規劃是朝軍職發展，結果因為視力太差，才讓他日後轉而成為一位數學家。

洛必達當初在西元 1694 年付給約翰·白努利傳授微積分的酬勞是年薪三百元法郎，這一點也寫在教科書裡面。西元 1704 年在洛必達過世之後，白努利才開口談到兩人之間的交易，並宣稱《闡明曲線的無窮小分析》裡面有許多觀點都出自於他的想法。

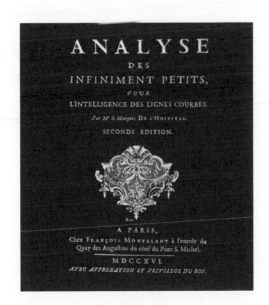

這就是歐陸第一本微積分教科書《闡明曲線的無窮小分析》的封面圖案。

參照條目　發現微積分（約西元 1665 年）、安聶希的《解析的研究》（西元 1748 年）及柯西的《無窮小分析教程概論》（西元 1823 年）

繞地球一圈的彩帶

惠斯頓（William Whiston，西元 1667 年～西元 1752 年）

接下來要介紹的這個謎題，雖然在數學發展史的里程碑地位，無法與本書其他大多數的謎題相提並論，不過，這個源自於西元 1702 年的謎題小品，光是啟迪了超過兩世紀的莘莘學子跟社會大眾就值得一提了。這也是一個具有比喻性的謎題，讓我們曉得簡單的數學邏輯，如何讓研究者超越本身直覺，進而找出謎題背後的合理解答。

想像你手中有一條彩帶，你用它緊緊繞住一顆籃球的赤道線；現在，如果要你在距離籃球表面一英尺處的相同位置再環繞一條彩帶，你需要加長多少距離的彩帶？猜得到嗎？

接下來，想像我們用另一條彩帶同樣沿著赤道線，緊緊環繞一顆規模跟地球一樣大的球體，這樣一條彩帶大概有兩萬五千英里那麼長！然後，現在你需要加長多少距離的彩帶，才能在距離赤道線一英尺處的相同位置，環繞住這顆跟地球一樣大的球體？

這個問題的答案——可能出乎許多人的意料之外——是 2π，大約 6.28 英尺——差不多就是一般成年人的身高。假設 R 是地球的半徑，而以英尺為單位表示的 $1 + R$ 是距離地表一英尺那個圓的半徑，我們就可以輕易比較出兩條彩帶的長度差異——前者是 $2\pi R$，後者是 $2\pi(1 + R)$，其間的差異只有 2π 英尺，換句話說，與地球或是籃球的半徑根本一點關係也沒有。

西元 1702 年，惠斯頓在為學生再版的《幾何原本》當中提到非常類似的謎題。惠斯頓身為英國的神學家、歷史學家暨數學家，他最有名的著作可說是《地球的新理論：從最初的起源到如今的花花世界》，他在其中推論諾亞遇到的大洪水，應該是彗星撞地球的結果。

用一條彩帶或是金屬帶沿著赤道位置（或者是其他距離最長的圓周）緊緊圍繞住地球狀的球體。現在，如果要讓彩帶在距離地面一英尺的距離繞行地球一圈，則我們需要把彩帶加長多少距離？

參照條目　歐幾里得的《幾何原本》（西元前 300 年）、圓周率 π（約西元前 250 年）及西洋棋盤上的小麥（西元 1256 年）

大數法則

雅各布・白努利（Jacob Bernoulli，西元 1654 年～西元 1705 年）

瑞士數學家雅各布・白努利於西元 1713 年完成了大數法則（Law of Large Numbers, LLN）的證明，並在他過世後發表在《猜測的藝術》一書上。大數法則是屬於機率論的定理，描述隨機變數會隨著時間拉長而呈現穩定的分佈狀態，像是當某項實驗的觀測次數（就以丟銅板為例好了）累積到足夠多的數量時，實驗結果（出現人頭的總次數）的分佈狀態，就會相當接近機率的估算，在這個例子中就是 0.5。用更正式的說法表示的話，凡給定一連串獨立且單一分佈的隨機變數及其有限母體的平均數跟變異數，則這些觀察的平均數將會相當接近理論上母體的平均值。

想像你要擲出一顆標準的六面骰子，可以預期出現點數的平均值應該很接近機率推算的平均值，也就是 3.5。再想像你前三次擲出的結果分別是 1、2、6，點數平均值是 3；只要你持續不斷地擲骰子，出現點數的平均值終究會越來越接近期望值 3.5。賭場經營者愛死了大數法則，因為他們可以估算出長期穩定的結果並提出相對應的營運計畫，保險業者也需要大數法則精算意外可能造成的損失。

在《猜測的藝術》中，雅各布・白努利示範如何估算某甕不知黑、白球數量的母體中，白球所佔有的比例。首先，每次從甕中任意取出一球，並且「隨機地」往甕裡補上另一顆球，重複這個動作幾次之後，就可以用被抽出球堆裡面白球所佔的比例，推估原本甕中的白球比例；只要重複的次數夠多，他就可以得到夠精確的估計值。雅各布・白努利的註解如下：「只要能持續不斷地觀察所有事件，直到地老天荒（最終的機率也因此傾向成為完美的固定常數），則世界上所有事物都會以固定的比發生，……就算發生讓人最感到意外的事件，我們也會把這起事件認定為是一種……既定的宿命。」

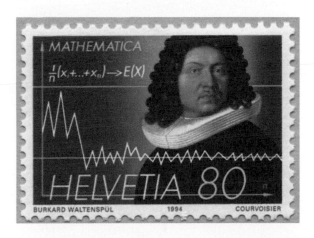

這是一枚瑞士於西元 1994 年所發行、用以紀念數學家雅各布・白努利的郵票，上面同時有他所提出大數法則的圖形與公式，是為一大特徵。

參照條目 骰子（約西元前 3000 年）、常態分配曲線（西元 1733 年）、聖彼得堡悖論（西元 1738 年）、貝氏定理（西元 1761 年）、布馮投針問題（西元 1777 年）、拉普拉斯的《機率的分析理論》（西元 1812 年）、本福特定律（西元 1881 年）及卡方（西元 1900 年）

歐拉數 e

歐拉（**Leonhard Paul Euler**，西元 1707 年～西元 1783 年）

　　英國科學作家達伶（David Darling）對於歐拉數 e 的評價是：「很可能是數學領域最重要的一個數字。雖然尋常大眾對於圓周率 π 比較耳熟能詳，可是歐拉數 e 的重要性超出圓周率 π 太多了，在這個主題的高深研究上，歐拉數 e 則更為重要而且更是無所不在。」

　　歐拉數 e 的近似值約為 2.71828，可以用很多不同的方法求得，譬如它是 $(1 + 1/n)$ 的 n 次方、當 n 逼近無限大時的極限值。雖然其他數學家像是白努利（Jacob Bernoulli）跟萊布尼茲（Gottfried Wilhelm Leibniz）都曾經意識到這個數字，但是瑞士數學家歐拉才是針對這個數字進行廣泛研究的第一人，他也是第一位在一封西元 1727 年寫就的信裡使用 e 這個符號的數學家。西元 1737 年，歐拉證明了 e 是個無理數——也就是無法用兩個整數之比表達的數字，接著在西元 1748 年，歐拉算出了 e 的前十八位數字，如今我們所知道歐拉數 e 的位數已經超過了一千億位數以上。

　　歐拉數 e 的運用領域相當廣泛，例如兩端固定之懸掛繩帶的懸鏈形狀之公式、進行複利的計算，還有在機率跟統計學上數不清的應用方式，就連史上最神奇數學式之一的 $e^{i\pi} + 1 = 0$ 當中也少不了歐拉數 e 的存在。這個式子一口氣囊括了數學領域最重要的五個符號：1、0、π、e 跟 i（即 -1 的平方根），哈佛數學家皮爾斯（Benjamin Pierce）說：「雖然我們無法理解這個方程式，也不知道它所表達的意義，但是我們卻已經完成證明，因此我們相信這個式子代表真理。」一些針對數學家所進行的調查，發現他們會把這個式子認定為數學史上最最漂亮的一道公式，凱斯納（Edward Kasner）跟紐曼（James Newman）共同表示：「我們只能不斷複寫這道方程式，並不斷找尋它所隱藏的內涵，這道方程式對於神祕主義者、科學家或是數學家的吸引力可說是等量齊觀。」

聖路易大拱門（St. Louis Gateway Arch）是個上下顛倒的懸鏈形造型，這種造型可以用方程式 $y = (a/2) \cdot (e^{x/a} + e^{-x/a})$ 表示之。聖路易大拱門是世界上最高的紀念碑，高度為 630 英尺（192 公尺）。

參照條目 圓周率 π（約西元前 250 年）、虛數（西元 1572 年）、歐拉—馬歇羅尼常數（西元 1735 年）、超越數（西元 1844 年）及正規數（西元 1909 年）

斯特靈公式

斯特靈（**James Stirling**，西元 1692 年～西元 1770 年）

當代數學隨處可見階乘（factorial）的存在，對任一不為負的整數 n 而言，「n 階乘」（數學符號寫成 $n!$）表示所有小於、等於 n 的正整數乘積，譬如 $4! = 1 \times 2 \times 3 \times 4 = 24$。階乘符號 $n!$ 是由法國數學家克蘭普（Christian Kramp）在西元 1808 年開始啟用，對於組合數學（combinatorics）的重要性不言可喻，像是用於計算將不同物品排成一列的所有可能性；此外，也可以看到階乘在數論、機率跟微積分等不同領域的應用。

由於階乘數值成長得相當快（好比說，$70!$ 比 10^{100} 還要大，$25,206!$ 比 $10^{100,000}$ 還要大），找出一條能夠方便計算較大階乘數值的公式就顯得非常有意義。斯特靈公式——$n! \approx \sqrt{2\pi} e^{-n} n^{n+1/2}$——就是用來準確估算 n 階乘的公式。公式裡，「$\approx$」這個符號表示「近似值」，「e」跟「π」符號分別表示兩個數學常數，$e \approx 2.71828$、$\pi \approx 3.14159$。如果 n 值夠大的話，斯特靈公式可以改寫成看起來更簡單的寫法——$\ln(n!) \approx n\ln(n) - n$，也可以寫成 $n! \approx n^n e^{-n}$。

西元 1730 年，蘇格蘭數學家斯特靈在他最重要的作品《微分方法》（*Methodus Differentialis*）中寫下 $n!$ 數值的估算方法。斯特靈一生是在政治與宗教的衝突下投入數學研究的領域；身為牛頓的朋友，斯特靈自西元 1735 年後把他大部分的生命投注在工業管理的範疇。

鮑爾（Keith Ball）評論說：「對我而言，斯特靈公式是十八世紀數學最經典的發現之一。我們可以從類似這樣的公式中，看見十七世紀到十八世紀的數學經歷了多麼讓人吃驚的轉變。我們一直等到十七世紀初才發明對數，大約九十年後，才有了牛頓確立微積分原則的《原理》（*Principia*）一書，接著還要再經過九十年後，數學家們才陸續提出類似斯特靈公式之類非得受過正規微積分訓練的人，才能夠想出的精妙計算方法。從此以後，數學再也不是業餘愛好者的閒暇娛樂——反而是一項真正的專業工作。」

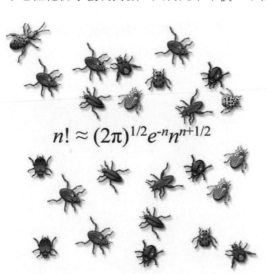

$$n! \approx (2\pi)^{1/2} e^{-n} n^{n+1/2}$$

圖中方程式即為斯特靈公式，恰好被 $4!$ 隻，也就是 24 隻甲蟲圍繞。

參照條目　對數（西元 1614 年）、鴿籠原理（西元 1834 年）、超越數（西元 1844 年）及雷姆斯理論（西元 1928 年）

常態分佈曲線

棣米弗（**Abraham de Moivre**，西元 1667 年～西元 1754 年），
高斯（**Johann Carl Friedrich Gauss**，西元 1777 年～西元 1855 年），
拉普拉斯（**Pierre-Simon Laplace**，西元 1749 年～西元 1827 年）

　　法國籍的棣米弗在西元 1733 年出版《二項式 $(a + b)^n$ 展開成級數的項之和的逼近》成為第一位描述出常態分佈曲線的數學家。常態分佈曲線也稱作「誤差定律」（law of errors）。棣米弗終其一生都相當貧困，僅僅依靠在咖啡館陪客人下棋的方式賺些小費。

　　常態分佈──也稱作高斯分佈，目的是為了紀念數年後深入研究此一課題的數學家高斯──代表連續機率分佈此一重要的數學分支，被運用在各種難以計數的觀測領域，像是人口結構分佈、健康狀況調查、天文學上的測度、遺傳特徵、智力測驗、保險統計，以及任何實驗資料或觀察項目存在差異的領域。事實上，早在十八世紀初期時，數學家們就已經開始注意到各式各樣不同的量測結果，似乎總會呈現出非常類似的分佈情況。

　　常態分佈曲線是由兩個參數所定義──平均值，還有以量化指標表示資料差異程度的標準差。常態分佈通常也被稱為「鐘型曲線」（bell curve），因為它的圖形就像鐘的外型一樣兩邊對稱，而且絕大多數資料都會聚集在中間位置，越往兩邊端點延伸，資料量就越少。

　　棣米弗是在研究二項式分佈逼近法的時候發現常態分佈。所謂二項式分佈就好像擲銅板的實驗結果，拉普拉斯在西元 1783 年在二項式分佈的基礎上研究量測誤差，高斯則在西元 1809 年透過二項式分佈研究天文學。

　　人類學家高爾頓爵士（Sir Francis Galton）對常態分佈的評價如下：「『誤差頻率定律』（Law of Frequency of Error）的形式就像宇宙秩序一樣神奇，我不知道是否還有其他事物可以像它一樣讓人印象深刻；如果古希臘人能夠早點認識它的話，他們一定會將之人格化並奉為神祇般膜拜。它的沉穩深不可測，就算處於最狂亂的境界也能完全依靠本身的力量恢復平靜。」

這是一張德國馬克的紙鈔，上面不但有著高斯的畫像，還有常態機率函數的圖形與方程式。

參照條目 奧瑪‧海亞姆的《代數問題的論著》（西元 1070 年）、巴斯卡三角形（西元 1654 年）、大數法則（西元 1713 年）、布馮投針問題（西元 1777 年）、拉普拉斯的《機率的分析理論》（西元 1812 年）及卡方（西元 1900 年）

歐拉—馬歇羅尼常數

歐拉（**Leonhard Paul Euler**，西元 1707 年～西元 1783 年），
馬歇羅尼（**Lorenzo Mascheroni**，西元 1750 年～西元 1800 年）

歐拉—馬歇羅尼常數以希臘字母「γ」表示之，其數值大約是 0.5772157…；這個數字跟數論裡的指數、對數都有關係，其定義為 *(1 + 1/2 + 1/3 …… + 1/n － log n)*，當 n 趨近到無限大時的極限值。歐拉—馬歇羅尼常數 γ 的運用範圍非常廣，在無窮級數、乘積、機率、定積分（definite integral）等各種領域都扮演著重要角色，像是從 *1* 到 *n* 所有數的因數之平均就大約是 *n + 2γ － 1*。

雖然計算 γ 能吸引到的注意力遠遠不如計算 π，但是 γ 仍舊吸引到為數不少追隨者。我們現在已知 π 可以算到小數點以後 *1,241,100,000,000* 位數，不過直到西元 2008 年為止，我們只算出小數點以後 *10,000,000,000* 位數的 γ。顯然要算出 γ 會比算出 π 來得困難許多。以下提供小數點以後前幾位數的 γ 給讀者們參考：0.5772156649015328606065120900824024310421593359 3992…。

歐拉—馬歇羅尼常數跟其他知名的常數諸如 π 跟 e 一樣，都有一段悠久且迷人的歷史。瑞士數學家歐拉在〈調和級數的觀察〉中提到 γ。這篇論文發表於西元 1735 年，當時的歐拉只有能力算出小數點後前六位的 γ，義人利數學家暨神父馬歇羅尼在西元 1790 年接手算出更多位數的 γ。時至今日，我們還不能確定歐拉—馬歇羅尼常數能否以分數形式加以表達（譬如 0.1428571428571…… 可以寫成 1/7 一樣）。以一本專書討論 γ 的哈維爾（Julian Havil）曾提到一個小故事，他說英國數學家哈代（G. H. Hardy）願意將自己在牛津大學的薩維爾講座教授（Savilian Chair）授予任何能證明 γ 無法寫成分數形式的任何人。

畫家布魯克（Johann Georg Brucker）於西元 1737 年所完成的歐拉肖像。

參照條目　圓周率 π（約西元前 250 年）、圓周率 π 的級數公式之發現（約西元 1500 年）及歐拉數 e（西元 1727 年）

柯尼斯堡七橋問題

歐拉（Leonhard Paul Euler，西元 1707 年～西元 1783 年）

在數學領域中，圖論（Graph Theory）探討的是物體之間相連結的問題，通常簡化成點跟線的連接加以表示。東普魯士柯尼斯堡（Königsberg，位於現今俄羅斯境內）七橋問題是圖論中最古老的問題之一。柯尼斯堡當地居民喜歡在河畔邊散步，並穿越這七座橋前往不同的小島；十八世紀初期的人們還在懷疑是否有可能從起點開始，以一趟旅程不重複地走過全部七座橋樑並回到起點，直到西元 1736 年瑞士數學家歐拉才證明出這樣的旅程並不可行。

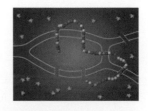

歐拉就是用圖論的點、線圖表示七橋問題——每個點都代表土地區域，每一條線則代表一座橋樑。圖論中，與點連接的線條總數稱作「秩」（valence）；歐拉證明如果要以一趟不重複旅程走完圖形中所有點的話，必須滿足「圖形中不能有三個以上的點具有奇數秩」的先決條件。柯尼斯堡的七座橋樑並不具備如此的圖形特徵，當然也就不可能以不重複的方式走過全部七座橋樑並回到起點。歐拉之後還把這套理論一般化，運用到各種不同橋樑網路的旅程。

由於歐拉的證明方式相當於圖論第一號定理，也因此奠定柯尼斯堡七橋問題在數學史上的重要地位。如今，圖論已經被運用在數不清的領域中，包括化學反應的路徑、道路交通的流量、網路使用者的社交圈，甚至可以解釋經由性行為傳播疾病的途徑。拓樸學（topology）是一門研究形狀及其相互關係的學問，歐拉忽略橋的實際長度、改以簡單線條表示互相連結關係的作法，不折不扣就是拓樸學的濫觴。

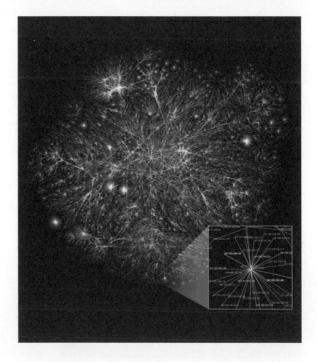

上圖——這是一種穿越柯尼斯堡七橋問題當中四座橋樑的可能旅程。下圖——布萊特（Matt Britt）根據網際網路使用情況所繪製的一張圖（照片為其中一部分的圖）。圖中線的長度表示任兩節點之間訊號遲滯的程度，線條色彩表示節點的型態；譬如說是商業網路、政府網路、軍用網路或是學術網路。

參照
條目　歐拉多面體方程式（西元 1751 年）、環遊世界遊戲（西元 1857 年）、莫比烏斯帶（西元 1858 年）、龐加萊猜想（西元 1904 年）、若爾當曲線定理（西元 1905 年）及豆芽遊戲（西元 1967 年）

聖彼得堡悖論

丹尼爾·白努利（Daniel Bernoulli，西元 1700 年～西元 1782 年）

　　丹尼爾·白努利是在荷蘭出生的瑞士數學家、物理學家暨醫生。他寫過一篇相當有趣的機率論論文，最終於西元 1738 年發表於《聖彼得堡帝國科學學會評論集》（Commentaries of the Imperial Academy of Science of Saint Petersburg）。這篇論文主要就是討論如今我們稱之為聖彼得堡悖論的問題。這個問題跟賭徒擲銅板贏錢的賭局有關，哲學家跟數學家花了很長的時間，討論參與這個賭局的合理下注金額究竟是多少，各位讀者也不妨問問看自己究竟願意花多少錢下注？

　　聖彼得堡悖論的一種敘述方式如下：擲一枚銅板直到它出現背面為止。假設這個過程總共擲了 n 次，則出現背面時，賭徒可以贏得的彩金是 2^n 元。換句話說，如果擲第一次銅板的結果就是背面，則賭徒可以贏得的彩金是 $2^1 = 2$ 元，賭局也就結束了。如果第一次擲銅板的結果是正面，那就要擲第二次銅板；要是第二次的結果是背面，彩金金額是 $2^2 = 4$ 元，賭局就在此打住。其他結果以此類推。詳細討論這個賭局的悖論並不是本書重點。總歸一句，根據賽局理論的分析，一位「理性的賭徒」應該在、也必須在下注金額比合理預期的彩金金額更低時，才會參與賭局，但是，在聖彼得堡悖論的這個賭局中，任何數字有限的下注金額都比賭局的預期報酬來得低，也就是說，無論我們設定出什麼樣數字有限的下注金額，一位理性的賭徒應該會不顧一切地賭上一把才對！

　　伯恩斯坦（Peter Bernstein）對於丹尼爾·白努利提出這個寓意深遠的悖論有著以下評論：「這篇是史上最深奧的論文之一，因為這篇論文同時觸及了風險課題與人類行為。丹尼爾·白努利指出理性估算與放手一搏之間的複雜關係，一種在人生所有面向都幾乎無所不在的課題。」

打從西元 1730 年代開始，哲學家跟數學家就開始思考聖彼得堡悖論這個問題；根據分析，參與賭局的玩家可以合理預期贏得數不盡的金錢，但是，說真的，你究竟願意花多少錢下注？

哥德巴赫猜想

哥德巴赫（**Christian Goldbach**，西元 1690 年～西元 1764 年），
歐拉（**Leonhard Paul Euler**，西元 1707 年～西元 1783 年）

　　有時候，看起來最簡單的數學問題很可能反而是最具有挑戰性的問題。普魯士歷史學家暨數學家哥德巴赫猜測任何大於 5 的整數都可以寫成三個質數的和，例如 21 ＝ 11 ＋ 7 ＋ 3（所謂質數就是大於 1 的數字中，像是 5、13 這種只能被 1 跟本身兩個數字整除的整數）。後來，瑞士數學家歐拉重新詮釋出意思相當接近的猜測（也可以說是「加強版」的哥德巴赫猜想），認為所有大於 2 的正偶數都可以寫成兩個質數的和。出版業鉅子 Faber and Faber 為了促銷旗下小說《遇見哥德巴赫猜想》（*Uncle Petros and Goldbach's Conjecture*），曾經在西元 2000 年 3 月 20 日至西元 2002 年的 3 月 20 日之間，提供一百萬元獎賞給任何一位能證明哥德巴赫猜想的讀者，結果重賞之下並沒有出現勇夫（智者），所以這個猜測至今仍無法證明是否為真。西元 2008 年，葡萄牙阿威羅大學所屬研究人員席爾瓦（Tomás Oliveira e Silva）透過分散式電腦搜尋架構確認哥德巴赫猜想至少在 12×10^{17} 以下為真。

　　毫無疑問地，就算窮盡所有電腦的運算功能，也無法確認哥德巴赫猜想適用於所有數字，所以，數學家們希望能找出證明哥德巴赫直觀猜測是否成立的真正證明。中國數學家陳景潤於西元 1966 年為此做出貢獻；他證明出對於足夠大的偶數而言，可以用最多不超過兩個質數的乘積再加上另一個質數的和表示之，譬如以 18 為例，可以寫成 $18 = 3 + (3 \times 5)$。另外，法國數學家哈瑪雷（Olivier Ramaré）則在西元 1995 年證明任何大於或等於 4 的偶數，都可以用最多 6 個質數的和加以表示。

哥德巴赫彗星描繪出一個偶數（y 軸）到底可以用多少種（x 軸）介於 4 與 1,000,000 之間兩個質數和的方式加以表達。左下角星星的位置即為原點 (0,0)，x 軸的尺度則介於 0 到 15,000 之間。

參照條目　為質數而生的蟬（約西元前一百萬年）、埃拉托斯特尼篩檢法（西元前 240 年）、正十七邊形作圖（西元 1796 年）、高斯的《算術研究》（西元 1801 年）、黎曼假設（西元 1859 年）、質數定理的證明（西元 1896 年）、布朗常數（西元 1919 年）、吉伯瑞斯猜想（西元 1958 年）、烏拉姆螺線（西元 1963 年）、群策群力的艾狄胥（西元 1971 年）、公鑰密碼學（西元 1977 年）及安德里卡猜想（西元 1985 年）

西元 1748 年

安聶希的《解析的研究》

安聶希（**Maria Gaetana Agnesi**，西元 1718 年～西元 1799 年）

義大利數學家安聶希是《解析的研究》（*Instituzioni Analitiche*）一書的作者。這本書不但是第一本完整涵蓋微分與積分兩大課題的教科書，同時，也是第一本由女性作者完成的數學之書籍。荷蘭數學家史崔克（Dirk Jan Struik）給予安聶希高度評價，認為她是「自希帕提婭（Hypatia，西元五世紀）以降，最重要的女性數學家」。

安聶希是一位天才兒童，在十三歲的時候，就已經會說七種語言。她一生中絕大多數時間都極力避免社交活動，把自己完全奉獻給數學與宗教的研究。根據特魯思德爾（Clifford Truesdell）的描述：「安聶希曾經要求父親成全自己當一位修女的願望，深怕因此失去自己最寵愛小孩的父親，反過來求她改變這樣的想法。」結果，安聶希終於同意在相對離群索居的條件下，留在家裡繼續與父親同住。

《解析的研究》發行後，在學術界造成一股極大的風潮，巴黎法國科學院的委員會對此書的評價為：「需要花費極大技巧與智慧才能把當代數學家在微積分上多頭馬車式的發現與各吹各調的呈現方式，整合成……幾乎可說是以一貫之的表現手法。清晰、有序又精確的特性貫穿全書……，委員會一致認為本書是微積分領域最完整、寫作技巧最好的一本專論。」這本書裡面也討論了被稱作「安聶希女巫」（Witch of Agnesi）的三次方曲線，其方程式寫成 $y = 8a^3/(x^2 + 4a^2)$。

波隆納學院主席曾打算聘請安聶希擔任波隆納大學數學系的系主任，根據某些史料顯示，當時已經全心投入宗教與慈善工作的安聶希後來並未前往任職，不過，這並不影響她成為僅次於巴希（Laura Bassi）成為史上第二位被人學聘請為教授的事實。為了幫助貧困之人而散盡家財的安聶希，最終自己也是在貧民收容所內離開人世。

《解析的研究》一書的封面圖案；這本書不但是第一本完整涵蓋微分與積分兩大課題的教科書，同時也是第一本由女性作者完成的數學之書籍。

參照條目　希帕提婭之死（西元 415 年）、發現微積分（約西元 1665 年）、洛必達的《闡明曲線的無窮小分析》（西元 1696 年）及柯瓦列夫斯卡婭的博士學位（西元 1874 年）

歐拉多面體公式

歐拉（Leonhard Paul Euler，西元 1707 年～西元 1783 年），
笛卡兒（René Descartes，西元 1596 年～西元 1650 年），
艾狄胥（Paul Erdös，西元 1913 年～西元 1996 年）

　　歐拉多面體公式被認為是數學領域最漂亮、簡潔的公式之一，同時也是拓樸學（topology）——研究形狀及其相互關係的一門學問——最著名的公式之一。根據一份針對《數學通報》（*Mathematical Intelligencer*）讀者所做的調查發現，他們把這條公式排名成數學史上第二漂亮的公式，僅次於另一條歐拉所提出的公式：$e^{i\pi} + 1 = 0$，相關討論請參見條目「歐拉數 e」（西元 1727 年）。

　　瑞士數學家暨物理學家歐拉在西元 1751 年發現任一凸多面體（一種以平面及直線為邊的立體）的頂點數 V、邊數 E 及面數 F 三個數值可以滿足方程式 V － E ＋ F ＝ 2 的等式。所謂凸多面體，指的是沒有凹陷或孔洞的多面體；如果要用更正式的定義加以描述，那就是在這個多面體內任選兩點所畫出的連接線，都一定會被完全包含在多面體當中。

　　以一個立方體的表面為例，它包含了六個面、十二條邊、八個頂點，將這三個數值帶入歐拉的多面體公式可得 6 － 12 ＋ 8 ＝ 2 的結果；以十二面體為例的話，該公式可以寫成 20 － 30 ＋ 12 ＝ 2。附帶一提，笛卡兒差不多在西元 1639 年的時候，就已經約略知道多面體公式裡的各項元素具有一定關係，跟現在我們所知道的歐拉多面體公式，只差幾個數學步驟加以證明而已。

　　之後被一般化的歐拉多面體公式被運用在網路與圖形的研究領域，讓數學家們得以一窺將之套用在有孔洞的立體或更高維度的物體會有什麼樣的結果。這條公式也被運用在實務領域，像是協助電腦專家安排電路版上的線路規畫，或是讓宇宙論者深入思考我們所處宇宙的可能形狀。

　　綜觀數學史上所有人物著作論述的出版量而言，歐拉多產的程度可說是僅次於匈牙利數學家艾狄胥。雖然歐拉是在失明狀態下渡過晚年生涯，這一點讓人感到相當遺憾，但是，英國科學作家達伶（David Darling）卻認為：「歐拉產出的數量似乎跟他的視力成反比發展，因為隨著他在西元 1766 年近乎全盲以後，他發表作品的速度反而更快了。」

像這個出自克拉塞克（Teja Krašek）之手的小星形十二面體就不是一個凸多面體，套用歐拉多面體方程式 V － E ＋ F 的結果就不等於 2；小星形十二面體的 F 值是 12，E 值是 30，V 值是 12，帶進公式的結果是 － 6。

參照條目｜柏拉圖正多面體（約西元前 350 年）、阿基米德不完全正多面體（約西元前 240 年）、歐拉數 *e*（西元 1727 年）、柯尼斯堡七橋問題（西元 1736 年）、環遊世界遊戲（西元 1857 年）、皮克定理（西元 1899 年）、巨蛋穹頂（西元 1922 年）、塞薩多面體（西元 1949 年）、群策群力的艾狄胥（西元 1971 年）、西拉夕多面體（西元 1977 年）、連續三角螺旋（西元 1979 年）及破解極致多面體（西元 1999 年）

歐拉多邊形分割問題

歐拉（**Leonhard Paul Euler**，西元 1707 年～西元 1783 年）

西元 1751 年，當時瑞士數學家歐拉向普魯士數學家哥德巴赫（Christian Goldbach）提出了一個問題：一個平面凸 n 邊形透過對角線，可以有幾種不同分割成三角形的方法 E_n？用更生活化的說法來講，假設你手上有一塊多邊形的派餅要分割成三角形的形狀，你不但只能從派餅的其中一個端點用刀子直線劃到其他端點，而且刀子劃過的軌跡不能相交，在這些條件限制下，你可以有幾種分割的方式？歐拉找出的公式如下：

$$E_n = \frac{2 \cdot 6 \cdot 10 \cdot \cdots \cdot (4n - 10)}{(n - 1)!}$$

一個凸多邊形必須符合以下條件：在多邊形內任意選取兩點，則連接這兩點的直線必須完全被包含在多邊形之內。許多書籍的作者暨數學家狄利（Heinrich Dörrie）表示：「這可以說是最有趣的一個數學問題，因為表面上看起來似乎相當平淡無奇的這個問題，其實是非常難以證明的，……就連歐拉自己也說：『當我自己使用歸納法處理這個問題時，我才知道這是一個多麼費力的工作。』」

以一個矩形為例，它的兩條對角線可以劃出 $E_4 = 2$ 的結果；以一個五邊形為例，我們可以得到 $E_5 = 5$ 的結果。事實上，早期的研究人員真的傾向使用圖形表示方法獲致證明此一方程式的靈感，但是，只要隨著多邊形的邊數一多，這種直接目測的作法就會變得一點也不可行；以九邊形為例的話，我們總共可以得出 429 種透過對角線分割成三角形的作法。

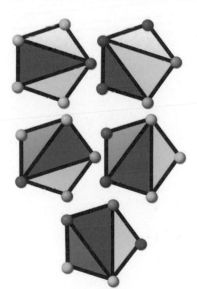

多邊形分割問題吸引很多人的注意，斯洛伐克日耳曼數學家塞格納（Johann Andreas Segner）發明一種遞迴公式計算 E_n 值：$E_n = E_2E_{n-1} + E_3E_{n-2} + \cdots + E_{n-1}E_2$；遞迴公式指的是讓數列中的每一項都定義為前一項的函數。

值得注意的是，E_n 值似乎跟另外一組被稱作「卡塔蘭數」（Catalan numbers, $E_n = C_{n-1}$）的數字集合有著隱密的連結。卡塔蘭數是組合數學的課題，組合數學則是一門在離散體系內探討有限數學運作諸如研究排列組合問題的學問。

一個正五邊形透過對角線，可以用五種不同方式分割成三角形。

參照條目 阿基米德：沙粒、群牛問題跟胃痛遊戲（約西元前 250 年）、哥德巴赫猜想（西元 1742 年）、莫雷角三分線定理（西元 1899 年）及雷姆斯理論（西元 1928 年）

騎士的旅程

棣美弗（**Abraham de Moivre**，西元 1667 年～西元 1754 年），
歐拉（**Leonhard Paul Euler**，西元 1707 年～西元 1783 年），
勒讓德（**Adrien-Marie Legendre**，西元 1752 年～西元 1833 年）

在一趟完整的騎士旅程中，西洋棋的騎士必經踏過 8 × 8 棋盤上的每一格各一次。找出各種可能的騎士旅程，遂成為幾世紀以來讓數學家們深感興趣的問題。最早有關於這個問題的解答出自法國數學家棣美弗之手，不過，他的名字往往是跟**常態分佈曲線**或是他所提出的複數定理串連在一起。在棣美弗的解答中，騎士旅程的起點跟終點相距非常遠，另一位法國數學家勒讓德「改良」了棣美弗的解答，使得騎士旅程的起點跟終點之間只有僅僅一步棋的差距，也就是說，勒讓德版本的騎士旅程可以形成一個單趟 64 步棋的封閉迴路。這種解答稱作可重入（reentrant），瑞士數學家歐拉發現可重入的騎士旅程，可以拆解成兩趟分別走完半個棋盤範圍的旅程。

歐拉是第一位以數學論文分析騎士旅程的數學家，他在西元 1759 年把該篇論文投稿至當時設立在柏林的普魯士科學院，結果這篇充滿影響力的論文，竟拖到西元 1766 年才被刊出。有趣的是，普魯士科學院在西元 1759 年曾計畫提供四千法郎的獎金，給予騎士旅程這個主題的最佳論文，結果這筆獎金並未頒出。或許是因為歐拉當時擔任普魯士科學院數學主任的身分，才使他喪失獲獎資格。

我本人最欣賞的，是在每一面都是一張西洋棋盤的六面立方體上所完成的騎士旅程。杜德耐（Henry E. Dudeney）在他的著作《趣味數學》（*Amusement in Mathematics*）中展示立方體上的騎士旅程。我想，他棋步的走法（分別在每一面先完成一趟旅程）應該源自於更早之前，法國數學家范德蒙（Alexandre-Théophile Vandermonde）的解答。也就是打從那個時候開始，陸續有許多人研究過騎士旅程在圓柱面、**莫比烏斯帶**、輪胎面、**克萊恩瓶**，甚至是更高維度的曲面下所具有的特質。

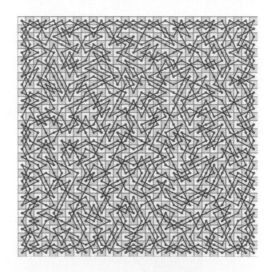

這張圖顯示出如何在 30 × 30 大小的棋盤上完成騎士的旅程。
本圖是由電腦科學家布萊安（Dmitry Brant）利用神經網路系統
串連一組人工智慧網路共同運算才獲致的成果。

參照條目　莫比烏斯帶（西元 1858 年）、克萊恩瓶（西元 1882 年）及皮亞諾曲線（西元 1890 年）

貝氏定理

貝葉斯（**Thomas Bayes**，約西元 1702 年～西元 1761 年）

在科學領域佔有重要一席之地的貝氏定理，是由英國數學家暨長老教會牧師貝葉斯所提出，可以寫成一條簡單的條件機率算式。條件機率（Conditional probabilty）指的是確知事件 B 已經發生的前提下，發生事件 A 的機率，以 $P(A \mid B)$ 表示。貝氏定理寫成亦即：$P(A \mid B) = [P(B \mid A) \times P(A)] / P(B)$，其中，$P(A)$ 定義為發生事件 A 的先驗機率（prior probability），意指事件 A 在完全不考慮事件 B 的影響下的發生機率，$P(B \mid A)$ 則是指確知事件 A 發生時，發生事件 B 的條件機率，$P(B)$ 則是事件 B 的先驗機率。

假定我們手邊有兩個箱子，其中一號箱裝有 10 顆高爾夫球和 30 顆撞球，二號箱則分別有 20 顆高爾夫球和撞球。現在，請你隨機任意選取一個箱子並從中抽出一個球，並假定抽中高爾夫球跟撞球的機會均等。如果最後被抽出的是一顆撞球，那麼，這顆撞球來自一號箱的機率是多少？換句話說，當你手中有一顆撞球時，你先前選擇一號箱的機率有多大？

將事件 A 定義成選擇一號箱，將事件 B 定義成抽出一顆撞球，上述問題就相當於求出 $P(A \mid B)$ 值。已知 $P(A)$ 等於 0.5，或者說是百分之五十的機率；$P(B)$ 是不管在任何條件下抽出撞球的機率，因此就等於加總從不同箱子抽出撞球的機率，乘以選擇不同箱子的機率之和。從一號箱跟二號箱抽出撞球的機率分別是 0.75 跟 0.5，因此，抽出撞球的先驗機率即為 0.75 × 0.5 + 0.5 × 0.5 = 0.625。最後，$P(B \mid A)$，

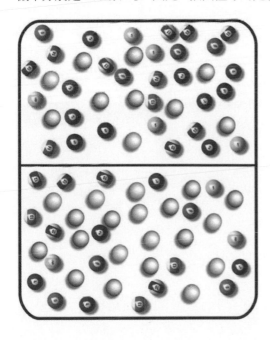

也就是從一號箱抽出撞球的機率是 0.75，套用貝氏定理的公式後，我們就可以求出一開始挑中一號箱的機率 $P(A \mid B)$ 為 0.6。

一號箱及二號箱如圖所示。當你隨機選取一個箱子並從中抽出一顆撞球時，這顆撞球來自一號箱的機率是多少？

參照條目　大數法則（西元 1713 年）及拉普拉斯的《機率的分析理論》（西元 1812 年）

富蘭克林的魔術方陣

富蘭克林（Benjamin Franklin，西元 1706 年～西元 1790 年）

　　富蘭克林身兼科學家、發明家、政治家、畫家、哲學家、音樂家、經濟學家等多種身分，他在一封於西元 1769 年寫給同僚的信件中，提到了他在早年所創造的一個魔術方陣（Magic Square）。

　　富蘭克林的魔術方陣大小為 8×8，充滿著許多令人感到驚奇、甚至是富蘭克林本人也未曾注意到的對稱性。富蘭克林魔術方陣每一行跟每一列的總和都是 260；如果每一行、列只加到一半的位置時，和也恰好是 260 的一半。除此之外，每一條彎折列的總和也是 260，讀者可以自行對照圖中以灰底標示兩條彎折列的例子。接下來，請注意以粗黑框標記的那些方格，這些方格組成一個斷裂彎折列的例子，其總和 (14 + 61 + 64 + 15 + 18 + 33 + 36 + 19) 仍舊是 260。還有很多其他對稱性藏在方陣中──

譬如四個角落與中心位置共八個數字的總和為 260、方陣中隨意選取一個 2 × 2 矩形面積的總和是 130、距離中心位置等距的任何四個數字總和也是 130。如果把富蘭克林魔術方陣用二進位法表示的話，還可以找出更多令人炫目的對稱性，只可惜這個方陣兩條主要對角線的數字總和並不是 260，因此，根據一般魔術方陣就連對角線總和也必須一致的嚴格定義來評斷的話，富蘭克林魔術方陣並不能算是一個真正的魔術方陣。

52	61	4	13	20	29	36	45
14	3	62	51	46	35	30	19
53	60	5	12	21	28	37	44
11	6	59	54	43	38	27	22
55	58	7	10	23	26	39	42
9	8	57	56	41	40	25	24
50	63	2	15	18	31	34	47
16	1	64	49	48	33	32	17

　　我們並不清楚富蘭克林透過哪些技巧建構出這個方陣。雖然富蘭克林本人宣稱可以用非常快的速度寫完整個魔術方陣，不過，直到西元 1990 年代之前為止，很多試圖嘗試破解建構方陣特殊要領的人，都一直不得其門而入。西元 1991 年，知名巴特爾（Lalbhai Patel）終於發明一種製造富蘭克林方陣的方法。儘管巴特爾的方法看起來相當耗時，不過，他卻訓練自己以極短的時間完成整個流程。由於富蘭克林方陣具有太多神奇的特點，使得它成為數學領域對於追求對稱性及其他性質的一項特殊產物，得以在創造者過世後非常久的一段時間，供後人繼續不斷琢磨其中的奧祕。

藝術家馬丁（David Martin）於西元 1767 年所繪製的富蘭克林肖像。

 參照條目　魔方陣（約西元前 2200 年）及完美的魔術超立方體（西元 1999 年）

最小曲面

歐拉（**Leonhard Paul Euler**，西元 1707 年～西元 1783 年），
莫西尼耶（**Jean Meusnier**，西元 1754 年～西元 1793 年），
謝爾克（**Heinrich Ferdinand Scherk**，西元 1798 年～西元 1885 年）

　　想像你從肥皂水中拉出一個由線圈繞成的環，這時候，因為這個環包含一層盤狀的肥皂薄膜，而且理論上也找不出其他面積更小的形狀，因此數學家們把這層薄膜稱為最小曲面（minimal surface）。正式一點的說法是：一個有限的最小曲面通常具有在被環繞住的區域內，像是一個封閉的圓或曲線，構成最小可能面積的特性。對於最小曲面而言，其平均曲率為 0，數學家們用於探索最小曲面、證明它們具備最小特徵的時間超過了兩個世紀。被曲線環繞並扭成三度空間形狀的最小曲面，同時具有美觀與複雜的特性。

　　瑞士數學家歐拉在西元 1744 年發現了「懸垂曲面」（catenoid），是第一個不同於圓形區域這種顯而易見的最小曲面。隨後在西元 1766 年，法國幾何學家莫西尼耶發現了「螺旋狀」（helicoid）的最小曲面（莫西尼耶其實也是一位將軍暨設計師，設計出第一個以螺旋槳為動力、可以載運人員的橢圓形氣球）。

　　接下來，要一直等到西元 1873 年才由德國數學家謝爾克找出不同形狀的最小曲面。另一位比利時物理學家普拉多（Joseph Plateau）也就是在同一年，利用實驗推測肥皂薄膜一定會形成最小曲面，不過，普拉多所提出的猜想（Plateau's Problem）仍舊需要利用數學更進一步證明是否成立（普拉多本人日後為了以實驗證明視覺生理學而直視太陽 25 秒，致使他雙目失明）。比較近期的發現包括「哥斯大最小曲面」（Costa's minimal surface），是由巴西數學家哥斯大（Celso Costa）於西元 1982 年透過數學式加以表達。

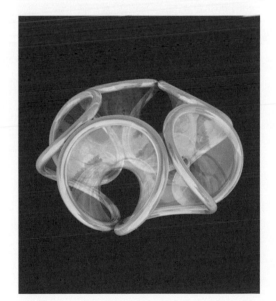

　　電腦運算跟計算圖形學如今已成為協助數學家們建構與圖像化極小表面積的重要工具。儘管如此，有些最小曲面仍舊不是那麼容易被畫出來。或許將來有一天，最小曲面的研究會在材料科學跟奈米科學的領域中，找到各種數不清的應用方式，譬如把某些聚合物混合後，讓分子接合處形成最小曲面。這一方面的知識將有助於科學家們預測這種混合物的化學特性。

這是由尼藍德（Paul Nylander）描繪出安納培（Enneper）最小曲面的其中一種形式，這種曲面是由德國數學家安納培（Alfred Enneper）在西元 1863 年所發現。

托里切利的小號（西元 1641 年）、貝爾特拉米的擬球體（西元 1868 年）及波以表面（西元 1901 年）

布馮投針問題

布馮（**Georges-Louis Leclerc, Comte de Buffon**，西元 1707 年～西元 1788 年）

　　以摩納哥境內知名賭場特區蒙地卡羅為名的蒙地卡羅法（Monte Carlo Method），在數學跟科學領域中，都扮演著相當關鍵的角色。運用蒙地卡羅法的隨機性，可以幫助我們解決從核子連鎖反應到交通流量管控等各種統計方面的問題。

　　蒙地卡羅法最早，而且也是最有名的運用之一，發生在十八世紀當法國博物學家暨數學家布馮所提出的投針問題。往一張畫有直線的白紙上不斷投下一根又一根的針，布馮算出這些針與紙上直線交會的機率，可以估算出數學常數 π（約為 3.1415…）。用比較接近日常生活的例子說明如下：想像你往硬質長條形木板拼成的地板拋出許多根牙籤，並假設木板間距跟牙籤的長度一樣，如果想要從拋牙籤的動作估算 π 值的話，只要把拋出牙籤的次數乘以 2，然後再除以牙籤跟木板縫隙交會的總次數即可。

　　布馮是位多才多藝的人物，著有一套共三十六冊的《自然通史：通則與特例》，幾乎涵蓋當時有關大自然界的所有知識，並影響後代的達爾文（Charles Darwin）及他所提出的演化論。

　　今日功能強大的電腦每秒鐘可以創造出大量的擬亂數（pseudorandom numbers），好讓科學家們充分利用蒙地卡羅法以了解經濟、物理、化學、蛋白質結構預測、銀河的形成、人工智慧、癌症療法、地震預報、油井探勘、空氣流體力學設計等各方面的問題，當然還包括純粹數學領域裡沒有其他方法可以用來解決隨機性問題的時候。

　　近代活用蒙地卡羅法的數學家跟物理學家包括烏拉姆（Stanislaw Ulam）、馮紐曼（John von Neumann）、梅卓波里（Nicholas Metropolis）及使用蒙地卡羅法研究中子特性的費米（Enrico Fermi）等人。當美軍於二次世界大戰期間執行發展原子彈的曼哈頓計畫（Manhattan Project）時，蒙地卡羅法也對於當時的模擬結果，扮演著舉足輕重的地位。

德忽艾（François-Hubert Drouais）所繪製的布馮肖像。

參照條目　骰子（約西元前 3000 年）、圓周率 π（約西元前 250 年）、大數法則（西元 1713 年）、常態分佈曲線（西元 1733 年）、拉普拉斯的《機率的分析理論》（西元 1812 年）、亂數產生器的誕生（西元 1938 年）、馮紐曼平方取中隨機函數（西元 1946 年）及球內三角形（西元 1982 年）

三十六位軍官問題

歐拉（**Leonhard Paul Euler**，西元 1707 年～西元 1783 年），
泰瑞（**Gaston Tarry**，西元 1843 年～西元 1913 年）

　　現在有六個軍團需要重新編成，而每個軍團分別有六名官階不同的軍官。歐拉在西元 1779 年針對這個情形提出了一個問題：有沒有可能把這 36 位軍官安排在一個 6×6 大小的方陣，同時讓每一列都有一位分別來自不同軍團的軍官，且每一行都包含六種不同的官階？用數學語言來說的話，這個問題相當於找出兩個相互正交（mutually orthogonal）的六階拉丁方陣。歐拉當年正確預測這樣的方陣並不存在，法國數學家泰瑞之後在西元 1901 年完成證明。這個問題在幾世紀的歲月裡，引出組合數學這個專門研究選取、排列物品的數學領域中的重要成果。拉丁方陣也成為通訊、編碼領域裡校正錯誤的重要工具。

　　拉丁方陣包含 n 組從 1 到 n 的數字，並且以任一行列都不包含相同數字的方式排列。從 $n = 1$ 這樣的一階拉丁方陣開始算起，各階可能的拉丁方陣數目分別是：1、2、12、576、161,280、812,851,200、61,479,419,904,000、108,776,032,459,082,956,800 等等。

　　所謂一對相互正交的拉丁方陣，意指兩個方陣相同位置的 n^2 對數字（英文為 juxtaposing，意指將兩個數字排成序對）都各不相同。下圖就是兩個正交的三階拉丁矩陣：

3	2	1
2	1	3
1	3	2

2	3	1
1	2	3
3	1	2

　　歐拉猜測當 $n = 4k + 2$、k 為任一正整數時，就不存在 n × n 大小、正交的拉丁方陣。他的猜想直到一百多年後的西元 1959 年、當波希、辛克漢及派克（Bose、Shikhande、Parker）三位數學家聯手建構出一個 22 × 22 大小的正交拉丁方陣才被證明為不正確。如今我們反而得知對任一正整數 n 值而言，都存在一對正交的拉丁方陣，唯二的例外，就是當 n = 2 及 n = 6 的時候。

這是一個使用六種顏色所組 6×6 大小、且任一行跟列都沒有重複著色的拉丁方陣。如今我們已經知道有 812,851,200 種六階拉丁方陣的存在。

參照條目 魔術方陣（約西元前 2200 年）、阿基米德：沙粒、群牛問題跟胃痛遊戲（約西元前 250 年）、歐拉多邊形分割問題（西元 1751 年）及雷姆斯理論（西元 1928 年）

算額幾何

藤田嘉言（**Fujita Kagen**，西元 1765 年～西元 1821 年）

「算額」（Sangaku）也被稱作「日本神社幾何」（Japanese Temple Geometry），是一種源自於西元 1639 年至西元 1854 年、日本鎖國時代期間的傳統文化，不論是數學家、農夫、武士、女人跟小孩都可以嘗試破解困難的幾何問題，把自己獨到的解法寫在一塊橫匾上，再把這些五顏六色的橫匾懸吊在神社屋簷下。目前流傳下來的橫匾超過八百多塊，其中大多都包含相切的圓形圖案；附圖即為晚近於西元 1873 年，由一位十一歲小男生高坂金次郎（Kinjiro Takasaka）所創造的算額。這張圖是由圓的三分之一大小所形成的一個扇形，並假設黃色區塊圓的直徑為 d_1，那麼，綠色區塊圓的直徑為 d_2 是多少呢？答案如下：$d_2 \approx d_1(\sqrt{3072} + 62)/193$。

日本數學家藤田嘉言在西元 1789 年出版《神壁算法》，是第一本蒐羅各種算額的作品集。雖然歷史文件顯示這項傳統可以追溯至西元 1668 年，不過目前僅存最古老的算額誕生於西元 1683 年。絕大多數算額看起來都跟教科書上正規的幾何問題大不相同，因為算額愛好者總是深深著迷於圓形跟橢圓形的組合。有些算額問題難到讓物理學家羅斯曼（Tony Rothman）跟數學老師深川英俊（Hidetoshi Fukagawa）感嘆道：「當代幾何學家通常無法避免使用高階數學，像是微積分跟仿射變換（affine transformation）求取解答。」不過有些算額問題基本上無須動用微積分，簡單到就連小孩子只要稍微動動腦就能加以解答。

布廷（Chad Boutin）曾有過以下感言：「或許數獨（Sudoku）──似乎近年來每個人都曾玩過的數字謎題──會先在日本流行之後才在世界各地蔚為風潮，這件事並沒有什麼值得大驚小怪之處。數獨的風潮讓人回想起幾世紀以前日本也曾經有過另一股數學熱潮；沉浸於當時那股熱潮的愛好者，曾拼盡全力把最漂亮的幾何問題刻劃成木匾上畫工精美的圖案，並且用算額命名之⋯⋯。」

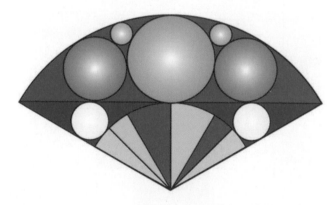

這是一份由十一歲小男孩於晚近的西元 1873 年所創作的算額。

參照條目　歐幾里得的《幾何原本》（西元前 300 年）、克卜勒猜想（西元 1611 年）及強森定理（西元 1916 年）

最小平方法

高斯（Johann Carl Friedrich Gauss，西元 1777 年～西元 1855 年）

　　當你走進一個洞穴看見神奇的鐘乳石從洞穴頂往下垂吊，你猜測鐘乳石的長度跟它的歲數可能存在某種關連，雖然這兩個變數之間不見得真的具有直接的因果關係，像是無法預期的溫、濕度變化都有可能影響鐘乳石成長的速率。在此，先假定我們有辦法透過物理及化學的檢定方法，得知鐘乳石歲數，因此，可以簡化鐘乳石長度與歲數之間的趨勢發展，好進行粗略的估算。

　　想要在科學領域闡述這樣的趨勢發展或將之圖像化，就不能忽視最小平方法（Least Squares）所扮演的關鍵性角色，這個方法如今也幾乎內建在所有電腦套裝的統計軟體中，可以在充斥雜訊的原始實驗資料中，畫出一條直線或平滑曲線所表示的趨勢線。最小平方法原本定義就是在給定原始資料點的情況下，找出一條「最適」曲線，讓原始資料點與曲線之間偏移距離的平方和為最小的一套數學流程。

　　西元 1795 年，當時德國科學家暨數學家高斯年方十八，就已經開始發展最小平方法的分析方式。他在西元 1801 年利用預測穀神星（asteroid Ceres）未來軌跡的機會，將自己這套方法公諸於世。這段典故的脈絡源自於義大利天文學家皮亞齊（Giuseppe Piazzi）在西元 1800 年發現穀神星、之後卻因為該行星被太陽遮蔽而無法繼續確認它的位置說起。奧地利天文學家馮扎奇（Franz Xaver von Zach）如此讚揚高斯的貢獻：「如果沒有高斯博士下功夫計算的心血結晶，我們恐怕再也找不到穀神星了。」附帶一提，為了領先當代同儕並維護自己的聲望，高斯會採取保密方式處理自己所提出的各種理論，在高斯晚年的時候，他有時候甚至會用密碼符號發表科學見解，以確保自己各項真知灼見發表的時間點早於其他人。高斯最終是在西元 1809 年出版自己所著《天體運動論》（*Theory of the Motion of the Heavenly Bodies*）一書的時候，才正式發表先前都視為祕密的最小平方法。

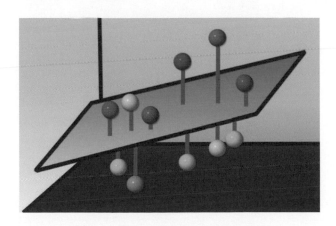

圖中所示為一最小平方平面。在此運用最小平方法求取一組給定資料點的「最適」平面，並讓這些資料點與該最適平面間之的距離——即與 y 軸平行之藍色線段的平方和為最小。

参照條目　拉普拉斯的《機率的分析理論》（西元 1812 年）及卡方（西元 1900 年）

正十七邊形作圖

高斯（**Johann Carl Friedrich Gauss**，西元 1777 年～西元 1855 年）

西元 1796 年，當時還只是十多歲青少年的高斯就發現只用尺、規兩種工具作出正十七邊形的方法，他把自己的創見發表在西元 1801 年出版最具代表性的作品《算術研究》上。由於自從歐幾里得時代以來，所有相關的嘗試全部以失敗告終，也就越發突顯高斯發現用尺規畫出正十七邊形的重要意義。

超過一千多年以來，數學家知道如何用尺規畫出正 n 邊形，只不過 n 值必須是 3 或 5 的倍數，或者是 2 的次方數；高斯擴大的這個家族的範圍，指出只要一個多邊形的邊數是質數，且符合 $2(2^n) + 1$，其中 n 為非負整數的這條公式，就能夠用尺規將之畫出。我們可以列舉其中幾個例子像是 $F_0 = 3$、$F_1 = 5$、$F_2 = 17$、$F_3 = 257$、$F_4 = 65,537$（符合這個公式的數字也稱作費馬數，但不是每個費馬數都是質數）。正 257 邊形這個作圖直到西元 1832 年才完成。

儘管隨著年紀漸長，高斯卻始終認為正十七邊形的作圖發現，是他一生中最偉大的成就之一。他曾打算將一個正十七邊形的圖案刻在自己的墓碑上，不過據說他找上的石匠回應說，這個不容易畫出的圖形基本上就算刻出來，看起來也跟一個圓沒什麼兩樣，因此婉拒了高斯的請託。

西元 1796 年對高斯而言可說是鴻運當頭的一年，他的許多想法在這一年就如同從消防栓源源不絕湧出的水柱一樣，除了發現正十七邊形的作圖方法外（該年 3 月 30 日），高斯還在 4 月 8 日發明了同餘算術（modular arithmetic）跟二次互反律（quadratic reciprocity），在 5 月 31 日提出質數定理（Prime Number Theorem）。其他還包括證明任一正整數最多只需三個三角形數的和就能加以表示（7 月 10 日）、係數為有限體的元素之多項式係數的解法（10 月 1 日）。回到本文的正十七邊形，就連高斯本人也認為自歐幾里得年代以來，那麼少的正多邊形尺規作圖法被發現，這件事實在是「太神奇了」！

一隻悠遊在正十七邊形池子中的小丑魚。

代數基本定理

高斯（**Johann Carl Friedrich Gauss**，西元 1777 年～西元 1855 年）

代數基本定理（Fundamental Theorem of Algebra, FTA）可以用很多方式表達，其中一種說法是，對於任何一個 n（$n \geq 1$）次的多項式而言，不論其多項式係數為實數或複數，都會有 n 個實數或複數的根。換句話說，n 次多項式 $P(x)$ 會有 n 個值 x_i（其中有些值數字可能重複），使得 $P(x_i) = 0$；在此也一併交代所謂 n 次多項式方程式的形式，就是 $P(x) = a_n x^n + a_{n-1} x^{n-1} + \cdots + a_1 x + a_0 = 0$，其中 $a_n \neq 0$。

舉一個二次多項式 $f(x) = x^2 - 4$ 的例子說明。畫成圖形時，這個多項式曲線會是一個 x 最小值為 -4 的拋物線，並且有兩個不同的實數根（$x = 2$ 及 $x = -2$），也就是拋物線圖形跟 x 軸的兩個交會點。

這個定理之所以重要，其中一部分原因在於歷史上幾乎沒有人成功證明該定理。我們往往會把德國數學家高斯視為證明代數基本定理的第一人，當時已經是西元 1797 年了。高斯在他於西元 1799 年出版的博士論文中，完整呈現他的證明方式，特別是針對係數為實數的多項式，並直陳無法苟同前人嘗試證明該定理的方法。以今日的標準嚴格說來，高斯當年證明的方式也還不夠完備，因為他必須依賴某些曲線的連續性特徵，不過高斯的方法較諸於前人嘗試證明的方式，已經稱得上是有顯著地改良了。

高斯非常看重代數基本定理，從他一生中不停回過頭來探討此一主題就可看出端倪。高斯在他生前最後一篇論文中，留下第四次證明代數基本定理的記錄，那年是西元 1849 年，恰好是高斯發表博士論文後的整整第五十年。附帶一提的是，阿爾岡（Jean-Robert Argand）在西元 1806 年發表的代數基本定理證明，是當多項式係數為複數都能適用的嚴謹證明方式。很多數學領域都牽涉到代數基本定理，因此它的證明方法橫跨抽象代數到複變函數分析再到拓樸學等各種不同的領域。

富勒（Greg Fowler）以圖解方式表現 $z^3 - 1 = 0$ 的三個根分別是 1、$-0.5 + 0.86603i$、$-0.5 - 0.86603i$。這三個根是利用牛頓法計算出的近似值，就位在圖中三顆大牛眼般圖案的中心位置。

參照條目　阿爾‧薩馬瓦爾的《耀眼的代數》（約西元 1150 年）、正十七邊形作圖（西元 1796 年）、高斯的《算術研究》（西元 1801 年）及瓊斯多項式（西元 1984 年）

高斯的《算術研究》

高斯（**Johann Carl Friedrich Gauss**，西元 1777 年～西元 1855 年）

霍金（Stephen Hawking）對於高斯《算術研究》（*Disquisitiones Arithmeticae*）一書的評價如下：「在高斯完成這本劃時代鉅作《算術研究》之前，所謂數論其實只是蒐羅許多孤立研究的成果，……因為高斯在《算術研究》中引進同餘（congruence）的符號概念，這才建構出完整的數論。」發表這本具有代表性的作品時，當年的高斯才僅僅二十四歲。

討論「同餘算術」（modular arithmetic）的《算術研究》奠基在同餘關係上。如果說 p、q 兩個整數「相對於整數 s 為同餘」時，只有且必須具備的條件就是 $(p - q)$ 可以被 s 整除，這樣同餘關係用數學符號表示的話，寫成 $p \equiv q \ (mod \ s)$。高斯利用這個簡單扼要的符號重新詮釋並完成先前幾年法國數學家勒瓊德荷（Marie Legendre）無法完整證明、相當知名的二次互反定理（quadratic reciprocity theorem）。現有兩個不同的質奇數 p、q，跟以下這兩則命題：（1）p 為某平方數除以 q 的餘數：數學式寫成 $x^2 \equiv p \ (mod \ q)$；（2）q 為某平方數除以 p 的餘數：數學式寫成 $x^2 \equiv q \ (mod \ p)$。根據二次互反定理，如果 p 跟 q 兩者都是「模四餘三」的話：即 $p \equiv q \equiv 3 \ (mod \ 4)$，則命題（1）跟命題（2）當中只能有其一為真，否則要嘛命題（1）跟命題（2）都為真，要嘛兩者皆不為真（所謂平方數就是某一數本身的乘積，譬如 $25 = 5^2$ 就是 5 的乘積）。

因此，兩個與「同餘算術」相關二次方程式的可解性，就能透過這個定理加以串連。高斯在《算術研究》中用整整一章節的篇幅證明二次互反定理，甚至親暱地把這個定理稱為「黃金定理」、「算術的瑰寶」。從高斯一生中總共完成八種不同二次互反定理證明方式的事蹟，就不難看出他本身對於這個定理著迷的程度。

數學家克羅內克（Leopold Kronecker）說：「一個人，能夠在年紀輕輕的情況下，就針對一個全新的數學領域表現出這麼有深度又嚴謹處理手法，這件事實在令人感到相當不可思議。」高斯在《算術研究》中依序呈現定理敘述、證明方式、衍生推論及相關範例的寫作方式，被之後許多作者當成仿效的對象，可以說《算術研究》就像是一顆種子，孕育出十九世紀許多數論頂尖學家璀璨如花的作品。

丹麥藝術家簡森（Christian Albrecht Jensen）所繪製的高斯畫像。

參照條目 為質數而生的蟬（約西元前一百萬年）、埃拉托斯特尼篩檢法（西元前 240 年）、哥德巴赫猜想（西元 1742 年）、正十七邊形作圖（西元 1796 年）、黎曼假設（西元 1859 年）、質數定理的證明（西元 1896 年）、布朗常數（西元 1919 年）、吉伯瑞斯猜想（西元 1958 年）、烏拉姆螺線（西元 1963 年）、群策群力的艾狄胥（西元 1971 年）、公鑰密碼學（西元 1977 年）及安德里卡猜想（西元 1985 年）

三臂量角器

胡達德（Joseph Huddart，西元 1741 年～西元 1816 年）

　　我們今天常見的量角器，是在平面上作圖或測量角度的工具，也可以用來畫出各種不同夾角的直線。量角器外觀就像是一個半圓形的盤子，上面從 0 度到 180 度標示著不同刻度。大約在十七世紀，水手們查閱海圖的時候，量角器才成為單獨使用的工具，不再是其他設備的附屬品。

　　英國海軍艦長胡達德在西元 1801 年發明三臂量角器（Three-Armed Protractor），用來標定船隻在海圖上的位置以進行導航。這種量角器的兩隻外臂可以各自對著中軸的固定臂旋轉，也可以依照需要固定在某一特定的角度上。

　　西元 1773 年，當胡達德服務於東印度公司時，他的航行範圍包括位於南大西洋的聖赫倫那島到蘇門答臘的明古魯省。胡達德在航程中曾經詳細觀察過蘇門答臘西岸。聖喬治海峽北接愛爾蘭海、西南接大西洋，胡達德於西元 1778 年完成該區域的航海圖，其細緻、精確的程度，堪稱是大師級的作品。胡達德著名事蹟除了日後發明三臂量角器之外，早年他還建議過應該拉高倫敦港區的水位，相關措施一直沿用到西元 1960 年代為止。除此之外，他還發明過用蒸汽動力生產麻繩的設備，提升麻繩生產的品質標準。

Capt. Joseph Huddart. F.R.S.
Engraved for the European Magazine from
an Original Picture in the Possession of
Chas Turner Esqr by T. Blood.

　　西元 1916 年，美國水文局專文介紹該如何使用胡達德所發明的三臂量角器：「要標定座標時，先將三臂量角器依照選定三個觀測點所夾出的兩個角度做調整，使得量角器三斜邊在海圖上能同時且分別通過三個觀測點；此時，三臂量角器中心軸的位置就是船舶的位置，接下來，使用者就可以用針或是鉛筆穿過三臂量角器中心軸上的孔洞，標示出船舶所在地。」

英國海軍艦長胡達德，同時也是航海常用工具三臂量角器的發明人。

參照條目　傾角螺線（西元 1537 年）及麥卡托投影法（西元 1569 年）

傅立葉級數

傅立葉（Jean Baptiste Joseph Fourier，西元 1768 年～西元 1830 年）

今日有數不清的應用領域都看得到傅立葉級數（Fourier series）的蹤跡，像是從震盪分析（vibration analysis）到影像處理（image processing）——差不多是所有跟頻率分析有關的領域，都看得出傅立葉級數的重要性。舉一個實際的例子說明，傅立葉級數不但能讓科學家們刻劃並進一步了解組成星球的化學成分，也可以用來探索如何經由聲道震動組成一篇撼動人心的演說。

法國數學家傅立葉在發現這個著名的級數之前，曾經在西元 1789 年陪同拿破崙遠征埃及，並在當地花費數年光陰研究埃及古文物。傅立葉在西元 1804 年回到法國後，開始進行熱力學數學理論的研究，並且在西元 1807 年完成重要的論文《論固態物體內的熱力傳導》（*On the Propagation of Heat in Solid Bodies*）。研究熱能在外型互異介面上的擴散方式是傅立葉的興趣之一，研究人員通常會假設物體表面或邊界上的某些點在初始狀態時（亦即當 $t = 0$ 的時候）帶有熱能，由正弦函數（sine）與餘弦函數（cosine）構成無窮級數的傅立葉級數，就是針對這類問題所提出的解答方式。更廣義地說，傅立葉發現任何可微分的函數都可以改用正弦函數與餘弦函數和加以表現，且不論原始函數圖形看起來有多麼詭異，傅立葉級數都可以達到隨意精確的程度。

傳記作家拉維茲（Jerome Ravetz）跟葛拉騰‧吉尼斯（I. Grattan-Guiness）推崇傅立葉道：「透過傅立葉發明功能強大的數學工具，就能體會他的成就有多崇高。傅立葉級數可以衍生出許多數學分析問題，自發明後就誘發出當世紀及往後數學分析領域相當多的前瞻性作品。」英國物理學家晉斯（Sir James Jeans）則表示：「傅立葉的定理告訴我們，任何曲線不論其本質為何，也不論其產生的方式為何，都可以用數不盡的簡諧曲線（simple harmonic curve）加以完全取代——更簡單地說，所有曲線都可以用堆疊波紋的方式加以呈現。」

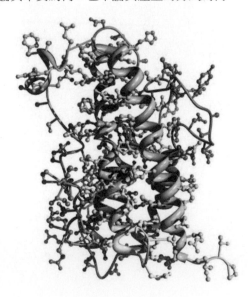

圖為人類成長激素的分子模型；這是利用 X 光繞射成果，經由傅立葉級數及相關的傅立葉合成法求得的分子結構。

參照條目 貝索函數（西元 1817 年）、諧波分析儀（西元 1876 年）及微分分析機（西元 1927 年）

西元 **1812** 年

拉普拉斯的《機率分析論》

拉普拉斯（**Pierre-Simon, Marquis de Laplace**，西元 **1749** 年～西元 **1827** 年）

第一本結合機率理論與微積分的主要機率論文書《機率分析論》（*Théorie Analytique des Probabilités*），是法國數學家暨天文學家拉普拉斯的傑作。研究機率的學者多半只關注隨機現象，不過，擲一次骰子雖然可以被視為一次隨機事件，不斷重複相同的舉動後，某種特殊的統計模式會變得越來越明顯，而這樣的統計模式不但可以加以分析，甚至還可以用來預測。

拉普拉斯將第一版《機率分析論》獻給拿破崙。拉普拉斯在書裡頭除了說明如何用各分項的組合機率（component probabilities）找出複合事件（compound events）的機率外，也探討了**最小平方法**（least squares）、**布馮投針問題**（Buffon's Needle）以及其他各種實用的應用方式。

霍金（Stephen Hawking）把《機率分析論》視為大師級的鉅作，指出：「拉普拉斯堅信世間萬物都是既定的，實際上並沒有機率這一回事。所謂的機率，其實來自於人類的無知。」根據拉普拉斯的看法，對充分進步的「存有」而言，就沒有任何「不確定」的事情——這是一個直到二十世紀誕生量子力學及混沌理論之前，相當具有影響力的概念模型。

為了說明機率的過程如何產生可被預期的結果，拉普拉斯要讀者想像眼前有許多排成一圈的甕，其中一甕只裝黑球，另一甕只裝白球，餘下的甕則以不同比率混雜著黑球與白球。接下來，我們從其中任選一甕抽出一球，再把被抽出的球放到下一個甕裡，並繞著這一圈甕不斷重複相同的動作，最終

結果一定是所有甕裡的黑、白球比率都會趨近一致。透過這個方式，拉普拉斯呈現出「大自然隨機的力量」如何創造出規律、可預期的結果。拉普拉斯自己留下一段感言：「這項科學的可觀之處，在於原本以為是一場機率上的賭注，結果卻成為人類發展知識最重要的目的……；對大多數人而言，生命中最重要的問題，其實不外乎就是機率的問題。」其他著名的機率理論大師還包括卡丹諾（Gerolamo Cardano）、費馬（Pierre de Fermat）、巴斯卡（Blaise Pascal）以及柯爾莫哥洛夫（Andrey Nikolaevich Kolmogorov）等人。

這是一張拉普拉斯過世後才完成的畫像，於西元 1842 年出自費朵德女士（Madame Feytaud）之手。

參照條目 發現微積分（約西元 1665 年）、大數法則（西元 1713 年）、常態分配曲線（西元 1733 年）、布馮投針問題（西元 1777 年）、最小平方法（西元 1795 年）、無限猴子定理（西元 1913 年）及球內三角形（西元 1982 年）

魯珀特王子的謎題

魯珀特王子（**Prince Rupert of the Rhine**，西元 1619 年～西元 1682 年），
紐蘭德（**Pieter Nieuwland**，西元 1764 年～西元 1794 年）

　　魯珀特王子的謎題是一段漫長又迷人的歷史故事。魯珀特王子不但是一位發明家暨藝術家，同時也是一位戰功彪炳的戰士，幾乎歐洲主要國家的語言他都可以應答如流，對於數學也很有兩把刷子。在戰陣中與魯珀特王子形影相隨的大型獅子狗常常令士兵們喪膽，以為牠擁有某種超自然的力量。

　　魯珀特王子在十七世紀時提出這個知名的幾何問題：給定一個邊長為一英吋的立方體，那麼，可以穿過這個立方體的最大立方體，到底有多大？更精確一點說，在不穿破給定立方體的前提下，鑿出一條最大的隧道（具有正方形截面）的邊長 R 會是多少？

　　如今我們已經知道 R 的答案是 $R = 3\sqrt{2}\,/\,4 = 1.060660\cdots$，換句話說，只要另一個立方體的邊長等於 R 英吋（或者是更小的話），就可以穿越所給定的一立方英吋立方體。魯珀特王子透過這個謎題贏得一筆賭金，當時的賭注是兩個一樣大小的立方體，是否大到有足夠空間可以讓其中一個立方體穿越滑行過另一個立方體？很多人認為這不可能做得到。

　　雖然第一個在紙本上提到魯珀特王子謎題的是沃利斯（John Wallis）在西元 1685 年所發行的《代數論著》（*De Algebra Tractatus*），但是 1.060660 這個答案，卻要等到魯珀特王子提問後一世紀之久，才由荷蘭數學家紐蘭德解決。而且，這個答案竟然是紐蘭德過世後的西元 1816 年，由他的老師史溫登（Jan Hendrik van Swinden）在整理他所留下的論文集後所發現。

　　如果你讓立方體的其中一個頂點對著你，這時你將看到一個正六邊形，而上述可以穿越這個立方體的最大正方形，就藏在這個正六邊形裡面。另外，根據數學家蓋依（Richard Guy）與諾瓦科斯基（Richard Nowakowski）的研究結果，能夠穿越超立方體（hypercube）的最大立方體，其邊長為 1.007434775…，即是 1.014924…的平方根，也是 $4x^4 - 28x^3 - 7x^2 + 16x + 16 = 0$ 的最小根。

魯珀特王子跟人打賭，指稱可以在兩個大小一樣的立方體當中選一個打洞，洞的大小足夠讓另一個立方體穿越而過。很多人認為這並不可行，也因此讓魯珀特王子贏得一筆賭金。

西元 1817 年

貝索函數

貝索（**Friedrich Wilhelm Bessel**，西元 **1784** 年～西元 **1846** 年）

自十四歲以後就沒再受過正規教育的德國數學家貝索，在西元 1817 年發展出貝索函數（Bessel Function）研究星球受相互引力影響下會如何運動。貝索把數學家白努利（Daniel Bernoulli）的早期發現一般化。

從貝索完成這個重要的發現開始，貝索函數在廣闊的數學界與工程界，就一直是不可或缺的工具，知名作家柯瑞內夫（Boris Korenev）就表示：「所有數學物理最重要的領域，以及各式各樣的工程技術等等種類繁多又包羅萬象的問題，都免不了跟貝索函數有關。」信哉斯言，貝索函數所衍生的各種不同理論，廣泛運用在熱傳導、流體力學、擴散現象、訊號處理、聲學、無線電通訊、板塊震動、連鎖波動、物質的臨界壓力、波傳導通論、量子與核能物理等領域。貝索函數在彈性理論領域中也相當受用，可用來解決許多球面座標或圓柱面座標所表現的空間問題。

貝索函數本身也是某些特定微分方程式的解，用圖形表示的話，看起來就像是一條如同漣漪般逐漸衰退的正弦函數曲線。以鼓皮這種圓形膜的波動方程式為例，其中一組解以及形成駐波（standing wave）的解都可以表示成貝索函數，這是一個以圓形膜中心點到圓形膜邊緣之間距離 r 為變數的函數。

西元 2006 年，日本昭島實驗室與大阪大學的研究人員依賴貝索函數理論，設計出一套利用水面波紋書寫文字或繪畫的設備——「變形蟲阿米巴」（AMOEBA，為 Advanced Multiple Organized Experimental Basin 的縮寫，原意為「先進併聯架構實驗水槽」）。「變形蟲阿米巴」包含一個直徑 1.6 公尺、高 30 公分的圓柱形水槽，還有五十組環繞水槽設置的水波產生器。「變形蟲阿米巴」可以拼出所有的羅馬字母，雖然呈現圖像或文字的時間相當短暫，但是卻能以間隔幾秒鐘的速度不斷產生後續的字母或圖案。

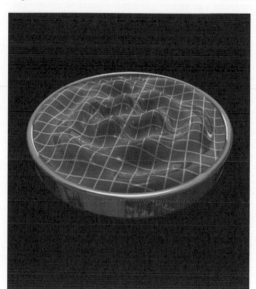

貝索函數不但對於研究波傳導的問題很有幫助，也是研究圓形薄膜震動模式的利器，這張圖是尼藍德（Paul Nylander）透過貝索函數詮釋波動現象的作品。

參照條目　傅立葉級數（西元 1807 年）、微分分析機（西元 1927 年）及池田收束（西元 1979 年）

巴貝奇的計算機器

巴貝奇（Charles Babbage，西元 1792 年～西元 1871 年），
勒芙蕾絲（Augusta Ada King, Countess of Lovelace，西元 1815 年～西元 1852 年）

巴貝奇是英國的解析學家、統計學家暨發明家，對於宗教神蹟的主題也相當有興趣，他曾經留下一段話：「奇蹟並不是打破既有定律，而是……呈現一種超越定律、更高位階的存在。」巴貝奇認為，就算是機械化的世界也都有奇蹟發生的可能，就好像巴貝奇的計算機器也能根據程式設計產生奇怪的行為一樣，上帝當然也能針對自然環境設計出類似的反常現象。在檢視過聖經上的種種神蹟後，巴貝奇甚至還認為死而復生的機率，大約是 10^{12} 分之一。

巴貝奇被公認是電腦問世以前最重要的一位數學工程師，尤其是他腦海中各種手搖式機械計算器（Babbage Mechanical Computer）——相當於現在電腦的始祖——的構想總是源源不絕。巴貝奇認為用這些機器最重要的功能是製作數值表，不過卻需要擔心當人們動手抄錄這些透過三十一組金屬轉輪產生的結果會不會出差錯。由於巴貝奇的想法超越當時代一般人大約有一世紀之久，我們現在不難想像當時的政治局勢與科技水準，實在無助於實現巴貝奇崇高的夢想。

巴貝奇在西元 1822 年開始製作差分機（Difference Engine），可是卻始終沒有完工。使用將近兩萬五千個機械零件的差分機，主要功能是用來求取多項式的函數值。巴貝奇還打算製作用途更廣泛的計算機器——分析機（Analytical Engine），不但可以用打孔卡編寫程式，機器本身還設有獨立區塊，分別作為儲存與計算數字之用。根據估算，可以儲存一千組 50 位數數字的分析器超過一百英尺（約 30 公尺）長。英國詩人拜倫勳爵（Lord Byron）的女兒勒芙蕾絲提供分析機的一個程式，雖然巴貝奇提供勒芙蕾絲相當多幫助，不過一般還是認為勒芙蕾絲才是第一位程式設計師。

小說作家吉布森（William Gibson）跟史特靈（Bruce Sterling）兩人還在西元 1990 年發行過《差分機》（*The Difference Engine*）一書，讓讀者想像一下如果巴貝奇真的在維多利亞時代完成這台機器的話，後續歷史將會如何發展。

目前收藏在倫敦科學博物館、巴貝奇差分機其中一部分的運作模型。

參照
條目　算盤（約西元 1200 年）、計算尺（西元 1621 年）、微分分析機（西元 1927 年）、ENIAC（西元 1946 年）、科塔計算器（西元 1948 年）及 HP-35：第一台口袋型工程計算機（西元 1972 年）

柯西的《無窮小分析教程概論》

柯西（**Augustin Louis Cauchy**，西元 1789 年～西元 1857 年）

　　美國數學家瓦特豪斯（William Waterhouse）說過：「十九世紀的微積分處於一種微妙的境界；這套數學體系毫無疑問是正確的，能充分了解微積分或對這個主題有所洞見的數學家在那一百年間，幾乎可以確保自身的功成名就，可是，卻沒有任何一位可以清楚說明這套數學體系究竟是如何運作的，……，直到柯西改變了這一切為止。」柯西這位多產的法國數學家在西元 1823 年出版《無窮小分析教程概論》一書，裡面除了有微積分的嚴密發展之外，也有微積分基本定理（Fundamental Theorem of Calculus）一個現代證明。透過柯西優雅簡潔的寫作風格，讓微積分兩大領域（微分跟積分）順利整合在同一套架構底下。

　　柯西以清楚明確的導數（derivative）定義作為這本專論的開頭。柯西的導師、另一位法國數學家拉格蘭吉（Joseph-Louis Lagrange）採用曲線圖形的方式表現導數——曲線切線就是該曲線的導數——因此，拉格蘭吉必須先找出導函數才能更進一步求得導數。霍金（Stephen Hawking）對此評論道：「柯西的作法優於拉格蘭吉太多了。柯西把函數 f 在 x 軸上的導數定義成當 i 逼近於 0，$\Delta y / \Delta x = [f(x + i) - f(x)] / i$ 這個差商的極限值，也就是我們現代非幾何方式定義的導數。」

　　透過類似手法，柯西以釐清積分概念的方式呈現出微積分基本定理，說明為什麼我們可以針對任一連續函數 f 計算出 $f(x)$ 在 x 介於 a 到 b 區間內（$a \leq x < b$）的積分值。更重要的是，根據微積分基本定理，如果函數 f 在 a 到 b 區間內（數學式寫成 [a , b]）是可積分函數，並且可以用函數 H(x) 表示函數 f 從 x = a 積分到 x ≤ b 的結果時，則 H(x) 的導函數就一定會是 f(x)，以數學式表示的話，寫成 H′(x) = f(x)。

　　用瓦特豪斯的結論作為結尾：「柯西其實並沒有設立什麼新的理論基礎，他只是把所有灰塵清除乾淨，好讓微積分完整又富麗堂皇的樣貌顯露出來而已……。」

由葛利果（Gregoire）與德諾（Deneux）聯手創作的平版印刷柯西肖像。

參照條目 季諾悖論（約西元前 445 年）、發現微積分（約西元 1665 年）、洛必達的《闡明曲線的無窮小分析》（西元 1696 年）、安聶希的《解析的研究》（西元 1748 年）及拉普拉斯的《機率的分析理論》（西元 1812 年）

重心微積分

莫比烏斯（**August Ferdinand Möbius**，西元 1790 年～西元 1868 年）

　　德國數學家莫比烏斯因發現單面迴圈的莫比烏斯帶（Möbius strip）而聞名，除此之外，提出重心微積分（barycentric calculus）這件事，也是數學領域裡的重大貢獻。重心微積分指的是用幾何方法找出某一特定點，使該點成為其他幾個特定點依不同係數或權重加總後的重心位置。我們可以把莫比烏斯的重心座標系（barycentric coordinate，亦可寫成 barycentrics）相對應地想像成一個參考三角形，因為這個座標體系通常寫成三個一組的數字，就像是在三角形的三個頂點擺上不同的重量一樣。透過這種在三個頂點加諸重量的方式，我們就可以用幾何方式算出它們的質量中心（centroid）。這種新代數工具的推論過程記載在莫比烏斯於西元 1872 年所發表的《重心微積分》中，從此發展出各種廣泛的應用形式。這本經典的著作也討論了像是射影轉換（projective transformation）這種解析幾何（analytical geometry）的相關課題。

　　重心（barycentric）這個字源自於希臘文 barys（重量）這個字，再加上字尾 centric 以示質量中心之意。莫比烏斯了解到，在一根直線狀棒子上的不同位置擺上不同的砝碼，其實相當於在棒子質量中心的位置擺上一個砝碼就好，因此他就根據這個簡單的原理，創造出可以在座標系內各個位置用各種數值係數加以表示的數學體系。

　　重心座標系如今已經成為廣泛用於各種數學分支以及電腦繪圖領域的座標系統，重心座標系的優點在**射影幾何**（projective geometry）領域中更顯現得淋漓盡致。射影幾何相當重視接合性（incidence）——意即探討點、線、面這些幾何元素到底會不會重合。探討物體跟其映射之間——也就是將物體設射到另一個表面上，該固體與其影子之間的對應關係，也是射影幾何主要關注的課題。

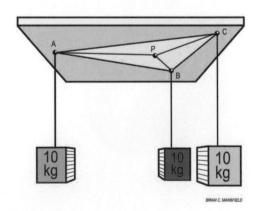

重心座標系的範例。P 點的位置就是 A、B 和 C 三點的重心位置，正式說法是 P 點的重心座標為 [A, B, C]，在 P 點這個位置底下擺上一支針的話，將會和三角形 ABC 形成平衡的關係。

BRIAN C. MANSFIELD

參照條目　笛卡兒的《幾何學》（西元 1637 年）、射影幾何（西元 1639 年）及莫比烏斯帶（西元 1858 年）

非歐幾里得幾何

羅巴切夫斯基（**Nikolai Ivanovich Lobachevsky**，西元 1792 年～西元 1856 年），
鮑耶（**János Bolyai**，西元 1802 年～西元 1860 年），
黎曼（**Georg Friedrich Bernhard Riemann**，西元 1826 年～西元 1866 年）

自歐幾里得以後，利用所謂平行公設似乎可以很合理地描述我們所處三度空間的運作方式。根據這項公設，給定一條直線跟一個不在直線上的點，則穿過該點只存在唯一一條不會與直線交會的平行線。

不過隨著時代演進，跳脫這項公設限制開創非歐幾里得幾何空間的構想也產生了戲劇化的成果。愛因斯坦對於非歐幾里得幾何的評價是：「我非常看重用這種方式所詮釋的幾何學，如果我無法熟練運用這種幾何學的話，恐怕這輩子就無法完成相對論了。」這話說得一點也沒錯，在愛因斯坦的廣義相對論中，靠近太陽或行星這樣重力場的環境中，就是用非歐幾里得幾何表現出時空之間相互扭曲、變形的關係。想像一顆保齡球沉入一張橡皮板中，然後在這個被往下拉長的橡皮板邊上擺上一粒彈珠並橫向推一下，則這粒彈珠將會以軌道形式繞著保齡球轉一會兒，就好跟行星繞著太陽旋轉是一樣意思。

俄羅斯數學家羅巴切夫斯基在西元 1829 年出版《論幾何原理》（*On the Principles of Geometry*），其中假設若平行公設不成立時，該如何建立一個具有完美地相容的幾何的想法；而其實匈牙利數學家鮑耶早羅巴切夫斯基幾年，就探討過類似非歐幾里得幾何的概念，只是鮑耶的想法一直拖到西元 1932 年才付印成冊。德國數學家黎曼在西元 1854 年證明幾種非歐幾里得幾何在給定適當空間維度下存在的可能性，因而把上述兩位數學家的發現一般化。黎曼曾經下過註腳說：「非歐幾里得幾何的價值在於解放我們既定的成見，好為將來需要在非歐幾里得幾何中探索物理定律的情況做好準備。」之後，當愛因斯坦提出廣義相對論的時候，也就是黎曼預言實現的時候。

這是雷依斯利用雙曲線拼貼而成一個非歐幾里得幾何的例子。藝術家埃舍爾也按非歐幾里得幾何原理做實驗把整個宇宙壓縮成一塊面積有限的盤子上。

參照條目 歐幾里得《幾何原本》（西元前 300 年）、奧瑪·海亞姆的《代數問題的論著》（西元 1070 年）、笛卡兒的《幾何學》（西元 1637 年）、射影幾何（西元 1639 年）、黎曼假設（西元 1859 年）、貝爾特拉米的擬球體（西元 1868 年）及威克斯流形（西元 1985 年）

莫比烏斯函數

莫比烏斯（**August Ferdinand Möbius**，西元 1790 年～西元 1868 年）

莫比烏斯在西元 1831 年提出了看似非常古怪、我們現在寫成 $\mu(n)$ 的莫比烏斯函數（Möbius function）。想要了解這個函數，不妨先想像把所有整數放進三個大郵筒中，第一個大郵筒上寫著大大的 0、第二個寫著＋1、第三個寫著－1。莫比烏斯把所有 1 除外的平方數（平方數是指 4、9、16 這種另一個整數平方後的數字）的倍數通通放進寫著 0 的大郵筒，包括 {4, 8, 9, 12, 16, 18,…} 這些數字，譬如 $\mu(12) = 0$，因為 12 是平方數 4 的倍數，所以放進 0 號郵筒。

在－1 號郵筒中，莫比烏斯把所有由奇數個質因數所構成的數字放入其中；譬如 5 × 2 × 3 = 30，因為 30 只有三個質因數，所以放在－1 號郵筒。所有質數本身當然也在這個郵筒裡，因為質數本來就只有自己一個質因數（1 除外）而已，因此，$\mu(29) = -1$，而且 $\mu(30) = -1$。一個整數會落入－1 號郵筒的機率是 $3/\pi^2$，就跟落入－1 號郵筒的機率一模一樣。

最後，莫比烏斯把所有由偶數個質因數所構成的數字（像是 6，因為 2 × 3 = 6）放進＋1 號郵筒中；為了補足所有整數數字，莫比烏斯指定把 1 也放進這個郵筒，所以在＋1 郵筒裡的數字包括 {1, 6, 10, 14, 15, 21, 22,…}。則神奇莫比烏斯函數的前 20 項就可以寫成 $\mu(n) = \{1, -1, -1, 0, -1, 1, -1, 0, 0, 1, -1, 0, -1, 1, 1, 0, -1, 0, -1, 0\}$。

莫比烏斯函數神奇之處在於科學家發現它在詮釋次原子粒子的各種物理理論相當實用。莫比烏斯函數當然還有一些其他迷人的特質，像是它不可預測的習性至今依舊無解，還有許多優雅的數學特性都跟 $\mu(n)$ 脫離不了關係。

莫比烏斯的肖像，取自莫比烏斯《作品集》的封面頁。

參照條目　為質數而生的蟬（約西元前一百萬年）、埃拉托斯特尼篩檢法（西元前 240 年）及安德里卡猜想（西元 1985 年）

群論

伽羅瓦（Évariste Galois，西元 1811 年～西元 1832 年）

　　法國數學家伽羅瓦不但用「伽羅瓦理論」創造出抽象代數的一個重要分支，在群論（group theory）這個探討數學對稱性的領域中，伽羅瓦也是一位赫赫有名的人物，特別是當他在西元 1832 年提出一般方程式何時會有根式解的證明方式時，就相當於從根本上啟動現代群論的研究工作。

　　賈德納（Martin Gardner）對伽羅瓦的評論是：「西元 1832 年、當伽羅瓦成為槍下冤魂時，……他還未滿二十一歲。雖然在之前也有些探討群論的零散成果，不過卻是伽羅瓦提出群論這個名稱並奠定現代群論的理論基礎。在邁向那場致命決鬥的前夕，伽羅瓦趕著把他一切已發表的想法寫在一封留給朋友、讓人感到悲傷的遺書中。」同一集合中的任兩元素經由運算後所產生的第三個元素仍屬於同一集合，是群的其中一項重要特質，例如以所有整數為一集合、以加法作為運算時，因為任意加總兩個整數的結果還會是一個整數，因此這個體系就會形成一個群。具有「群」性質的幾何物體通常會以對稱性加以展現，因此我們以對稱群（symmetry group）稱呼之。這個群包含了一組變換使其被作用到的物體保持不變。現在，通常使用魔術方塊（Rubik's Cube）向學生說明重要的群論概念。

　　究竟是什麼原因導致伽羅瓦的英年早逝，至今仍舊眾說紛紜，兩種可能的原因分別是為了女人爭風吃醋或者是出於政治因素。不管實情如何，為了預防萬一，伽羅瓦用整晚時間抓狂般地撰要摘錄自己已發表的數學想法跟重要發現。下圖就是他生前最後一晚所寫下五次方程式（包含 x^5 所組成的方程式）理論幾頁信紙中的其中一頁。

　　隔天，與死神有約的伽羅瓦在小腹上中了一槍，在決鬥中勝出的一方若無其事地離開現場，周遭沒有半個醫生施以治療的伽羅瓦只能痛得在地上打滾，無助地等待死神降臨。可惜，這位遭天嫉的數學天才在死後只留下不到一百頁的數學遺產供後人憑弔。

伽羅瓦在死亡決鬥前一晚發狂般留下數學草稿的其中一頁。這一頁中間偏左下一點的位置寫著「Une femme」（「一位女人」的法文）的字眼，還把「femme」這個單字塗得亂七八糟——顯示為女人爭風吃醋可能是這場決鬥主因的線索。

參照條目　壁紙圖群（西元 1891 年）、朗蘭茲綱領（西元 1967 年）、魔術方塊（西元 1974 年）、怪獸群（西元 1981 年）及探索特殊 E_8 李群的旅程（西元 2007 年）

鴿籠原理

狄利克雷（**Johann Peter Gustav Lejeune Dirichlet**，西元 1805 年～西元 1859 年）

德國狄利克雷在西元 1834 年成為第一位敘述鴿籠原裡的數學家，只不過當時他所用的是「抽屜原理」這個字眼。第一位在專業數學期刊中使用鴿籠原理這個詞彙的，則是西元 1940 年的羅賓森（Raphael M. Robinson）。簡單來講，如果在 m 個鴿籠中住著 n 隻鴿子，只要 n > m 的話，我們就可以確定起碼有一個鴿籠裡住著不只一隻鴿子。

上述的簡單立論運用範圍廣泛，從電腦資料壓縮到無限元素集合之間能否形成一對一對應關係的問題皆屬之。鴿籠原理在機率上的一般化推論是：將 n 隻鴿子隨機放入 m 個鴿籠的機率都是 $1/m$，則至少有一個鴿籠住著一隻以上鴿子的機率是 $1 - m! / [(m-n)! m^n]$。以下讓我們看幾個鴿籠原理非直觀式的運用例子。

根據鴿籠原理，紐約市裡面起碼有兩個人頭上的髮量一模一樣。在這個例子中，我們可以把髮量比擬成鴿籠，把紐約市人口數比擬成鴿子；紐約市住了八百萬以上的人，而每個人頭上的髮量遠遠不及一百萬，因此，一定起碼有兩個人頭上的髮量是一模一樣的。

再來一個例子。在一張一美元大小紙張的表面上隨意塗上紅、藍兩色，無論塗色方式有多麼錯綜複雜，我們是否一定可以找到一對距離整整一英吋的兩個點是相同顏色的？畫一個邊長一英吋的等邊三角形就能回答這個問題。我們在此設定紅、藍兩色為兩個鴿籠，三角形的三個頂點是三隻鴿子，則三個頂點中一定起碼有兩個頂點的顏色是一樣的，這就證明我們一定可以找出相距整整一英吋、顏色相同的兩個點。

如果 n 隻鴿子住在 m 個籠子且 n > m 時，則起碼有一個鴿籠裡住了兩隻鴿子以上。

參照條目 骰子（約西元前 3000 年）、拉普拉斯的《機率的分析理論》（西元 1812 年）及雷姆斯理論（西元 1928 年）

四元數

哈密頓爵士（**Sir William Rowan Hamilton**，西元 **1805** 年～西元 **1865** 年）

　　屬於四度空間的四元數（Quaternion）是愛爾蘭數學家哈密頓爵士在西元 1843 年所提出的構想，自此之後成為描述在三度空間動態位移的工具，並且被廣泛運用在虛擬實境的電腦繪圖、電動玩具的程式設計、訊號處理、機器人設計、生物資訊學、時空幾何研究等諸多領域。太空梭的飛行軟體為了具有迅速、精簡與可靠的特質，也是採用四元數進行方位計算、導航跟飛行調控等工作。

　　儘管四元數潛在運用層面這麼廣，有些數學家在初次見到四元數的時候，卻是保持著懷疑的態度。蘇格蘭物理學家湯姆森（William Thomson）曾說過：「四元數是哈密頓精心研究過後的成果，儘管精美巧妙，對於任何接觸到它的人而言，都像是來自魔鬼的傑作一樣。」另一方面，身兼工程師與數學家的黑維塞（Oliver Heaviside）也在西元 1892 年說：「發明四元數這件事，一定要被視為人類智慧結晶中最重要的成就。任何一位數學家都有可能發現沒有四元數的向量分析，……但是必須是天才才有可能想到四元數。」附帶一提，大學炸彈客（Unabomber）的本尊卡辛斯基（Theodore Kaczynski）在誤入歧途以殺人為樂之前，也曾經對四元數這個主題寫過幾篇巧奪天工的專論。

　　四元數可以用四度座標系統加以表示：$Q = a_0 + a_1i + a_2j + a_3k$，其中 i、j、k（意思跟虛數 i 一樣）不但是互為直角座標系的三個單位向量，這三個座標軸也都同時跟實數座標軸互為直角。當兩個四元數要進行加法或乘法時，我們會將之視為包含 i、j、k 的多項式，並根據以下原則處理乘積：$i^2 = j^2 = k^2 = -1$；$ij = -ji = k$；$jk = -kj = i$；$ki = -ik = j$。哈密頓爵士自承他是某一天跟夫人在都柏林

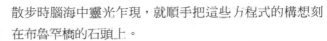

散步時腦海中靈光乍現，就順手把這些方程式的構想刻在布魯罕橋的石頭上。

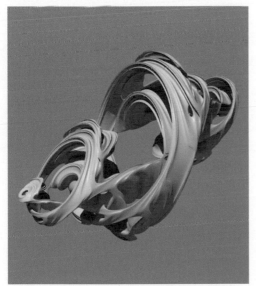

物理學家芬克（Leo Fink）在 3D 結構中繪出 4D 四元數的不規則碎形。這個異常複雜的曲面呈現出 $Q_{n+1} = Q_n^2 + c$ 的複雜行為，其中 Q 及 c 都是四元數，且 $c = -0.35 + 0.7i + 0.15j + 0.3k$。

參照
條目　虛數（西元 1572 年）

超越數

劉維爾（**Joseph Liouville**，西元 1809 年～西元 1882 年），
埃爾米特（**Charles Hermite**，西元 1822 年～西元 1901 年），
林德曼（**Ferdinand von Lindemann**，西元 1852 年～西元 1939 年）

　　法國數學家劉維爾在西元 1844 年提出以下這個如今我們稱之為劉維爾常數（Liouville constant）的有趣數字：0.110001000000000000000001000…；各位讀者，你們猜得出這個數字有什麼特殊意義，又是用何種規則創造出來的嗎？

　　劉維爾透過這個不尋常的常數證明超越數（Transcendental number）的存在，劉維爾常數也因此成為史上第一個被證明為超越數的數字。這個數字裡小數位數有 1 的地方都是經由階乘（factorial）計算的結果，其他位數則一律為 0；也就是說，1 只會出現在小數點後的第一、第二、第六、第二十四、第一百二十及第七百二十位等位置。

　　由於超越數太過不尋常，以致它們是在相當晚近的歷史才被「發現」，而且大多數讀者應該只認識其中一個超越數——圓周率 π，頂多可能再加上一個歐拉數 e。所謂超越數，就是無法成為有理係數之代數方程式的根，以圓周率 π 為例，這個數字不可能滿足 $2x^4 - 3x^2 + 7 = 0$ 這條方程式。

　　要證明某個數字是超越數並不是件容易的工作。法國數學家埃爾米特在西元 1873 年證明歐拉數 e 是個超越數，德國數學家林德曼在西元 1882 年證明圓周率 π 是個超越數，另一位德國數學家康托爾（Georg Cantor）在西元 1874 年舉證「絕大多數」實數其實都是超越數，大大出乎許多數學家的意料之外。換個方式講，假設你把所有數字都裝進一個大罐子裡，搖勻後再隨意抽出一個數字，則這個數字十之八九會是超越數。既然如此，該如何說明我們只認得極少數「幾乎無所不在」的超越數並加以命名的現象？這就好比在繁星遍佈的夜空裡，我們又叫得出其中幾顆星星的名字呢？

　　除了浸淫在數學領域的成就外，劉維爾對政治議題也相當有興趣，並在西元 1848 年被選為法國制憲大會的成員。不過日後競選失利一事，也讓劉維爾深受打擊而意志消沉，使得他後來漫不經心留下的數學稿件中常能看到抑鬱的詩句。儘管如此，劉維爾一生還是完成了四百篇以上立論嚴謹的數學論文。

大約攝於西元 1887 年的法國數學家埃爾米特。他在西元 1873 年證明證明歐拉數 e 是個超越數。

參照
條目　月形求積（約西元前 440 年）、圓周率 π（約西元前 250 年）、歐拉數 e（西元 1727 年）、斯特靈公式（西元 1730 年）、康托爾的超限數（西元 1874 年）、正規數（西元 1909 年）及錢珀瑙恩數（西元 1933 年）

西元 1844 年

卡塔蘭猜想

卡塔蘭（**Eugène Charles Catalan**，西元 1814 年～西元 1894 年），
米哈伊列斯庫（**Preda Mihăilescu**，西元 1955 年生）

看似簡單、實則牽涉整個數系的困難挑戰，會讓最聰明的數學家們也丈二金剛摸不著頭腦，費馬最後定理（Fermat's Last Theorem）就是其中一例，一直要等到幾世紀過後，這個跟整數有關的簡單猜測才被證明成立與否。當然還有一些問題，就算集結人力與電腦的各種努力，至今卻依舊無解。

在正式進入卡塔蘭猜想（Catalan Conjecture）這個主題之前，請讀者先想像一下所有大於 1 的整數平方數列，亦即 4、9、16、25、…等，以及所有大於 1 的整數立方數列 8、27、64、125、…，接著把這兩個數列併在一起，可得：4、8、9、16、25、27、36、…。各位讀者，你們有注意到在合併數列中，只有 8（2 的立方）跟 9（3 的平方）是兩個連續的整數嗎？西元 1844 年，比利時數學家卡塔蘭猜測這兩個數字是唯一一對連續的整數次方數！換句話說，如果存在一對連續整數次方數的話，那就相當於證明 $x^p - y^q = 1$ 存在一組（x、y、p、q）皆不為 1 的整數解；卡塔蘭猜測唯一一組整數解就是 $3^2 - 2^3 = 1$。

卡塔蘭猜想是一段多采多姿、極具特色的歷史。早在卡塔蘭之前數百年，另一位法國數學家傑賀森（Levi ben Gerson）——他的拉丁名 Gersonides 或是 Ralbag 可能比較常見——就揭出過類似、但條件更嚴格的猜想：2 跟 3 的次方數唯一相差 1 的情況只存在於 3^2 與 2^3 之間。傑賀森本人是一位知名的拉比、哲學家暨數學家，也是鑽研《塔木德》（*Talmud*）經文的專家。

現在讓我們把時間快轉到西元 1976 年。荷蘭萊頓大學研究人員泰德曼證明出如果存在其他連續整數次方數的話，這些整數解的個數一定是個有限的數字。最後，德國帕特伯恩大學的米哈伊列斯庫終於在西元 2002 年證明卡塔蘭猜想是正確的。

比利時數學家卡塔蘭的照片。卡塔蘭在西元 1844 年提出 8 跟 9 是唯一一對連續整數次方數的猜想。

參照條目　費馬最後定理（西元 1637 年）及歐拉多邊形分割問題（西元 1751 年）

西爾維斯特的矩陣

西爾維斯特（James Joseph Sylvester，西元 1814 年～西元 1897 年），
凱萊（Arthur Cayley，西元 1821 年～西元 1895 年）

西元 1850 年，英國數學家西爾維斯特在《論新定理集》（*On a New Class of Theorems*）中，第一次使用「矩陣」（matrix）這個單字，表示一個所屬元素可以用加法及乘法運算、外觀為矩形配置的陣列。矩陣通常用來描述一個線性方程組，或是用以簡單表現某些同時包含兩個以上參數的資訊。

不過，深入研究並全面確認矩陣所具備代數特性的功勞，卻要歸功於另一位英國數學家凱萊日後於西元 1855 年所提出的研究成果。由於西爾維斯特跟凱萊在研究領域一向維持相當良好的合作關係，所以，後人多半把這兩位視為矩陣理論的共同創立者。

雖然矩陣理論直到十九世紀中葉才算是開花結果，但是，幾個跟矩陣相關簡單概念的誕生時間，卻可以回溯到西元紀年之前——像是早就知道**魔方陣**（Magic Square）的古中國人就懂得運用矩陣原理求取聯立方程式的解。此外，十七世紀時，西元 1683 年的日本數學家關孝和（Seki Kowa），以及西元 1693 年的德國數學家萊布尼茲（Gottfried Leibniz）都曾研究過使用矩陣的方法。

西爾維斯特跟凱萊兩人都就讀於劍橋大學。儘管西爾維斯特當年在數學會考上的成績名列第二，可是礙於他猶太人的身分，以致西爾維斯特最終並未順利取得劍橋大學的學位。在就讀於劍橋大學之前，西爾維斯特曾是利物浦皇家研究學會的一員，卻也因為個人宗教信仰而被學生嚴重騷擾，最終不得不逃到都柏林避難。

凱萊曾經擔任過超過十年的律師，同時卻也發表了大約兩百五十篇數學論文，就讀於劍橋大學期間內，更發表了另外六百五十篇論文。凱萊也是第一位清楚說明矩陣乘法運算的數學家。

今天用到矩陣的領域非常多，像是資訊加密與解密、電腦繪圖的元件操作（包括電動玩具跟醫療影像）、系統性或聯立線性方程式的計算、量子力學在原子結構上的研究、物理剛體（rigid body）的均衡、圖論、賽局理論、經濟分析模型及電路連結等。

西爾維斯特的肖像，印在由貝克（H. F. Baker）主編、《西爾維斯特數學論文全集》第四冊的封面頁上。

參照條目 魔方陣（約西元前 2200 年）、三十六位軍官問題（西元 1779 年）及西爾維斯特直線問題（西元 1893 年）

四色定理

賈瑟瑞（Francis Guthrie，西元 1831 年～西元 1899 年），
阿佩爾（Kenneth Appel，西元 1932 年生），
哈肯（Wolfgang Haken，西元 1928 年生）

幾世紀以來，地圖繪製師深信只要四種顏色就足以畫完平面上所有地圖，並且可以保證就算以同一頂點相鄰的兩個區域顏色相同，以同一條邊界相鄰的兩個區域一定顏色互異。現在我們知道，有些平面地圖或許可以用更少的顏色完成製圖，但是不會有任何一張地圖需要用到超過四種的顏色才能完成著色。四種顏色就足以畫完印製在球面或圓柱面上的地圖，而七種顏色也足以應付印製在輪胎面（torus，類似甜甜圈的環面）上的地圖。

數學家暨植物學家賈瑟瑞在西元 1852 年試圖繪製一張英格蘭地圖時，成為第一位猜測四種顏色就能畫完一張地圖的人。不過自此以後，許多數學家想要證明這個看似簡單、只跟四種顏色有關的觀察，卻往往徒勞無功，這個猜想也成為拓樸學上相當知名的未解問題之一。

最終，數學家阿佩爾跟哈肯在西元 1976 年利用電腦完成數以千計的分類情況後，成功證明四色定理的存在，也使得四色定理成為純粹數學領域中，第一個引用電腦提供證明的本質成分的問題。如今，電腦在數學研究領域的重要性越來越高；透過電腦的協助，數學家們可以核證一些複雜到人類難以理解的證明，就好像四色定理這個例子一樣。收錄多位共同作者，總頁數破萬的有限單群分類（classification of finite simple groups）證明則是另一個例子。唉，以傳統人腦為核心去保證一個證明是否正確的方法，在面臨一份論文動輒好幾千頁的情況下，恐怕也只能自嘆不如了。

令人驚奇的是，四色定理對製圖師而言，並不具備多少實用價值。舉例而言，研究歷史長河中的各種地圖就可以發現，沒有哪一家出版商會設法減少地圖上的色彩，在跟製圖有關的書籍上，都可以找到使用多於最低色彩需求的證據。

這是一張掃瞄過的俄亥俄州地圖。原稿完成於西元 1881 年，而且就只使用了四種顏色。讀者可以檢視同邊相鄰的兩個區域是否都顏色互異。

參照條目 克卜勒猜想（西元 1611 年）、黎曼假設（西元 1859 年）、克萊恩瓶（西元 1882 年）及探索特殊 E_8 李群的旅程（西元 2007 年）

布爾代數

布爾（George Boole，西元 1815 年～西元 1864 年）

　　英國數學家布爾一生中最重要的作品，是西元 1854 年出版的《思維法則研究報告：邏輯理論與機率的數學基礎》。布爾非常喜歡把邏輯簡化成只跟 0 與 1 兩個數量有關的代數，並且只使用三個運算符號：「與」、「或」、「非」。現代社會的電話交換機跟電腦設計都需要大量運用布爾所提出的代數觀念（即布爾代數，Boolean Algebra），布爾對自己作品的期許如下：「成為我對科學所做出，或即將做出……最有價值的貢獻；如果說我真的能夠許願的話，我只求能因為這些貢獻被後世永遠記得……。」

　　可惜天嫉英才，布爾在四十九歲的時候就因為重感冒過世了。由於布爾的病情是因為淋雨的關係加速惡化，而布爾夫人又相信治病藥方應該跟致病成因有關，還對著病倒臥床的布爾傾倒大量冷水。這段過程說起來還真令人扼腕。

　　數學家德摩根（Augustus De Morgan）非常推崇布爾的作品：「布爾的邏輯系統是集結天才般證明與耐心鑽研的最終成果。……布爾提出像是數值計算工具般的代數運算符號，應足以表達所有思路演變的過程，就好比是文法跟字典一樣，架構出無所不包邏輯體系中的使用說明。這麼精妙絕倫的想法若非已被證實，否則還真難相信它真的存在……。」

　　布爾過世後大約七十年，當時還是學生的美國數學家夏農（Claude Shannon）在接觸過布爾代數之後，舉一反三地證明布爾代數可用來完成電話路由交換機系統的最佳化設計，夏農還展示加裝繼電器的電路具有處理布爾代數問題的能力。因此，布爾透過夏農的手，終於成為我們現在數位化社會的奠基者之一。

烏克蘭藝術家暨攝影師托爾斯拓伊（Mikhail Tolstoy）展示他利用 0 與 1 二進位串流數列所完成的創意作品。托爾斯拓伊透過這個作品向世人傳達二進位訊息在諸如網際網路這樣的數位架構中，川流不息。

參照條目　亞里斯多德的《工具六書》（約西元前 350 年）、格羅斯的《九連環理論》（西元 1872 年）、文氏圖（西元 1880 年）、布爾的《代數的哲學與趣味》（西元 1909 年）、《數學原理》（西元 1910 年～西元 1913 年）、哥德爾定理（西元 1931 年）、格雷碼（西元 1947 年）、資訊理論（西元 1948 年）及模糊邏輯（西元 1965 年）

環遊世界遊戲

哈密頓爵士（**Sir William Rowan Hamilton**，西元 1805 年～西元 1865 年）

西元 1857 年，愛爾蘭數學家、物理學家暨天文學家哈密頓爵士發明了環遊世界遊戲（Icosian Game），遊戲目的是沿著正十二面體的稜（邊），找出一條繞行每個頂點僅僅一次的路徑；如今在圖論領域中，數學家們也就習慣用哈密頓路徑（Hamiltonian path）來描述一條行經圖形上所有頂點各一次的路徑。哈密頓迴路──也就是環遊世界遊戲的解答──意指一條最終可以回到起點的哈密頓路徑。英國數學家柯克曼（Thomas Kirkman）用以下這個問題詮釋環遊世界遊戲的廣義意義：給定任一個多面體的圖形，是否存在一條行經每個頂點最終又回到起點的迴路？

Icosian 這個字眼，來自於哈密頓爵士根據正二十面體（icosahedron）對稱性質所創造並命名為 Icosian calculus 的一種代數形式。哈密頓爵士利用這種代數及其所衍生出名為 icosian 的特殊向量表示法，解決了此一難題。在所有柏拉圖正多面體上都找得到哈密頓路徑。數學家魯賓（Frank Rubin）在西元 1974 年，提出一種以極高效率找出圖形中，所有或部分哈密頓路徑與迴路的搜尋程序。

倫敦一家玩具公司曾買下環遊世界遊戲的智慧財產權，做出一組在正十二面體每個頂點都用一根小釘子代表世界各主要城市的益智玩具，讓玩家根據自己所設想環遊世界的旅程，用一條細繩繞過位於不同頂點上的城市。這個益智遊戲也有其他種類的版本，像是在一整塊平面的木栓板上挖洞，藉以代表正十二面體的所有頂點（所謂平面的正十二面體，就是固定其中一面後的所展開的平面圖）。可惜的是，這套遊戲銷售成績不佳，其中一個可能的原因是毫無難度可言；或許當初哈密頓爵士太過專注於提出深奧的代數理論，反而忽略簡單的嘗試錯誤法，就足以迅速找到答案了！

克拉塞克（Teja Krašek）根據環遊世界遊戲的構造所發想出的圖案。遊戲目的是沿著這個正十二面體的邊找出一條可以經過每個頂點一次的路徑。倫敦一家玩具公司在西元 1859 年買下了這個遊戲的智慧財產權。

參照條目 柏拉圖正多面體（約西元前 350 年）、阿基米德不完全正多面體（約西元前 240 年）、柯尼斯堡七橋問題（西元 1736 年）、歐拉多面體方程式（西元 1751 年）、皮克定理（西元 1899 年）、巨蛋穹頂（西元 1922 年）、塞薩多面體（西元 1949 年）、西拉夕多面體（西元 1977 年）、連續三角螺旋（西元 1979 年）及破解極致多面體（西元 1999 年）

諧波圖

利薩茹（**Jules Antoine Lissajous**，西元 1822 年～西元 1880 年），
布雷克本（**Hugh Blackburn**，西元 1823 年～西元 1909 年）

諧波圖（Harmonograph）是維多利亞時代的一種藝術裝置，通常是由兩個鐘擺的交互作用描繪出諧波圖圖形，可以分別從藝術或數學觀點進行分析研究。在常見的繪圖裝置中，其中一個鐘擺控制筆的移動，另一個鐘擺負責晃動置放於平台上的紙。兩個鐘擺共同交互作用所產生複雜的動態效果，最終會因為摩擦力的影響而逐漸歸結到單一定點，在此之前，每次畫筆擺盪所描繪出的軌跡，其長度都會比前一次擺盪所畫出的軌跡略短，使得整個圖形呈現出蜘蛛網般波動的外觀。只要改變鐘擺擺盪的頻率跟相交的夾角，就可以產生出變化無窮的圖案。

圖形最簡單的諧波圖可以歸類成利薩茹曲線。用以描述（假定無摩擦狀態下）複雜諧波運動的利薩茹曲線方程式寫成 $x(t) = A\sin(at + d)$，$y(t) = B\sin(bt)$，其中 t 表示時間，A 跟 B 分別表示兩鐘擺的振幅，a 與 b 的比表示相對頻率，d 表示夾角的相位差。光是這幾個有限的參數就足以產生許多美觀的花紋。

第一個諧波圖誕生於西元 1857 年，當時法國數學家暨物理學家利薩茹把兩面鏡子黏在兩把調音叉上，然後用不同頻率擺動兩把調音叉好讓鏡子反射出光波，這些錯綜複雜的波紋還博得圍觀者的一致好評。

至於第一位使用現在習以為常的鐘擺畫出諧波圖的人，就要歸功於英國數學家暨物理學家布雷克本了。此後一直到今天，各種仿效布雷克本裝置而誕生的諧波圖版本可說是不勝枚舉。有些更複雜的諧波圖甚至要動用到三個以上交互擺動的鐘擺。在我的小說《天國來的病毒》（*The Heaven Virus*）中也描述了一種滑稽詭異諧波圖的製作方式：「一枝筆畫過一個又一個的平台，直到畫過十個平台為止。」

莫斯可維奇（Ivan Moscovich）所繪製的諧波圖。莫斯可維奇在西元 1960 年代發明一種可以減少摩擦損失、將鐘擺與垂直表面相連結、繪製大型諧波圖機械裝置。莫斯可維奇這位知名的謎題設計者曾經被關押在奧斯威辛集中營，直到西元 1945 年才被英軍所救。

參照條目 微分分析機（西元 1927 年）、混沌理論與蝴蝶效應（西元 1963 年）、池田收束（西元 1979 年）及蝶形線（西元 1989 年）

莫比烏斯帶

莫比烏斯（**August Ferdinand Möbius**，西元 1790 年～西元 1868 年）

德國數學家莫比烏斯是位害羞、不善於社交又容易忘東忘西的學者，他一生中最重要的發現是莫比烏斯帶（Möbius strip）。當他發現這個圖形時，莫比烏斯已經是位年近七十的老年人了。如果有讀者想要自行完成莫比烏斯帶的話，很簡單，只要把一條彩帶其中一端旋轉一百八十度，再讓這條彩帶頭尾相連就行了。這時，讀者手上會有一個只有單面的曲面——也就是說，一隻蟲可以從彩帶曲面上的任一點爬到任一個其他點，而不用穿越彩帶邊緣。也因為只有單面的緣故，如果用色筆在莫比烏斯帶上著色的話，是不可能畫出一邊紅、一邊綠的結果的。

在發明人過世好幾年後，越來越受歡迎的莫比烏斯帶應用層面越來越廣，不論是數學、魔術、科學、藝術、工程、文學、音樂等領域，都看得到莫比烏斯帶的蹤影；莫比烏斯帶更被普遍視為代表資源回收的符號，因為它隱含把廢棄物質轉換成有用資源的象徵意義。現代社會更是隨處可見莫比烏斯帶，包括分子構造、金屬雕刻、郵戳標誌、文學創作、技術專利、建築結構，甚至是比喻人類所處宇宙的模型。

莫比烏斯差不多是跟當時另一位德國學者利斯廷（Johann Benedict Listing）同步發現這個著名的圖形，不過莫比烏斯似乎比利斯廷更了解這個圖形、提出更多關於這個圖形重要特性的觀察。

莫比烏斯帶是史上第一個被人類注意到並加以研究的單面曲面。直到十九世紀中葉之前沒人描述過單面曲面，這似乎很難以令人置信，但遍尋歷史資料，卻真的找不到任何相關記錄。基於莫比烏斯帶身為拓樸學（研究幾何形狀結構及其之間相互關連的科學）第一個，也是唯一一個在一般社會大眾中具有如此高知名度的研究主題，這麼優雅的發現就應該在本書中佔有一頁。

由克拉塞克（Teja Krašek）和皮寇弗共同創作的各種莫比烏斯帶。莫比烏斯帶是人類歷史上第一個被發現並加以研究的單面曲面。

參照條目　柯尼斯堡七橋問題（西元 1736 年）、歐拉多面體方程式（西元 1751 年）、騎士的旅程（西元 1759 年）、重心微積分（西元 1827 年）、勒洛三角形（西元 1875 年）、克萊恩瓶（西元 1882 年）及波以曲面（西元 1901 年）

霍迪奇定理

霍迪奇（Hamnet Holditch，西元 1800 年～西元 1867 年）

　　先請讀者隨意畫出一個封閉、外凸的平滑曲線 C_1，再請讀者隨意在曲線 C_1 內隨意擷取一固定長度的弦，接著，讓這段弦依照兩端點與曲線 C_1 相接的條件，在曲線內繞行一圈（就好像用牙籤在一塊狀似曲線 C_1 的黏土表面上繞行一圈）。如果讀者們在弦上選定一點把弦長區分成 p、q 兩段的話，則這個點隨著弦長繞行一圈後，將會在曲線 C_1 內產生另一個封閉曲線的 C_2 軌跡。根據霍迪奇定理，如果曲線 C_1 的外形足以讓弦長完整繞一圈的話，則 C_1、C_2 兩曲線之間的面積就是 πpq，跟曲線 C_1 的形狀一點關係也沒有，有趣吧？

　　超過一世紀之久的數學家們對於霍迪奇定理都感到不可思議，譬如英國數學家庫克（Mark Cooker）就在西元 1988 年寫道：「我馬上就因為兩個理由而懾於霍迪奇定理。第一、兩個曲線之間的面積公式居然跟曲線 C_1 原本的大小無關；第二、曲線之間的面積公式相當於以 p、q 為半軸的橢圓形面積，可是這個定理卻沒有任何一句話提到過橢圓形！」

　　受人尊敬、在十九世紀中葉擔任劍橋大學凱斯學院院長的霍迪奇，在西元 1858 年提出這個定理。如果曲線 C_1 是一個半徑為 R 的圓，則霍迪奇曲線 C_2 也會是一個圓，而且半徑 r 會是 $r = \sqrt{R^2 - pq}$。

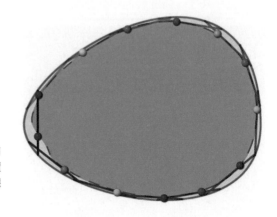

隨著牙籤沿著外曲線旋轉一周後，牙籤上任一點的軌跡會在內部形成另一個曲線，霍迪奇定理指出，在兩個曲線之間的面積是 πpq，跟外曲線的形狀一點關係也沒有，本圖出自曼斯菲德（Brian Mansfield）之手。

參照
條目　圓周率 π（約西元前 250 年）及若爾當曲線定理（西元 1905 年）

黎曼假設

黎曼（**Georg Friedrich Bernhard Riemann**，西元 1826 年～西元 1866 年）

　　許多針對數學家所進行的調查顯示，「黎曼假設（Riemann Hypothesis）的證明」是目前為止未解數學問題中最重要的一件工作，相關證明牽涉 ζ 函數（zeta function），一個可以用數論中看起來相當複雜、卻又在質數檢定中非常實用的曲線加以詮釋的函數。原始定義為無窮級數的 ζ 函數寫成 $ζ(x) = 1 + (1/2)^x + (1/3)^x + (1/4)^x + \cdots$。當 $x = 1$ 時，這個級數會發散成無限大，對於任一大於 1 的 x 值，這個級數會收斂成有限數值。當然啦，如果 x 值小於 1 的話，這個級數還是會變成無限大。在數學文獻上討論與研究的完整 ζ 函數，會針對 x 值大於 1 的情況將級數轉換成更複雜的方程式，不論級數總和的結果是有限實數或是虛數（唯有當級數總和的實數部分為 1 時除外）。我們知道當 x 值為 －2、－4、－6、……時，ζ 函數恆為 0；除此以外，ζ 函數也有無限個恆為 0 的複數解，而且這些複數解的實數部分都介於 0 與 1 之間——問題在於我們無法確定究竟是什麼樣的複數，才是 ζ 函數的解。數學家黎曼大膽猜測這些複數解的實數部分都是 1/2，雖然目前已經有大量數值分析的證據顯示黎曼的猜測無誤，可是，假設依舊尚未被證明為真。如能證明黎曼假設為真，其結果不但會對質數相關定理造成深遠影響，也將使我們更進一步了解複數的性質。另一方面，物理學家們藉由檢視黎曼假設的過程，倒是很神奇地發現量子物理與數論之間，存在著某種不可思議的關連性。

　　全世界有超過一萬一千名自願者透過 *Zetagrid.net* 網站取得分散式電腦套裝軟體，竭盡全力想要找出黎曼 ζ 函數為 0 的解，進而設法證明黎曼假設的正確性；以他們龐大的計算能力而言，一天之內就可以找出超過十億個 ζ 函數的解。

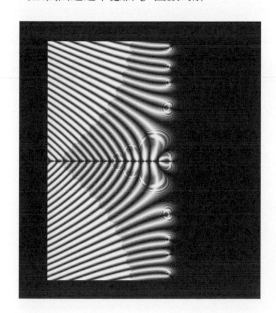

瑪迦拉斯（Tibor Majlath）在複數平面上所畫出的黎曼 ζ 函數圖形。圖形中上、下兩半部各四個小牛眼般的圖案位置，相當於令 ζ 函數為 0、且實數部分為 1/2〔$Re(s) = 1/2$〕的解。這張圖在實數、虛數部分的範圍都介於 ＋32 到 －32 之間。

參照條目 為質數而生的蟬（約西元一百萬年）、埃拉托斯特尼篩檢法（西元前 240 年）、發散的調和級數（約西元 1350 年）、虛數（西元 1572 年）、四色定理（西元 1852 年）及希爾伯特的二十三個問題（西元 1900 年）

貝爾特拉米的擬球面

貝爾特拉米（**Eugenio Beltrami**，西元 1835 年～西元 1899 年）

擬球體（pseudosphere）是一種特殊的幾何物體，外觀就像是把小號對接，但是兩支小號的「吹口」卻被無窮延伸至遠端，就像只有無所不能的上帝才有辦法吹得到一樣。在幾何學與物理學都佔有一席之地、義大利籍的貝爾特拉米在西元 1868 年發表一篇名為〈一種非歐幾里得幾何的闡述論證〉（Essay on an Interpretation of Non-Euclidean Geometry）的論文，成為第一位深入討論這個奇特結構的數學家。只要把一種稱為**曳物線**（也叫做等切距曲線，英文名為 tractrix）的曲線沿著漸近線旋轉一圈，就能製作出擬球體的曲面。

相較於一般球面上任何一點都具備正曲率（positive curvature）的性質，擬球面的曲率為一固定的負值，換句話說，擬球面上任何一點（中央的歧點除外）都維持相同的凹性（concavity）；因此，球面是具有有限面積的一個閉曲面，而擬曲面則是具有無限面積的一個開曲面。英國科學作家達伶（David Darling）寫道：「雖然二維平面跟擬球面都是無限大，但是說實在的，擬球面顯然更具有空間效益多了！好比用以下這一種想像方式說明：擬球面無限大的面積可是聚集在比二維平面更具張力的範圍內。」負曲率的擬球面會使得畫在其上三角形夾角總和小於 180 度，這種擬球面的專屬幾何學被稱為雙曲線（hyperbolic）幾何，歷史上有些天文學家認為我們所存在的宇宙應該就是屬於具有擬球面性質的雙曲線幾何；擬球面在數學史上的重要性，在於它是頭幾個非歐幾里得（Non-Euclidean）空間的模型之一。

貝爾特拉米廣泛的興趣遠遠超乎數學領域之外，他在集結成四冊的《數學著作》（Opere Matematiche）作品集中，共討論了光學、熱力學、彈力分析、磁學及電力學等各種課題。貝爾特拉米是「山貓眼科學研究會」的成員，在西元 1898 年擔任這個科學研究會的會長一職，在他過世前一年還曾被選為義大利國會的議員。

這張圖是尼藍德（Paul Nylander）的作品，是典型貝爾特拉米擬球面的變化型，稱之為「喘息者擬球面」（breather pseudosphere），其曲率也是一固定的負值。

參照條目 托里切利的小號（西元 1641 年）、最小曲面（西元 1774 年）及非歐幾里得幾何（西元 1829 年）

魏爾斯特拉斯函數

魏爾斯特拉斯（**Karl Theodor Wilhelm Weierstrass**，西元 1815 年～西元 1897 年）

十九世紀初期的數學家往往認定在連續函數 $f(x)$ 曲線上絕大多數的點，一定都能找到導數（即該點唯一一條切線）。西元 1872 年，德國數學家魏爾斯特拉斯才讓他在柏林普魯士科學院的同僚們，深感意外地完成這個論點並不正確的證明。魏爾斯特拉斯函數是一個處處連續但是卻都不可微（亦即不具有導數）的函數，寫成 $f(x) = \Sigma\, a^k cos(b^k \pi x)$，其中 k 從 0 到無限大 ∞，a 是一個介於 0 與 1 之間的實數（$0 < a < 1$），b 為一正奇數且 $ab > (1 + 3\pi/2)$；總和符號 Σ 顯示這個函數是由無限個三角函數所組成的一種稠密地套在一起的震盪結構。

在此之前，數學家們當然知道有些函數在某些特定的問題點上無法微分，譬如 $f(x) = |x|$ 這種顛倒的楔形在 $x = 0$ 這一點就無法微分；可是在魏爾斯特拉斯提出這個沒有任何一點可微分的函數之後，所有數學家全都啞口無言了。數學家埃爾米特（Charles Hermite）在一封於西元 1893 年寫給斯蒂爾吉斯（Thomas Stieltjes）的信中提到：「在看到一個連續卻沒有導函數的函數，我只能懷抱無知的恐懼與惶恐，別過頭去……。」

居柏雷蒙（Paul du Bois-Reymond）在西元 1875 年將魏爾斯特拉斯函數印製發表，使之成為史上處處連續卻無處可微的函數類別中，第一個公開發表的成果。再早個兩年，居柏雷蒙還曾經把即將發表的論文草稿交給魏爾斯特拉斯批評指教（草稿中原本有另一函數 $f(x) = \Sigma\, sin(a^n x)/b^n$，其中 $(a/b) > 1$ 且 k 值從 0 到無限大 ∞；不過這個函數在發表前被修改過）。

就跟其他的碎形（fractal）圖案一樣，魏爾斯特拉斯函數隨著倍率放大會展現出更多的細節。其他像是捷克數學家波查諾（Bernard Bolzano）及德國數學家黎曼（Bernhard Riemann）分別在西元 1830 年及西元 1861 年都曾研究過類似的建構（但是並未發表），另一個處處連續卻無處可微的函數例子，可以參考科赫曲線（Koch curve）的碎形圖案。

這是尼藍德（Paul Nylander）用逼近法方式所繪、集結許多魏爾斯特拉斯曲線而成的魏爾斯特拉斯曲面。尼藍德所使用的函數為 $f_a(x) = \Sigma\, [sin(\pi k^a x)/\pi k^a]$，其中 $0 < x < 1$；$2 < a < 3$ 且 k 值從 1 到 15。

參照條目 皮亞諾曲線（西元 1890 年）、科赫雪花（西元 1904 年）、郝斯多夫維度（西元 1918 年）、海岸線悖論（約西元 1950 年）及碎形（西元 1975 年）

格羅斯的《九連環理論》

格羅斯（**Louis Gros**，約西元 1837 年～約西元 1907 年）

九連環（Baguenaudier）是最古老的機械式益智遊戲之一，英國數學家杜德耐（Henry E. Dudeney）曾在西元 1901 年表示：「我相信家家戶戶都應該有這套精妙、具歷史深度又寓教於樂的益智遊戲。」

九連環的目的是從水平固定迴圈中把所有套環通通解下。一開始可以從水平迴圈的端點輕易卸下一個或兩個套環，可是，因為必須把已經卸下的套環再套回水平迴圈中才能繼續卸下其他套環，而且，還必須多次重複這樣的步驟，才能達成遊戲目標，因此，使得遊戲變成一個相當複雜的解謎過程。如果九連環上的套環數 n 為一偶數的話，總共需要 $(2^{n+1} - 2)/3$ 次步驟才能卸下所有套環；若 n 為奇數，則步驟總數就會是 $(2^{n+1} - 1)/3$。賈德納（Martin Gardner）曾經計算過：「一把附有二十五顆套環的九連環總共需要 22,369,621 次步驟才能完全解開。假設一位熟練的九連環玩家能在一分鐘內完成五十次步驟的話，由他來破解這個遊戲所需要耗費的時間是……，不用很久，大概就是兩年後再多一點點的時間而已。」

傳說九連環是中國古代軍事家諸葛亮（西元 181 年～西元 234 年）所發明，目的是讓妻子在自己出征時排遣無聊所用。法國文官格羅斯於西元 1872 年在自己的小手冊《九連環理論》（*Théorie du Baguenodier*；格羅斯刻意在此修改原單字的拼音方式）上，證明九連環與二進位數字之間具有顯著關連。格羅斯認為每個套環都代表一個二進位的位數，套在水平迴圈時為 1，卸下時為 0，更重要的是格羅斯還證明出當各個套環位置處於某些已知的狀態下，就有可能以二進位計算方式，求出究竟至少還需要多少次步驟，才能完全分解九連環。格羅斯的發現跟現在被稱為**格雷碼**（Gray Code，亦即將連續的二進位數值經轉碼後變成只有單一位數差異的編碼方式）的最基本範例密不可分。電腦科學家高德納（Donald Knuth）就認為格羅斯才是「格雷二進位編碼的真正創始者」，提供一套今日廣泛用於數位通訊錯誤校正的工具。

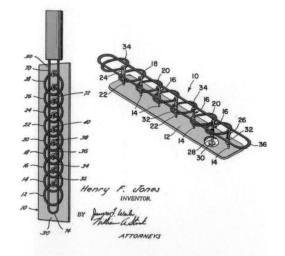

古代流傳下來的九連環益智遊戲自西元 1970 年代起，各種類似的變化款式都陸續獲得美國多項專利的認證。譬如有一種甚是不需要花費腦力就能輕易破解的版本，還有另一種可以自行調整套環數目的版本，可以讓玩家選擇不同的難易度（圖樣資料來自美國專利編號第 4,000,901 號及第 3,706,458 號）。

參照條目 布爾代數（西元 1854 年）、十五格數字推盤遊戲（西元 1874 年）、河內塔（西元 1883 年）、格雷碼（西元 1947 年）及瞬時瘋狂方塊遊戲（西元 1966 年）

柯瓦列夫斯卡婭的博士學位

柯瓦列夫斯卡婭（**Sofia Kovalevskaya**，西元 **1850** 年～西元 **1891** 年）

對微分方程式理論有著重大貢獻的俄羅斯數學家柯瓦列夫斯卡婭，本身也是史上第一位獲頒數學博士學位的女性。就跟大多數數學天才一樣，柯瓦列夫斯卡婭在小時候就跟數學結下不解之緣，她自己在自傳中寫道：「雖然當時我還無法自然而然地掌握這些概念的意義，但是它們已經擴大了我的想像空間，培養我對數學崇高的敬意。數學是一門卓越又充滿神祕的學科，就算是初學者也能領略數學開啟了一扇凡人無法抵達、通往美麗境界的大門。」當柯瓦列夫斯卡婭十一歲的時候，她就已經在臥室牆上貼滿數學家奧斯特洛格拉德斯基（Mikhail Ostrogradski）有關微分與積分分析的演說摘要。

西元 1874 年，柯瓦列夫斯卡婭在偏微分方程式、亞培爾積分（Abelian integral）及土星環狀結構的研究成果獲得哥廷根大學認可為「最優等」並授與博士學位，可是，這個博士學位再加上數學家魏爾斯特拉斯（Karl Weierstrass）熱切殷盼的推薦信，卻無法改變柯瓦列夫斯卡婭因為女性身分，而長年無法取得學術地位的處境。直到西元 1884 年，柯瓦列夫斯卡婭才好不容易在瑞典斯德哥爾摩大學覓得教職，並在同年被授予為期五年的教授資格。西元 1888 年，柯瓦列夫斯卡婭更因為提出剛體旋轉（rotating solid）理論，而獲得巴黎科學院頒發的特殊獎章。

柯瓦列夫斯卡婭是第一位擁有極高知名度的俄羅斯女性數學家，這一點也足以讓她在數學史上佔有一席之地。她不但是整個歐洲第三位女性教授——僅次於巴希（Laura Bassi）及安磊希（Maria Agnesi）兩人——更是世上第一位取得大學數學講座的女性。柯瓦列夫斯卡婭克服了各種阻礙才實現她的成就，好比她父親不准她讀數學，她只好趁著深夜全家人熟睡之際偷偷地熬夜苦讀；當時俄羅斯女性也不能在沒有父親書面許可的情況下離家獨居，這也迫使柯瓦列夫斯卡婭必須採取結婚手段才能繼續出國深造。日後當柯瓦列夫斯卡婭回顧自己一生的時候，她留下這樣一句話：「靈魂中沒有帶點詩人般浪漫情懷的人，是不可能成為一位數學家的。」

柯瓦列夫斯卡婭是歐洲史上第一位獲頒數學博士學位的女性。

參照條目　希帕提婭之死（西元 415 年）、安磊希的《解析的研究》（西元 1748 年）、布爾夫人《代數的哲學與趣味》（西元 1909 年）及諾特的《理想子環理論》（西元 1921 年）

十五格數字推盤遊戲

查普曼（Noyes Palmer Chapman，西元 1811 年～西元 1889 年）

　　雖然這個數學里程碑的重要性跟本書其他條目比起來略遜一籌，但是，十五格數字推盤遊戲（Fifteen Puzzle）曾經在社會大眾間掀起一陣風潮，光這點歷史意義就值得為它記上一筆了。現在我們可以輕易買到一個包含十五格（或說是「片」）數字板跟一個空格、外觀為 4 × 4 框架大小的十五格數字推盤遊戲。一開始，這寫上一到十五的十五片數字板會依序排列，並在最下方留一個空格。萊特（Sam Loyd）在西元 1914 出版的《益智遊戲大全集》（*The Cyclopedia of Puzzles*）提出一種特別的版本——他讓標記 14 跟 15 的兩塊數字板的順序對調，如右圖所示。

　　萊特要求解謎者只能用「滑的方式」，朝上、下、左、右四個方向移動數字板，使得這個版本（14 跟 15 的順序對調）的十五格數字板回復到依序排列的樣子。萊特在《益智遊戲大全集》中懸賞一千美元給能完成解謎的挑戰者，可是天曉得，右圖的起始位置根本無法回復成依數字大小排列的順序。

1	2	3	4
5	6	7	8
9	10	11	12
13	15	14	

無解的十五格數字推盤（起始位置）

　　最原始的十五格數字推盤遊戲，是在西元 1874 年由紐約郵政局長查普曼開發完成，之後隨即在西元 1880 年代風靡一時。當時群眾為之瘋狂的程度，與一百年後的魔術方塊（Rubik's Cube）不相上下。在原本遊戲設計中，十五片數字板只是鬆散地放在框架中，玩家可以取下數字板後隨機擺放回去再開始解謎；如果純然以亂數排列擺放數字板的話，這個遊戲大約只有百分之五十的機會有解！

　　之後，數學家們更開始認真研究到底是什麼樣的起始位置，才能讓十五格數字推盤遊戲有解，德國數學家亞倫斯（W. Ahrens）對此評論道：「十五格數字推盤遊戲在美國迅速暴紅並且四處流傳，征服了數不清的熱情玩家，整個過程就像是傳染病大流行一樣。」另外值得特別一提的是，西洋棋界的天王巨星費雪（Bobby Fischer）本身也是一位十五格數字推盤遊戲的高手，任何有解的十五片數字板起始位置一到他的手上，他就能在三十秒內把十五片數字板依序排列好。

十五格數字推盤遊戲在西元 1880 年代就像是一場席捲全球的暴風，風靡程度跟近代的魔術方塊不相上下，之後數學家們還認真研究過到底有哪些起始位置有解。

參照條目　瞬時瘋狂方塊遊戲（西元 1966 年）及魔術方塊（西元 1974 年）

康托爾的超限數

康托爾（Georg Cantor，西元 1845 年～西元 1918 年）

德國數學家康托爾奠定了現代集合論的基礎，並且向世人展示超限數（Transfinite number）這個雖然不容易理解、可是卻能說明無限集合也有相對「大小」的觀念。最小的超限數稱為 *aleph-nought*，寫成 $\aleph_0$，意指所有整數的集合。如果所有整數是一個無限集合的話（集合中的元素個數即為 $\aleph_0$），我們能否找到層次更高的無限集合？很明顯地，就算我們知道所有整數、所有有理數（所有可以用分數型態表示的數字）和所有無理數（所有像是 $\sqrt{2}$ 這種無法寫成分數型態的數字）的集合都包含了無限個元素，但是就直觀上的判斷而言，所有無理數的元素個數總應該多過所有整數或所有有理數的元素個數。同理，所有實數的元素個數（即同時包含有理數與無理數的所有元素）顯然又比整數的元素個數大上許多。

康托爾以超限數表示無限集合也有大小之別的想法實在太過震撼，剛提出時遭致各方廣大的批判——很可能因此導致康托爾陷入嚴重的情緒低潮並多次進出療養院——直到日後被認可為相當基本的理論為止。康托爾當時也在上帝的協助之下，提出超越超限數的「絕對無限」（Absolute Infinite）概念，他在文章中寫道：「我毫無疑問地接受超限數存在的事實並樂在其中。我可以感受到這是來自上帝的指引，指引我這二十多年來不斷研究超限數之間的差異性。」西元 1884 年，康托爾在一封寫給瑞典數學家米塔格萊弗勒（Gösta Mittag-Leffler）的信上澄清自己並不是這些新觀念的創造者，最多只能稱得上是播報員，上帝才是這些創意想法的源頭，並且把如何表達相關概念的寫作任務交付給自己，如此

而已。康托爾說，他知道超限數一定存在的原因是：「上帝就是這樣告訴我的」；再者說，無所不能的上帝怎麼可能只創造出有限的數字呢？數學家希爾伯特對於康托爾研究成果的評論為：「數學天才最細緻的成品，也是純然人類腦力思考所能達到最至高無上的境界之一。」

這是一張大約攝於西元 1880 年、康托爾跟太太的合照。康托爾關於無限的開創性想法一開始遭致廣大的批判，他長期嚴重的憂鬱症病情可能因此惡化。

參照條目　亞里斯多德滾輪悖論（約西元前 320 年）、超越數（西元 1844 年）、希爾伯特旅館悖論（西元 1925 年）及無法證明的連續統假設（西元 1963 年）

勒洛三角形

勒洛（**Franz Reuleaux**，西元 1829 年～西元 1905 年）

在眾多幾何圖形中，勒洛三角形（Reuleaux Triangle, RT）一直到人類文明相當晚近的年代，才被發現擁有許多實用的功能。此一特性倒是跟莫比烏斯帶（Möbius strip）相當類似。這個受人矚目的曲線三角形是自西元 1875 年左右、德國知名機械工程師勒洛帶動探討後，人們才發現它的妙用無窮。勒洛三角形是由三個大小相同的圓形，在等邊三角形的三個頂點交會而成。雖然勒洛並不是第一位提出圖形構想、甚至也不是第一位畫出這個圖形的人，不過，他卻是向世人展示勒洛三角形等邊長特性該如何運用在現實世界機械構造的第一人。畫出勒洛三角形的方式是如此顯而易見，反倒使很多現代研究人員無法理解為何沒有人搶在勒洛之前加以充分利用。由於勒洛三角形跟圓形有著近親關係，不但使其三條曲線的弧長相同，圖形上任相對兩點間的距離也都相同。

很多能夠鑿出方形的鑽頭專利都跟勒洛三角形有關，不過用鑽頭鑿出方形的想法一開始倒是相當違反常識——旋轉中的鑽頭怎麼可能鑿出不是圓形的孔洞呢？不過，這樣的鑽頭確實存在，譬如下方圖示就是西元 1978 年美國專利編號第 4,074,778 號、利用勒洛三角形原理所核准的「方孔鑽頭」（Square Hole Drill）專利。勒洛三角形除了也被運用在其他種類的鑽頭專利外，包括新潮的瓶罐、滾軸、飲料罐、蠟燭、電動刮鬍刀、汽車齒輪箱、轉動式機器及木工家具等地方也都不乏它的蹤影。

透過許多數學家對於勒洛三角形的研究，我們對於它的特性也越來越清楚，譬如它的面積是 $A = (\pi - \sqrt{3})r^2 / 2$，利用它鑽出的範圍相當於一個正方形面積的 0.9877003907⋯，其中微小差異的部分，肇因於勒洛三角形鑿出的終究是略帶有圓角的方形。

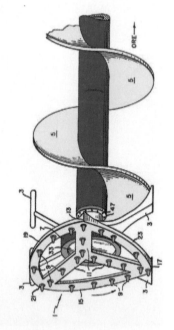

西元 1978 年的專利圖案（美國專利編號第 4,074,778 號）就是以勒洛三角形為基礎所開發的方形孔鑽頭。

參照條目 星形線（西元 1674 年）及莫比烏斯帶（西元 1858 年）

諧波分析儀

傅立葉（**Jean Baptiste Joseph Fourier**，西元 1768 年～西元 1830 年），
克爾文男爵湯姆森（**William Thomson, Baron Kelvin of Largs**，西元 1824 年～西元 1907 年

　　法國數學家傅立葉在十九世紀初期發現可以用正弦函數與餘弦函數的和按任意精確的程度，表現所有的可微分函數，不管該函數的本身有多麼複雜。譬如只要調整 A_n 跟 B_n 這兩個振幅，就能用 $A_n \cdot \sin (nx) + B_n \cdot \cos (nx)$ 表示週期函數 $f(x)$。

　　諧波分析儀（Harmonic Analyzer）就是用來計算 A_n 跟 B_n 這兩個係數的物理器材。英國數學物理學家克爾文男爵湯姆森在西元 1876 年發明諧波分析儀，用以觀察海洋潮汐波浪所形成的曲線軌跡，他用來記錄曲線的紙張，就捲繞在一個大圓柱面上。諧波分析儀能夠追蹤波浪曲線，裝設在各個不同位置的零組件，則被用來計算波紋係數。克爾文男爵湯姆森聲稱這台「運動學機器」（kinematic machine）不只可以「預測漲潮的高度與時間，也可以隨時丈量海水深度；並且用連續曲線的方式⋯⋯提前好幾年完成計算」。不過，潮汐變化不但牽涉到太陽跟月亮的位置，也跟地球轉動、海岸線形狀、海床輪廓等因素有關，實際上是相當難以預測的。

　　德國數學家亨立奇（Olaus Henrici）在西元 1894 年，設計出一套可以分析樂器所發出的複雜聲波諧波分量（harmonic component）的諧波分析儀，這套設備把許多滑輪跟玻璃球面連結到一個量測盤，上面依照波紋相位跟振幅區分出十等級的傅立葉諧波分量。

　　西元 1909 年，另一位德國工程師馬德爾（Otto Mader）發明一套利用齒輪跟指針追蹤波紋的諧波分析儀，讓不同齒輪的組合對應不同的諧波紋。西元 1938 年蒙哥馬利諧波分析儀（Montgomery Harmonic Analyzer）利用光學及光電原理進行諧波曲線的計算，貝爾實驗室（Bell Laboratories）的蒙哥馬利（H. C. Montgomery）表示這台機器「因為可以在傳統影片母帶上直接操作，因此特別適用於演說與音樂聲波的分析」。

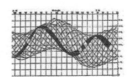

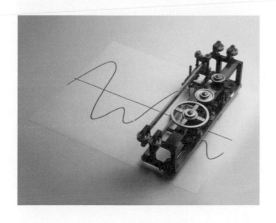

上圖——在孟買耗時兩星期（西元 1884 年 1 月 1 日～1 月 14 日）所記錄的潮汐波浪，繞在圓柱面上用來記錄潮汐的紙張每 24 小時旋轉一次。下圖——德國數學家亨立奇（Olaus Henrici）所發明的諧波分析儀。

參照條目　傅立葉級數（西元 1807 年）及微分分析機（西元 1927 年）

瑞提第一號收銀機

瑞提（**James Ritty**，西元 1836 年～西元 1918 年）

在收銀機發明之前，很難想像一般零售商店該如何經營才能更有效率。數十個年頭過去了，現在的收銀機不但變得越來越精緻，同時也兼具防盜功能。不誇張地說，收銀機已經成為改善我們工業時代生活最重要的機具之一。

全世界第一台收銀機是瑞提在西元 1879 年所發明的。瑞提於西元 1871 年在俄亥俄州代頓開設自己第一家沙龍酒吧，並以「純釀威士忌、醇酒跟雪茄經銷商」自居，而瑞提經營上最大的挑戰，是來自於員工三不五時將顧客支付的帳款中飽私囊。

在某次搭乘輪船旅遊時，瑞提開始研究起船隻上用來計算螺旋槳轉動次數的機械裝置，並且認為可以用類似裝置記錄現金交易。瑞提最先推出的收銀機有兩排按鍵，每個按鍵分別代表五分錢到一美元等不同的單位，壓下按鍵並轉動把手就會帶動機器內部的計數器。瑞提在西元 1879 年將這樣的設計概念以「瑞提童叟無欺收銀員」（Ritty's Incorruptible Cashier）的名義提出專利申請，不久之後就把收銀機業務讓售給一位名叫埃克特（Jacob H. Eckert）的生意人。西元 1884 年，埃克特又把收銀機公司賣給派特森（John. H. Patterson），並將公司名稱改成日後的「國家收銀機公司」（National Cash Register Company）。

現在市面上的收銀機都源自當初瑞提的一念之間。派特森之後在收銀機上增設一捆可用打孔機記錄交易的紙捲，而且當每筆交易完成後，收銀機不但會有提醒鈴聲，還會把該筆交易金額顯示在大刻盤上。西元 1906 年，發明家凱特林（Charles F. Kettering）設計出一台電子馬達驅動的收銀機。西元 1974 年，「國家收銀機公司」改組成為 NCR 股份有限公司。如今，收銀機的功能已經遠遠超出瑞提的想像，嘎嘎作響的收銀機不但有交易當天的日期印戳、能夠從資料庫中擷取價格資訊、可以加計各種商品稅率、提供貴賓優惠價格，甚至還能針對促銷商品直接折扣。

西元 1904 年仿製的瑞提第一號收銀機。

 參照條目 科塔計算器（西元 1948 年）

文氏圖

文恩（**John Venn**，西元 1834 年～西元 1923 年）

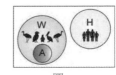

圖一

英國哲學家暨聖公會神職人員文恩在西元 1880 年提出用圖形表示元素、集合之間邏輯關係的文氏圖。依照文氏圖的通用作法，屬於同一圓圈內的族群都具備某種共同特質，譬如說，假定全體（即圖一中長方形所劃定的邊界）包含所有真實的與傳說中的物種，H 圓區域內表示所有的人類，W 圓區域內表示所有有翅膀的物種，A 圓區域則代表天使。這個圖讓我們對於以下幾件事情一目了然：一、所有天使都屬於有翅膀的物種（A 圓區域完全被 W 圓區域包覆），二、沒有任何一個人屬於有翅膀的物種（H 圓區域跟 W 圓區域毫無交集），三、沒有任何一個人是天使（H 圓區域跟 A 圓區域也毫無交集）。

這是邏輯的基本法則之描述——也就是從「所有 A 屬於 W」，且「沒有 H 屬於 W」，可推得「沒有 H 屬於 A」。這個結論透過文氏圖上的圓圈加以表示，就顯得非常理所當然了。

之前就有人嘗試過使用圖形表示邏輯關係的作法——像是數學家萊布尼茲（Gottfried Leibniz）跟歐拉（Leonhard Euler）兩位——但文恩卻是進行全面性研究並設法將之形式化、一般化的第一人。不過，當文恩想把更多集合的交集區域以對稱圖示（symmetrical diagram）的視覺手法一般化時，卻遭遇嚴重阻礙，最終只完成頂多四個橢圓所表示的集合圖。

過了一世紀之後，華盛頓大學數學家葛倫鮑（Branko Grünbaum）終於證明五個全等橢圓形可以組成旋轉對稱的五集合文氏圖，圖二就是其中一種對稱的五集合文氏圖。

圖二

現在數學家終於逐漸明白，只有質數個數的集合才能畫成旋轉對稱的文氏圖，其中七集合文氏圖更是難到讓數學家們懷疑過它是否存在。西元 2001 年，數學家漢伯格（Peter Hamburger）與藝術家赫波（Edit Hepp）聯手畫出十一集合的文氏圖，如同左圖所示。

漢伯格（Peter Hamburger）博士與赫波（Edit Hepp）聯手完成的十一集合對稱文氏圖。

參照條目　亞里斯多德的《工具六書》（約西元前 350 年）、布爾代數（西元 1854 年）、《數學原理》（西元 1910 年～西元 1913 年）、哥德爾定理（西元 1931 年）及模糊邏輯（西元 1965 年）

本福特定律

紐康伯（**Simon Newcomb**，西元 **1835** 年～西元 **1909** 年），
本福特（**Frank Benford**，西元 **1883** 年～西元 **1948** 年）

　　本福特定律（Benford's Law）又稱為「第一位數定律」（first-digit law）或是「首位數現象」（leading-digit phenomenon），意指在現實生活中所有各種不同的數目列表裡，以 1 作為最左邊第一位數的機率大約是百分之三十左右，比起 1 到 9 每個數字都可能出現在首位數的機率百分之十一‧一大上許多。我們可以從像是人口數列表、死亡率、股票價格、棒球統計數據、湖泊或河流流域面積這些例子中觀察到本福特定律的存在，不過針對這個現象提出解釋，卻是相當近代才發生的事。

　　本福特定律是為了紀念奇異電器公司（General Electric Company）的物理學家本福特博士而命名。他在西元 1938 年公開發表這項研究成果，不過，在更早之前的西元 1881 年，數學家暨天文學家紐康伯就已經發現了這個現象。對數數值表中，以 1 為起始值的頁面通常會磨損得比其他頁面嚴重，看起來也比較髒，因為數值 1 作為第一位數字的機率大約比其他數字多百分之三十左右，這些頁面被翻閱的機率當然也比較高。透過各種不同數值資料的分析，本福特算出從 1 到 9 中任選一數字 n 作為第一位數的機率為 $log_{10}(1 + 1/n)$，就連費波那契序列（Fibonacci sequence）──1、1、2、3、5、8、13…──也都適用本福特定律。照道理講，費波那契序列應該是最不可能以 1 作為第一位數的數列，可見得本福特定律適用於所有具有冪定律（power law）性質的數值資料，就好像湖泊的個數與面積成反比──亦即面積大的湖泊少、面積小的湖泊多，相同的道理，費波那契序列中，有十一個數字介於 1 到 100 之間，但是在後續三個百位間距中（101～200、201～300、301～400 之間），卻只有一個數字。

　　本福特定律經常被用來檢驗是否有詐欺行為，譬如會計查核人員有時會引用本福特定律檢視報稅資料，如果這些數值資料並未如預期一般符合本福特定律的話，這些資料恐怕就有逃漏稅的嫌疑了。

本福特定律不但可以用來觀察股票價格或是其他的金融數據，甚至也適用於電子帳單跟門牌號碼。

**參照
條目** 費波那契的《計算書》（西元 1202 年）及拉普拉斯的《機率的分析理論》（西元 1812 年）

西元 **1882** 年

克萊因瓶

克萊因（**Felix Klein**，西元 **1849** 年～西元 **1925** 年）

德國數學家克萊因於西元 1882 年首次提出克萊因瓶（Klein Bottle）的概念，它是一種具有延展性的瓶子，瓶頸處可以繞回並插入瓶身之中，形成一種無法區分瓶子內、外部差異的造型。克萊因恩瓶跟**莫比烏斯帶**（Möbius strip）有關，理論上只要把兩條莫比烏斯帶沿著邊緣黏起來就會形成一個克萊恩瓶。在三度空間中，製作不盡完美克萊恩瓶物理構造的其中一種方式，是用一個小圓弧曲線讓瓶子與本身相連結；如果要製作一個不會自我穿越（self-intersection）的完美克萊因瓶，那就必須在四度空間才辦得到了。

不難想像，如果讀者只打算在克萊因瓶的外壁著色會是多麼挫折的一件事。假設你從球根狀的瓶子「外部」表面開始著色，一路塗到了瓶頸的位置，由於在四度空間的物體沒有自我穿越的現象，所以你可以沿著瓶頸繼續著色下去，只不過你現在著色的地方已經是瓶子「內部」了──由於瓶頸開口處會接回球根狀表面，因此你會發現自己已經進入瓶子內部之中。如果我們所處宇宙的構造就像是克萊因瓶的話，我們就有辦法找出一種旅程可以完成後讓我們倒置身上的器官位置，譬如我們的心臟位置會在旅程結束後，換到身體的右邊。

天文學家史托勒（Cliff Stoll）在多倫多金布里吉中心（Kingbridge Centre）跟奇爾迪科學玻璃（Killdee Scientific Glass）的協助之下，完成世上最大一支克萊因瓶的創舉。這支金布里吉克萊因瓶大約有四十三英吋高（相當於 1.1 公尺），直徑約二十英吋（大約是 50 公分），耗用二十三磅（約 15 公斤）的無雜質派熱克斯玻璃（Pyrex Glass）。

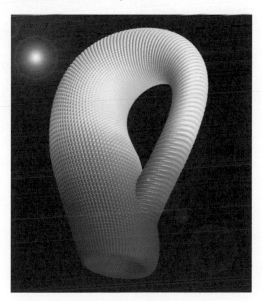

基於克萊因瓶的獨特性質，數學家跟解謎愛好者開始研究如何在克萊因瓶表面上走迷宮或下西洋棋。如果在克萊因瓶上繪製地圖的話，最多只需要六種不同的顏色，就能保證地圖上相鄰區域的著色皆不相同。

克萊因瓶是一種具有延展性的瓶子，瓶頸處可以繞回並插入瓶身之中，形成一種無法區別瓶子內、外的造型。必須在四度空間中才能製作出不會自我穿越、真正的克萊因瓶。

參照條目 最小曲面（西元 1774 年）、四色定理（西元 1852 年）、莫比烏斯帶（西元 1858 年）、波以表面（西元 1901 年）及球面翻轉（西元 1958 年）

河內塔

盧卡斯（François Édouard Anatole Lucas，西元 1842 年～西元 1891 年）

　　自從法國數學家盧卡斯在西元 1883 年發明河內塔（Tower of Hanoi）並當成一種玩具販售後，這個益智遊戲就立即風靡了全世界。這個遊戲是由許多大小不一的圓盤滑套進三根樁柱所組成。起初，所有圓盤會依照「小在上、大在下」的原則，依序堆疊在同一根樁柱中，遊戲玩法是每次只能在三根樁柱之間任選一根，把放置在最頂端的圓盤移到其他樁柱中，並遵守較大圓盤不能壓住較小圓盤的規則。遊戲目的是把最初堆疊好的所有圓盤（通常是八片為一組）完整移到另一根樁柱中，達成這個目標所需要的最少移動次數是 $2^n - 1$，其中 n 代表所有圓盤的總數。

　　這個遊戲據傳源自於印度教三主神之一的梵天所留下的印度塔（Indian Tower of Brahma），不過是由六十四片黃金做成的圓盤所組成。梵天的使徒以跟河內塔相同的規矩，不停地移動這六十四片黃金圓盤，一旦印度塔完成最後的那一步驟後，世界末日也將隨之降臨。假設梵天使徒移動黃金圓盤的速度是每秒鐘一片，則 $2^{64} - 1$ 步、或說是 18,446,744,073,709,551,615 秒，大概相當於 5,850 億年——比目前所推算的宇宙年齡還大上好幾倍。

　　三根樁柱河內塔的移動步驟可以寫成簡單的演算法。這個益智遊戲也經常是電腦程式設計課堂上講授遞迴演算法的教材，不過四根或更多樁柱河內塔的最佳演算法至今仍舊是個未知的謎。由於河內塔跟其他數學領域有著密切關係，像是**格雷碼**（Gray Code）或是在 n 維超立方體（n-hypercube）上找出哈密頓路徑（Hamilton path）之類的問題，使得數學家們一直對這個課題孜孜地研究不懈。

位於越南河內、興建於西元 1812 年的旗樓，樓高約 109.5 英尺（相當於 33.4 公尺），升上旗子後變成 134.5 英尺（約 41 公尺），據說河內塔的遊戲名稱，就是因為這座旗樓所啟發的靈感。

參照條目　布爾代數（西元 1854 年）、環遊世界遊戲（西元 1857 年）、格羅斯的《九連環理論》（西元 1872 年）、超立方體（西元 1888 年）、格雷碼（西元 1947 年）、瞬時瘋狂方塊遊戲（西元 1966 年）及魔術方塊（西元 1974 年）

《平面國》

艾伯特（**Edwin Abbott Abbott**，西元 **1838** 年～西元 **1926** 年）

　　《平面國》（*Flatland*）是一百多年前、維多利亞時期英國神職人員暨學校校長艾伯特所著一本影響力深遠的小說，書中描述生物跨越相異空間維度限制後的互動情形。這本書至今仍相當受到數學系學生的歡迎，對於那些想要探討這些維度之間關係的人，這本書也很值得一讀。

　　艾伯特鼓勵他的讀者為全新的知覺方式打開心靈。《平面國》描述一群屬於二維空間的生物居住在一片廣大的平面中，對於生活周遭其實充斥更高維度空間一事毫無所悉。如果可以由上往下觀察二維空間的世界，我們就能在一瞬間看透二維世界一切事物的構造。以此類推，屬於四維空間的生物也能夠看穿我們的身體構造，甚至不用接觸到我們的皮膚，就能把身體裡面的癌細胞移除。平面國的子民無法知道讀者可以在他們所處平面世界的上方幾英吋，好整以暇地觀察他們生活中的大小事。如果讀者想要幫平面國某個囚犯越獄，只需要把這位囚犯「往上提起」後，隨意放回平面國任何其他地點就行了。這樣的舉動相對於平面國的子民來講就像是神蹟一樣，他們的字典裡面甚至連「往上提起」這樣的字眼都沒有。

　　處於現代社會的我們可以利用電腦模擬四維空間的物體影像，好更進一步瞭解較高維度的現象，不過就算是最聰明的數學家也不見得能夠充分掌握四維空間的性質，這跟《平面國》裡處於二維空間的主角無法理解三維空間是怎麼一回事是相同的道理。《平面國》當中最具有張力的場景，是二維空

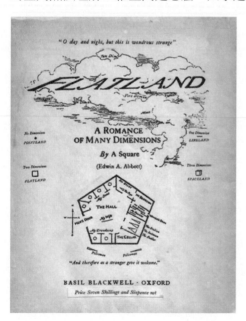

間的主角親眼目睹三維空間生物的外觀在穿越平面國時會有所變化，因為主角只能看到三維空間生物的橫截面而已。艾伯特深信研究四維空間有助於擴張我們的想像空間，讓我們更加謙虛、更崇敬宇宙的奧妙──這或許是任何想要了解實在的本質或見識神聖境界前所需要跨出的第一步。

艾伯特所著《平面國》第六版的封面。讀者可以看見在五邊形的房子裡用底線標記著「我的太太」（My Wife）；在《平面國》中的女性因為身體尖銳的緣故，顯得特別地危險。

參照條目　歐幾里得的《幾何原本》（西元前 300 年）、克萊因瓶（西元 1882 年）及超立方體（西元 1888 年）

超立方體

辛頓（**Charles Howard Hinton**，西元 1853 年～西元 1907 年）

　　大概沒有任何一項數學主題能夠像四度空間一樣，同時讓大人與小孩都感到興趣。四度空間的方向感跟我們日常生活中所接觸到的三度空間大不相同，神學家認定死後的世界、天堂、地獄、天使跟人類的靈魂，都歸屬於四度空間，數學家跟物理學家則時常在計算時使用四度空間。四度空間可以說是描述我們所處宇宙的最重要的基礎理論之一。

　　超立方體（tesseract）相當於一般常見立方體在四度空間裡的類比，因此，通常寫成 hypercube 以強調這是立方體在其他空間的類比。如同立方體是把正方形拉進三度空間、並且在三度空間中維持正方形的特性，超立方體則是把立方體拉進四度空間後的成果。雖然很難憑空想像立方體如何被拉進一個與原本三座標軸都相互垂直的空間中，但是，數學家還是可以利用電腦繪圖發展出更適於說明高維度空間物體的解說方式。值得注意的是，立方體是由正方形的面所圍成，超立方體則是由立方體的「面」所圍成。我們可以用下表說明「這個物體」在不同維度空間所展現的點、線、面、體……等特質。

	頂角數	邊數	面數	體數	超體積（Hypervolume）
點	1	0	0	0	
線段	2	1	0	0	0
正方形	4	4	1	0	0
立方體	8	12	6	1	0
超立方體	16	32	24	8	1
五度空間超立方體（Hyperhypercube）	32	80	80	40	10

　　「Tesseract」這個字眼第一次出現在英國數學家辛頓於西元 1888 年所出版的《劃時代的思想》（*A New Era of Thought*）一書中。曾因重婚罪而入獄的辛頓還有一件著名軼事——他宣稱擁有一組彩色立方體可以用來刺激人們對於四度空間的想像。如果在召靈法會上使用這組彩色立方體的話，將可以協助人們看見鬼魂或是過世的親人。

這是韋伯（Robert Webb）使用 Stella4D 軟體所畫出的超立方體，一種把常見立方體置放在四度空間的類比結構。

 參照條目　歐幾里得的《幾何原本》（西元前 300 年）、魯珀特王子的謎題（西元 1816 年）、克萊因瓶（西元 1882 年）、《平面國》（西元 1884 年）、布爾夫人的《代數的哲學與趣味》（西元 1909 年）、魔術方塊（西元 1974 年）及完美的魔術超立方體（西元 1999 年）

皮亞諾公理

皮亞諾（**Giuseppe Peano**，西元 1858 年～西元 1932 年）

　　學齡兒童知道像是加法、乘法這樣簡單的算術計算規則，不過，這些簡單的算術規則究竟從何而來？我們如何確信它們是正確的？義大利數學家皮亞諾對於歐幾里得奠定幾何學基礎的五項公理（axiom，等同於假設）相當熟稔，因此也想開發一套適用於算術與數論的基礎公理。五項與非負整數相關的皮亞諾公理（Peano Axioms）可敘述如下：一、0 本身是個數字；二、任何一個整數之後繼的數字，還是整數；三、如果 n 跟 m 兩個整數的後繼數字相同的話，則 n 跟 m 就是同一個數字；四、沒有任何整數的後繼數字為 0；五、如果 S 是包含 0 在內的整數集合，而且如果 S 集合內所有整數的後繼數字也都在 S 集合內的話，則 S 集合包含了所有整數。

　　皮亞諾這五項公理讓數學家們得以判斷所有非負整數是否具備某些相同的特質。判斷方式首先要從檢驗 0 是否具備該項特質著手，接著，我們必須證明所有整數 i 都具備該項特質的話，則 $i + 1$ 也必須具備該項特質。要用比喻方式說明這種證明過程的話，讀者不妨想像眼前有無數根火柴串成的一條線，而且每根火柴幾乎靠在一起。如果我們想要點燃這一長串上的每根火柴，則首先要做的就是點燃第一根火柴，而且要確保每根火柴之間也靠得夠近，如果長串上有任何一根火柴距離太遠的話，火苗將因此而中斷。透過皮亞諾公理，我們可以建立一個包含數字的無限集合之算術系統。這五項公理提供我們數系的基礎，進而讓其他數學家建構現代數學各種不同的數系。皮亞諾最初提到這五項公理的出處，源自於西元 1889 年所出版的《算術原理新論》。

義大利數學家皮亞諾著作探討的領域包括哲學、數學邏輯與集合論等。皮亞諾任教於杜林大學，直到他因為心臟病過世的前一天為止。

參照條目　歐幾里得的《幾何原本》（西元前 300 年）、亞里斯多德的《工具六書》（約西元前 350 年）、布爾代數（西元 1854 年）、文氏圖（西元 1880 年）、希爾伯特旅館悖論（西元 1925 年）、哥德爾定理（西元 1931 年）及模糊邏輯（西元 1965 年）

皮亞諾曲線

皮亞諾（**Giuseppe Peano**，西元 **1858** 年～西元 **1932** 年）

西元 1890 年，義大利數學家皮亞諾向世人呈現空間填滿的曲線之第一例，英國科學作家達伶（David Darling）認為這個發現相當於是「對數學傳統結構的大地震」，俄羅斯數學家維能金（Naum Vilenkin）則說：「當討論這些新型態曲線時，所有既成的事物都崩解了，所有基本的數學觀念變得一點意義也沒有。」

皮亞諾曲線（Peano Curve）一詞通常被視為「空間填充曲線」（space-filling curve）的同義字，往往是利用遞迴過程創造曲折盤繞的線條，並在最終完全覆蓋曲線所處空間。賈德納（Martin Gardner）曾評論道：「皮亞諾曲線深深撼動了原有的數學概念。曲線路徑看似屬於一維空間的事物，但最終卻能覆蓋一整個二維空間；那麼，我們還能稱之為『曲線』嗎？更麻煩的是，皮亞諾曲線也能輕易覆蓋立方體或超立方體……。」皮亞諾曲線是條連續曲線沒錯，不過卻跟科赫雪花（Koch Snowflake）、**魏爾斯特拉斯函數**（Weierstrass Function）具有相同的特性——曲線上任何一點都找不到單一的切線。此外，皮亞諾曲線的郝斯多夫維度（Hausdorff Dimension）值為 2。

皮亞諾曲線有許多非常實際的應用方式，譬如該如何挑出一條最有效率的旅程好拜訪數個不同的城鎮。喬治亞理工學院工業及系統工程學系的巴索爾迪三世（John J. Bartholdi III）教授，不但利用皮亞諾曲線為一家慈善機構設計出為數百位窮苦人家派送餐點的路徑系統，也為美國紅十字會設計出向各個醫院輸送血漿的物流路徑。因為運送地點多半在群聚在都市地區內，巴索爾迪三世利用空間填充曲線的想法就相當高明，因為它會先經過地圖上某特定區域內的所有配送地點後，才會繼續朝下一個區域前進。也有科學家利用空間填充曲線的想法，開發武器定位系統——只要能在地球軌道上擺上一台輔助電腦的話，他們就能以相當高的效率執行這套數學技巧。

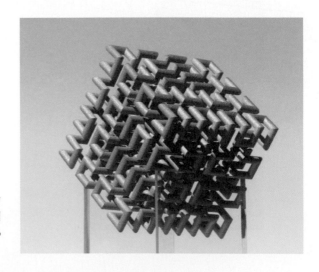

三維空間的希爾伯特立方體是二維空間皮亞諾曲線的延伸形式。圖中這個四英吋（10.2 公分）大小、青銅色的不銹鋼造型是由加州大於柏克萊分校瑟昆（Carlo H. Sequin）所設計。

參照條目 騎士的旅程（西元 1759 年）、魏爾斯特拉斯函數（西元 1872 年）、超立方體（西元 1888 年）、科赫雪花（西元 1904 年）、郝斯多夫維度（西元 1918 年）及碎形（西元 1975 年）

壁紙圖群

費多洛夫（**Evgraf Stepanovich Fedorov**，西元 1853 年～西元 1919 年），
薛弗利斯（**Arthur Moritz Schönflies**，西元 1853 年～西元 1928 年），
巴洛（**William Barlow**，西元 1854 年～西元 1934 年）

　　「壁紙圖群」（wallpaper group）一詞用以形容在平面上鋪排裝設，並讓最終模式可以在二維空間內一直重複下去的各種方式。目前已知有十七種不同的模式，每一種都以平移（例如移動、滑動）或旋轉的方式，形成各有特色的對稱形式。

　　受人景仰的俄羅斯晶體結構專家（crystallographer）費多洛夫，在西元 1891 年發現這些模式並加以分類，同時期包括德國數學家薛弗利斯跟英國另一位晶體結構專家巴洛，也都各自開始在同一領域中進行研究。當時總共發現了十三種模式（正式用語是「等距變換」，isometries）—— 其中包括某些旋轉對稱的模式，剩下四個則尚未被發現。在十七種模式中，其中五種具有六邊形對稱特性，其餘十二種則屬於矩形對稱模式。賈德納（Martin Gardner）總結道：「十七種不同形式的對稱模式已經完整呈現在二維空間裡無止境重複的所有可能圖形。這些對稱模式的基本元素只需要經由一些簡單的操作像是沿著平面滑動、旋轉，或者是鏡面反射。這十七種對稱模式是晶體結構中，非常重要的課題。」

　　根據幾何學家考克斯特（H. S. M. Coxeter）的觀察，用重複模式填滿平面的藝術手法，在十三世紀的西班牙發展到了極致。信奉伊斯蘭教的摩爾人用這十七種對稱模式裝飾他們富麗堂皇的要塞宮殿——阿爾罕布拉宮（Alhambra）。伊斯蘭的傳統文化並不鼓勵將人像視為藝術品，使得這種具對稱性質的壁紙模式變成非常受到歡迎的裝飾品。這座位於格拉納達的阿爾罕布拉宮裡面，有許多錯綜複雜的阿拉伯風格設計，大量用於牆磚、石膏與木雕工藝的裝飾上。

　　荷蘭藝術家埃舍爾（M. C. Escher）使用大量對稱模式的藝術風格，深受生前造訪阿爾罕布拉宮的影響，他曾經描述這趟旅程是「一生中獲取最豐富靈感的泉源」。埃舍爾嘗試在幾何圖形為骨架的速寫上，重複貼上動物的圖像，藉以「強化」摩爾人的藝術作品。

阿爾罕布拉宮兼具宮殿與堡壘的功能，信奉伊斯蘭教的摩爾人使用各種不同的壁紙圖群裝置這座富麗堂皇的宮殿。

參照
條目　群論（西元 1832 年）、用正方形拼出的矩形（西元 1925 年）、渥德堡鋪磚法（西元 1936 年）、潘若斯鋪磚法（西元 1973 年）、怪獸群（西元 1981 年）及探索特殊 E_8 李群的旅程（西元 2007 年）

西爾維斯特直線問題

西爾維斯特（James Joseph Sylvester，西元 1814 年～西元 1897 年），
加萊（Tibor Gallai，西元 1912 年～西元 1992 年）

　　西爾維斯特直線問題（Sylvester's line problem），也稱作西爾維斯特多點共線（collinear）問題或直接稱為西爾維斯特／加萊定理（Sylvester-Gallai theorem），是一個困擾整個數學界長達四十多年的問題，內容如下：在平面上散佈著數量有限的點，則：一、一定存在一條只通過兩個點的直線；或是：二、這些點都在同一條線上，必然是多點共線。英國數學家西爾維斯特在西元 1893 年提出這個猜想卻沒辦法加以證明，匈牙利出生的數學家艾狄胥（Paul Erdös）接著在西元 1943 年深入研究這個問題，而後才由另一位匈牙利數學家加萊完成證明。

　　西爾維斯特最初提出的問題是：「能否證明不管在平面上如何放置有限的點，除非它們原本就在同一條直線上，否則不可能所有穿過其中兩點的直線都能再穿過第三個點。」（在英文原文中，西爾維斯特刻意採用「right line」取代「straight line」作為「直線」的用詞。）

　　受到西爾維斯特直線問題的啟發，保羅·狄拉克（Paul Dirac）的繼子、同時也是維格納（Eugene Wigner）外甥的數學家狄拉克（Gabriel Andrew Dirac），在西元 1951 年接著提出更進一步的猜想：隨意排列 n 個不全部共線的點，則至少會有 $n/2$ 條只通過兩點的直線。時至今日，我們只找出兩個不符合狄拉克猜想的反例。

　　數學家馬可維奇（Joseph Malkevitch）撰文評論西爾維斯特直線問題：「有些簡單至極的數學問題反而會在歷史留名，因為這些看似簡單的問題卻在一開始難倒了眾人，……那麼多年來居然都沒有人能證明西爾維斯特直線問題，就連艾狄胥自己都對此事感到不可思議。……一個具有啟發性的問題可以引導出各種不同的創意想法，就算是現在都還有人繼續鑽研。」西元 1877 年，西爾維斯特在一篇向約翰霍普金斯大學所發表的演說中提到：「數學並不只是涵蓋在封面底下的一本書，……也不是一座屬於某個人、礦藏有限的寶庫。……數學領域廣大無邊，充滿著無限可能，就好像天文學家總可以在凝視夜空的時候，找到層出不窮、不斷擴散的新天地一樣。」

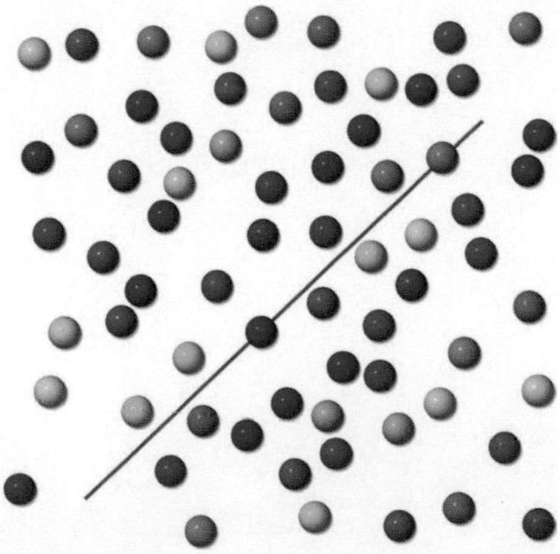

給定有限的點，而且不是全部排在同一條直線上（就如同圖中彩球分佈的情形）——西爾維斯特／加萊定理告訴我們：一定存在至少一條只通過其中兩點的直線。

參照
條目　歐幾里得的《幾何原本》（西元前 300 年）、帕普斯六邊形定理（約西元 340 年）、西爾維斯特的矩陣（西元 1850 年）及榮格定理（西元 1901 年）

質數定理的證明

高斯（Johann Carl Friedrich Gauss，西元 1777 年～西元 1855 年），
阿達馬（Jacques Salomon Hadamard，西元 1865 年～西元 1963 年），
瓦萊普桑（Charles-Jean de la Vallée-Poussin，西元 1866 年～西元 1962 年），
李特爾伍德（John Edensor Littlewood，西元 1885 年～西元 1977 年）

數學家札吉爾（Don Zagier）說過：「儘管質數的定義簡單，並扮演為自然數奠基的角色，質數在整個自然數系看起來就像是雜草一樣……沒有人有辦法預測下一個質數會從哪邊冒出來；……但是讓人更感到驚奇的，是質數所展現出不可思議的規律習性，彷彿它們的行為不但受到律法規範，它們本身也像軍隊般一樣，恪遵紀律的要求。」

我們用 $\pi(n)$ 這個符號表示所有小於或等於給定數 n 的質數個數。西元 1792 年，當時才十五歲的高斯就致力於研究質數會在哪邊出現的課題，並且認為 $\pi(n)$ 的值相當接近 $n/\ln(n)$，其中 ln 代表著自然對數（natural logarithm）。根據這項質數定理（Prime Number Theorem）推論下去，會得到第 n 個質數的值也會相當接近 $n\ln(n)$；只要 n 越趨近於無限大，這個逼近值的誤差就會趨近於 0。高斯之後還提出更精確的估算，指出 $\pi(n) \sim Li(n)$，並用 $Li(n)$ 表示 $dx/\ln(x)$ 從 2 積分到 n 的結果。

接著來到西元 1896 年，法國數學家阿達馬跟比利時數學家瓦萊普桑分別獨力完成高斯定理的證明。數學家根據實際數值驗證的結果猜測 $\pi(n)$ 應該永遠都小於 $Li(n)$，可是李特爾伍德卻在西元 1914 年證明如果可以無止盡地找到夠大的 n，則 $\pi(n)$ 跟 $Li(n)$ 兩者之間的大小關係也會無止盡地交替下去。南非數學家史奎爾斯（Stanley Skewes）在西元 1933 年證明在 n 小於 $10\wedge10\wedge10\wedge34$ 之前，$\pi(n)$ 跟 $Li(n)$ 會產生第一次交會（亦即 $\pi(n) - Li(n) = 0$），$10\wedge10\wedge10\wedge34$ 也因此被稱作史奎爾斯數（Skewes' number），其中「∧」這個符號表示次方數的意思；之後的數學家更進一步證明第一次交會的位置大約會落在 10^{316}。

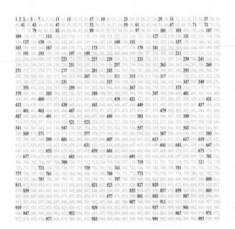

英國數學家哈代（G. H. Hardy）說史奎爾斯數是「數學史上為了特定目的所使用的最大數字」，雖然這個數字如今已經逐漸失去原本讓人感到崇敬的意義。西元 1950 年左右，艾狄胥（Paul Erdös）跟塞爾伯格（Atle Selberg）聯手發現質數定理的初等證明方式──一種在證明過程中只使用實數的證明方式。

圖中粗體字所顯示的就是質數，藉以印證「質數在整個自然數系看起來就像是雜草一樣……沒有人有辦法預測下一個質數會從哪邊冒出來」。雖然 1 過去都被視為是一個質數，不過當今的數學家普遍傾向認定 2 才是第一個質數。

皮克定理

皮克（**Georg Alexander Pick**，西元 1859 年～西元 1942 年）

簡單的皮克定理（Pick's Theorem）顯得平易近人，讀者們甚至可以自己拿起紙筆親自驗證一下。請讀者們在方格紙上畫一個簡單的多邊形，並且讓多邊形的每個端點都恰好落在方格的交界處。皮克定理告訴我們，想要算出這個畫在單位方格上的多邊形面積 A，只要算一下多邊形內包含幾個交界點 i，再算出多邊形的邊界有幾個端點 b，則 A ＝ i ＋ $b/2$ － 1。不過要聲明一點：皮克定理並不適用於內部有孔洞的多邊形。

奧地利數學家皮克在西元 1899 年提出這個定理。西元 1911 年時，皮克介紹一位跟愛因斯坦研究領域有高度相關的重要數學家，間接幫助愛因斯坦完成日後的廣義相對論（General Theory of Relativity）。當希特勒的軍隊在西元 1938 年入侵奧地利時，身為猶太人的皮克不得不逃到布拉格避難。可惜這趟遠行並沒因此讓皮克逃過一劫，因為納粹之後又入侵了捷克斯洛伐克，並在西元 1942 年把皮克押解到特瑞辛集中營——皮克生命中的最後一站。根據估計，大約有 144,000 名猶太人被送往特瑞辛集中營，其中約有四分之一在此過世，其餘六成則分別被送往奧斯威辛或其他的死亡集中營。

之後的數學家發現無法直接把皮克定理類推到三維空間，亦即無法用計算多面體內部跟邊界點數的方式計算多面體體積。

透過方格描圖紙把地圖上某個區域畫成多邊形後，我們就可以用皮克定理估算該區域的面積，英國科學作家達伶（David Darling）說：「過去數十年來……各種一般化的皮克定理被用在更廣泛的多邊形、更高維度的多面體，甚至是非正方形的方格紙上；……而這個定理也顯示傳統歐幾里得幾何跟近代數位幾何（digital geometry，也稱作離散幾何）的研究課題間存在某種關連性。」

根據皮克定理，圖中多邊形的面積等於 i ＋ $b/2$ － 1，其中 i 表示多邊形內部的點數，b 則表示多邊形邊界上的點數。

參照條目 柏拉圖正多面體（約西元前 350 年）、歐幾里得的《幾何原本》（西元前 300 年）及阿基米德不完全正多面體（約西元前 240 年）

西元 1899 年

莫雷角三分線定理

莫雷（Frank Morley，西元 1860 年～西元 1937 年）

　　英裔美籍數學家、同時也是西洋棋高手的莫雷，在西元 1899 年提出莫雷角三分線定理（Morley's trisector theorem）──對任一三角形而言，相鄰角的三等分線的三個交會點一定會形成一個等邊三角形。角二分線（trisector）是指將內角平分為三等分的直線，它們交於六個點，而其中三個就是等邊三角形的三個頂點。這個定理有許多不同的證明方法，其中有些較早期的證明顯得異常複雜。

　　莫雷的同事們認為這個定理既簡潔又漂亮，並驚為天人地以「莫雷奇蹟」（Morley's Miracle）冠名。法蘭西斯（Richard Francis）說：「這個發現顯然被古代的幾何學家忽略了，可能是因為角三分線並不是那麼容易畫出的緣故。總之，這個問題直到一個世紀前沒多久才躍上舞台。雖然莫雷大約在西元 1900 年左右就大膽提出這個看法，可是嚴謹的證明方式，卻一直等到非常近代的時候，才有所突破。這個簡潔優雅的歐幾里得式幾何定理謎樣地跨越時空隔閡，成為屬於二十世紀的幾何學成就。」

　　莫雷同時在賓州貴格學院跟約翰霍普金斯大學任教。西元 1933 年，莫雷與幼子法蘭克（Frank V. Morley）共同出版《反演幾何》（Inversive Geometry）。他的兒子在〈獻給西洋棋〉（One Contribution to Chess）一文中寫道：「他會開始翻動背心口袋，從中找出一截大約兩吋長的鉛筆，然後一定會再花點時間從口袋中掏出一個老舊的信封，……接著他會偷偷摸摸地站起身來往書房移動……，要是被我媽發現的話，她一定會出聲制止：『莫雷，別再只一個勁地顧著你的研究！』通常他的回應是：『再一下下就好了，不會太久。』伴隨著把書房門關上的聲音。」

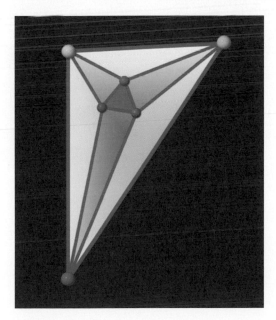

　　日後，莫雷定理繼續影響著其他數學家；西元 1998 年，榮獲法國菲爾茲獎（Fields Medal）的數學家科納（Alain Connes）還提出另一種證明莫雷定理的新方法。

根據莫雷定理──也有人稱之為「莫雷奇蹟」──對任一三角形而言，鄰角三等分線的三個交會點一定會形成一個等邊三角形。

參照條目　歐幾里得的《幾何原本》（西元前 300 年）、餘弦定理（約西元 1427 年）、維維亞尼定理（西元 1659 年）、歐拉多邊形分割問題（西元 1751 年）及球內三角形（西元 1982 年）

希爾伯特的二十三個問題

希爾伯特（**David Hilbert**，西元 1862 年～西元 1943 年）

　　德國數學家希爾伯特說過：「科學分支必須要能不斷產生各種新的問題才算是有活力；提不出問題的研究領域相當於逐步邁向死亡。」希爾伯特在西元 1900 年提出二十三個希望能在二十世紀獲得解答的重要數學問題（Hilbert's 23 problems）。憑藉著希爾伯特的聲望，許多數學家因此耗費大量時間，用許多年的時間深入研究這些問題；他在一篇充滿號召力的演說中為這二十三個問題定調：「我們當中有誰不會因為揭開未知的面紗而感到雀躍？有誰不想瞥見已知科學領域的下一步發展？一窺未來幾世紀會發展出什麼科學奧祕？帶動下一世代奮力向前邁進的數學精神又將完成哪些成就呢？」

　　自此之後，大約有十個問題已經被充分證明，另外有些問題的證明方式可以被部分數學家接受，但是對其他數學家而言卻依舊有些爭議；譬如**克卜勒猜想**（Kepler Conjecture，第十八個問題的其中一部分）這個探討球體堆疊效率的問題，需要用電腦輔助才能完成證明，所以，不是每個人都有辦法印證其正確與否。

　　在這二十三個問題中，至今依舊未解又最負盛名的，就是探討黎曼 ζ 函數（zeta function，一個波動幅度相當大的函數）0 點分佈位置的**黎曼假設**（Riemann Hypothesis），希爾伯特甚至說過：「如果我可以長眠一千年後再次醒過來，屆時我的第一個問題會是：『已經有人完成黎曼假設的證明了嗎？』」

　　楊德爾（Ben Yandell）曾為文評論：「解開希爾伯特這二十三個問題中的任何一個，對很多數學家來講都是個浪漫的夢想。……過去這一百年來，來自世界各地的數學家不斷提出問題的解答跟具有階段意義的成果。希爾伯特列出的清單本身就具有美感，再配上它們浪漫的典故跟歷史傳說後，這些被精心挑選的題目也成為數學史上某種能自行演化的有機體了。」

希爾伯特攝於西元 1912 年的照片，這張照片被印在哥廷根大學校方推出的明信片上，吸引不少學生購買。

參照條目　克卜勒猜想（西元 1611 年）、黎曼假設（西元 1859 年）及希爾伯特旅館悖論（西元 1925 年）

卡方

皮爾遜（**Karl Pearson**，西元 1857 年～西元 1936 年）

科學家們經由實驗所取得的數據資料，往往跟單純依據機率原理的預期結果不太一致，譬如擲骰子的結果如果跟原本期望值有相當大的差距時，我們會說這顆骰子可能有問題，其中一種原因或許是骰子本身重量分配不均。

卡方（Chi-square）檢定這個方法第一次出現在英國數學家皮爾遜於西元 1900 年所發表的論文裡，隨即被廣泛運用在密碼學、工程可靠度分析，甚至是棒球選手打擊數據的統計工作上。事件必須以獨立的方式各別發生（就好像前述擲骰子的例子），是適用卡方檢定的前提，一旦我們得知實際觀測每起事件的發生頻率 O_i 以及理論上的發生頻率 E_i（也就是期望值）時，就可以用方程式 $\chi^2 = \Sigma (O_i - E_i)^2 / E_i$ 算出卡方值。如果觀察到的事件頻率跟期望值一致的話，則卡方值 $\chi^2 = 0$；如果兩者間的差異越大，卡方值也會跟著同步加大。實務上，研究人員會使用卡方數值表判斷兩者間的差異是否足夠顯著，不過要是卡方值太接近 0 的話，研究人員當然也有可能因為太過多疑，而誤用太大或太小的判斷標準。

舉個例子，我們從蝴蝶和甲蟲族群數量假設均等的母體中隨機抽出一百隻昆蟲，結果實際上卻抽出十隻甲蟲跟九十隻蝴蝶，此時可得卡方值為 $\chi^2 = (10 - 50)^2/50 + (90 - 50)^2/50 = 64$，這個數值已經大到足以認定我們最初的假設——蝴蝶和甲蟲來自族群數量均等的母體——可能是不正確的。

皮爾遜一生因研究工作獲獎無數，不過，在數學領域之外的皮爾遜，卻是一位種族主義者，甚至倡導要對「劣等種族宣戰」。

卡方值可以幫助我們檢定隨機抽出一百隻昆蟲的結果，是否符合牠們來自於蝴蝶和甲蟲數量均等母體的假設；圖中實驗結果的卡方值高達 64，就表示母體數量均等的假設可能站不住腳。

參照條目 骰子（約西元前 3000 年）、大數法則（西元 1713 年）、常態分配曲線（西元 1733 年）、最小平方法（西元 1795 年）及拉普拉斯的《機率的分析理論》（西元 1812 年）

波以曲面

波以（**Werner Boy**，西元 1879 年～西元 1914 年），
莫杭（**Bernard Morin**，西元 1931 年生）

　　德國數學家波以在西元 1901 年發現波以曲面（Boy's surface）。波以曲面就跟**克萊因瓶**（Klein Bottle）一樣是單面無邊（single-sided with no edges）的曲面。波以曲面無法定義方位，意指二維空間的物件可以在波以曲面內部找到環繞一圈後回到原點的路徑，卻會在回到原點後發現左、右邊的定義與出發前恰恰相反；這種無法定義方位的特性，也見諸於克萊因瓶與**莫比烏斯帶**（Möbius strip）上。

　　根據正式定義，波以曲面是在三維空間內隱沒、不具有扭點（pinch point，也寫成 singularity）的射影平面。我們可以用幾何模式創造出波以曲面，其中一種方法是把一塊圓盤拉長後，按照莫比烏斯帶的原理連結圓盤邊界。在這個過程中，波以曲面會有自體穿越的現象，但是，卻不能被撕開或是形成扭點。很難以想像的說明其實就算是透過電腦繪圖，也都只能幫助研究人員大概感受一下波以曲面的形狀而已。

　　波以曲面是三重對稱（three-fold symmetry）結構，換句話說，可以找出一條對稱軸讓波以曲面旋轉 120° 後維持同樣的形狀。有趣的是，雖然波以有辦法畫出各種不同形式的波以曲面，但是，他卻不確定如何用方程式（也就是使用參數模型的方式）加以表達。直到西元 1978 年，法國數學家莫杭才利用電腦找出第一個參數化的方程式。莫杭年幼時就兩眼失明，不過，卻在數學領域功成名就。

　　數學新聞記者傑克森（Allyn Jackson）表示：「不但沒有因為雙眼視力不如常人而自怨自艾，甚至可以說是失明強化了莫杭的能力。……一般人不容易想像幾何結構的其中一個原因，是因為我們通常只注意到表面，卻看不到內部可能非常複雜的構造。……由於莫杭已經非常習於用觸摸的方式接收資訊，所以任何模型只要讓他把玩上幾小時，就算經過多年以後，他還是能保有其形狀的鮮明記憶。」

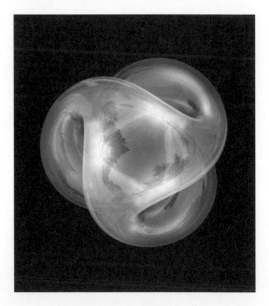

尼蘭德（Paul Nylander）繪製的波以曲面，一個單面無邊的物體。

參照條目　最小曲面（西元 1774 年）、莫比烏斯帶（西元 1858 年）、克萊恩瓶（西元 1882 年）、球面翻轉（西元 1958 年）及威克斯流形（西元 1985 年）

理髮師悖論

羅素（Bertrand Russell，西元 1872 年～西元 1970 年）

英國哲學家暨數學家羅素在西元 1901 年揭示一種可能迫使集合論必須全盤修正的矛盾狀況，說明這種矛盾狀況的其中一種版本稱為理髮師悖論（barber paradox）——鎮上有一位男理髮師，他每天都會替鎮上每一位不自己動手刮鬍子的男人刮鬍子，無一例外。那麼，這位理髮師到底有沒有替自己刮鬍子？

依照前述的條件分析，這位理髮師似乎只有在他不替自己刮鬍子的時候，替自己刮鬍子！喬伊斯（Helen Joyce）說：「順著這個悖論延伸下去的後果將無法想像，可能得到所有數學理論都像是沙灘上的城堡一樣缺乏穩固基礎，所有的數學證明都不再可信。」

羅素提出這項悖論的原型，旨在探討「包含所有集合的集合本身到底是否也屬於一種集合」。有很多集合（R 型集合）本身並不是集合內的元素——譬如說，「包含所有立方體」的集合本身並不是個立方體；反之，「包含所有集合的集合」，或者是「包含所有一切除了立方體之外元素的集合」這類集合（T 型集合）本身就是集合內的元素之一。所有集合若非屬於 R 型就會屬於 T 型，之間沒有灰色地帶可言。不過，羅素卻懷疑是否存在一種「包含所有集合的集合、但是本身又不屬於集合」的 S 型集合，此時既不能說 S 型集合也是一種集合，也不能說 S 型集合不是一種集合。羅素清楚知道除非提出更嚴謹的集合理論，否則將無法避免上述混亂又矛盾的狀況。

其實，只要直接宣告「根本沒有這樣一位理髮師的存在」，就可以很簡單地反駁理髮師悖論。儘管如此，羅素提出這個悖論卻有助於釐清集合論的定義形式，德國數學家哥德爾（Kurt Gödel）就引用類似的概念提出不完備理論（incompleteness theorem），英國數學家圖靈（Alan Turing）也發現羅素的論證非常適用於說明不完全問題的不可決定性，一個用以探討電腦程式會不會在有限步驟內執行完畢的評估方式。

所謂理髮師悖論，意指鎮上有一位男理髮師每天都會替鎮上每一位不自己動手刮鬍子的男人刮鬍子，無一例外；那麼，這位理髮師到底有沒有替自己刮鬍子？

參照條目　季諾悖論（約西元前 445 年）、亞里斯多德滾輪悖論（約西元前 320 年）、聖彼得堡悖論（西元 1738 年）、策梅洛的選擇公理（西元 1904 年）、《數學原理》（西元 1910 年～西元 1913 年）、巴拿赫─塔斯基悖論（西元 1924 年）、希爾伯特旅館悖論（西元 1925 年）、哥德爾定理（西元 1931 年）、圖靈機器（西元 1936 年）、生日悖論（西元 1939 年）、紐康伯悖論（西元 1960 年）、柴廷數 Ω（西元 1974 年）及巴蘭多悖論（西元 1999 年）

榮格定理

榮格（Heinrich Wilhelm Ewald Jung，西元 1876 年～西元 1953 年）

　　在一個由有限點所組成的集合中——就好像一張描述夜空的星座圖，或者在一張紙上隨機灑上的幾滴墨汁——找出其中距離最遠的兩個點畫線連起來。這條距離最遠的線段長度假定為 d，也就是我們所稱點集合的幾何跨距（geometric span），則榮格定理（Jung's theorem）告訴我們：無論集合內的點狀分佈再怎麼稀奇古怪，保證都可以納進一個半徑不大於 $d/\sqrt{3}$ 的圓形之中。如果幾何內的點恰好分佈在邊長為 1 的等邊三角形邊界上，則涵蓋所有點的圓形不但會經過三角形的三個頂點，而且半徑就是 $1/\sqrt{3}$。

　　榮格定理可以延拓到三維空間，亦即包含所有點的球體半徑不大於 $\sqrt{6}d/4$。換句話說，如果我們在三維空間內找到一個點狀分佈的集合，比方說是一群鳥或是一群魚，我們最多只要用這樣大小的球體就能把飛鳥或游魚一網打盡。榮格定理後來也延拓到各種非歐幾里得幾何與空間。

　　如果要把榮格定理朝向更複雜、更抽象的領域一般化，譬如在更高維度的空間用一個 n 維超球體（hypersphere）把一群鳥包起來時，別忘了以下這個精簡、奇妙的公式：

$$r \leq d\sqrt{\frac{n}{2(n+1)}}$$

　　也就是說，最大半徑 $d\sqrt{2/5}$ 的四維超球體就能夠涵蓋住一群飛越四維空間的椋雀。德國數學家榮格在西元 1895 年至西元 1899 年間就讀於馬堡大學及柏林大學時，修習領域包括數學、物理和化學，之後在西元 1901 年就提出了這項定理。

不論一群鳥分佈得有多複雜，只要把每一隻鳥都視為空間上的一個點，則一個半徑不大於 $\sqrt{6}d/4$ 的球體就能把牠們通通包起來。如果是在四維空間的一群椋雀，你還記得這樣一個四維超球體的最大半徑是多少嗎？

參照條目　歐幾里得的《幾何原本》（西元前 300 年）、非歐幾里得幾何（西元 1829 年）及西爾維斯特直線問題（西元 1893 年）

龐加萊猜想

龐加萊（Henri Poincaré，西元 1854 年～西元 1912 年），
佩雷爾曼（Grigori Perelman，西元 1966 年生）

　　法國數學家龐加萊在西元 1904 年提出跟拓樸學——研究形狀及其相互關係的一門學問——有關的龐加萊猜想（Poincaré conjecture），克雷數學研究所則在西元 2001 年提供一百萬美元獎金徵求能夠證明該猜想的高手。就觀念上而言，龐加萊猜想可以視為橘子與甜甜圈的高階比較。想像在一棵橘子表皮上圍繞著一條細繩圈，理論上，我們可以在不破壞繩圈或橘子的前提下，在橘子表皮上逐漸把繩圈縮小成一個點；可是一旦這條繩圈是穿過中空處環繞在甜甜圈上時，那就唯有破壞繩圈或甜甜圈才有辦法把繩圈縮小成一個點。因此，我們把橘子表皮稱為單連通（simply connected），而甜甜圈就不是一個單連通的物體。龐加萊知道屬於二維空間的球體外殼（譬如上述的橘子表皮）具有單連通的性質，他更進一步提問道：「屬於三維空間的球體（亦即在四維空間與某個點等距的所有點集合）是否也具有相同特性？」

　　這個問題一直到西元 2002、2003 年才由俄羅斯數學家佩雷爾曼完成證明。說也奇怪，佩雷爾曼似乎對於那一百萬美元的獎金顯得興趣缺缺，他只是透過網際網路公佈自己的證明方式，而不是發表在主流的學術期刊上；西元 2006 年當佩雷爾曼因為這項成就獲頒聲望卓越的菲爾茲獎（Fields Medal）時，他更直接表明「這個獎項與我毫無瓜葛」的態度，拒絕領獎。對佩雷爾曼來說，只要他的證明方式是正確的，「其他各種認可都顯得多餘」。

　　在此引述一段《科學》雜誌在西元 2006 年的報導：「佩雷爾曼的證明根本地改變了兩大數學分支。首先，他解決了拓樸學超過一世紀以來一直如鯁在喉的問題，……其次，這個證明方式後續將造成無法估量的影響，……在釐清三維空間研究定義上的功用，就跟門得列夫（Mendeleev）提出週期表對化學界所產生的影響一樣。」

法國數學家龐加萊在西元 1904 年提出龐加萊猜想，直到西元 2002、2003 年才由俄羅斯數學家佩雷爾曼提出正式完整的證明。

參照條目　柯尼斯堡七橋問題（西元 1736 年）、克萊恩瓶（西元 1882 年）、菲爾茲獎（西元 1936 年）及威克斯流形（西元 1985 年）

科赫雪花

科赫（Niels Fabian Helge von Koch，西元 1870 年～西元 1924 年）

　　學生們在課堂上學習碎形時，科赫雪花（Koch snowflake）通常是他們接觸到的第一個例子，這個例子也是數學史上最早被發現的幾種碎形物體之一。這個變化多端的圖形源自瑞典數學家科赫在西元 1904 年所完成的〈論基本幾何所建構之無切點連續曲線〉論文中。另一個類似的圖形叫做科赫曲線（Koch curve），畫出兩種圖案的步驟一模一樣，差別只在於科赫曲線是以線段做為起點，而科赫雪花是用等邊三角形。

　　只要用遞迴的方式折彎一條線段，看著它在過程中不斷產生新的邊界線，就能畫出充滿皺摺的科赫曲線。想像把一條線段區分成三等分，接著把中間那一段替換成兩條長度與原本線段三等分後等長的線段；這時，原本的線段會變成一個由四條等長線段所構成的「V」字楔形外觀（亦即「折出」等邊三角形的其中兩邊），再針對這四條線段重複上述的步驟。

　　如果原本線段的長度為一英吋，則上述步驟重複 n 次後所產生的科赫曲線長度會是 $(4/3)^n$ 英吋；如果重複上述步驟好幾百次以後，將產生一條比可以觀測到的宇宙直徑更長的科赫曲線。說到底，科赫曲線「最終」的長度會是無限大，並覆蓋住二維空間的一部分，因此，其碎形維度（fractal dimension）大約是 1.26。

　　同理，雖然科赫雪花的邊界會變成無限長，但是其覆蓋面積卻是有限的 $(2\sqrt{3}s^2)/5$，其中 s 表示原本等邊三角形的邊長和。用更簡單的說法表示的話，科赫雪花的面積是原本等邊三角形的 $8/5$ 倍。注意：一個函數在折點沒有（確定的）切線，意即不可微分（沒有唯一導數）。換句話說，科赫雪花雖然是一條連續曲線，但是曲線上卻沒有任何一點可以微分（因為科赫雪花到處都是尖折點）。

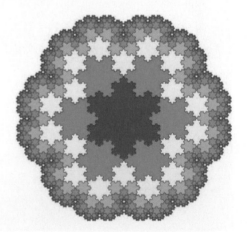

科赫雪花的拼貼圖案。數學藝術家法紹爾（Robert Fathauer）使用大小不一的科赫雪花才完成這個圖案。

參照
條目　魏爾斯特拉斯函數（西元 1872 年）、皮亞諾曲線（西元 1890 年）、郝斯多夫維度（西元 1918 年）、門格海綿（西元 1926 年）、海岸線悖論（約西元 1950 年）及碎形（西元 1975 年）

策梅洛的選擇公理

策梅洛（Ernst Friedrich Ferdinand Zermelo，西元 1871 年～西元 1953 年）

被達伶（David Darling）認為是「數學史上最具爭議的公理」，是西元 1904 年由德國數學家策梅洛所提出的這個集合論公理。策梅洛之後雖然被任命為弗萊堡人學的榮譽講座，但是卻為了抗議希特勒政權而宣布辭去相關職務。

雖然這個公理不太容易用數學方式說明，不過倒是可以看成在一長櫃的魚缸中挑金魚。長櫃中的每個魚缸都至少裝了一隻金魚，策梅洛的選擇公理（axiom of choice, AC）直接告訴你，理論上你永遠都可以從每個魚缸中挑出一隻金魚——不論長櫃上是否有無數個魚缸、不論我們「是否有一套」從每個魚缸中挑選金魚的規則、也不論我們是否能分辨每一隻金魚的不同。

改用數學語言說明的話，假設 S 代表由一群非空、且彼此都不包含相同元素的集合 s 所組成的集體，則必定存在一個恰好包含 S 集體當中各集合 s 恰好一個元素的集合。換另一種方式說明的話，一定存在一個選擇函數 f，使得對於集體 S 中的每一個集合 s 而言，$f(s)$ 是 s 的元素。

在提出這個選擇公理之前，我們沒理由相信在數學邏輯上有辦法從某些裝有無數隻魚的魚缸中，挑出一隻特定的金魚；或者說，邏輯上我們不認為可以在有限的時間內完成這件事。如今選擇公理已經成為代數及拓樸學中許多重要數學定理的核心概念，而大多數數學家之所以接受選擇公理，不外乎是因為它實在好用，就像謝克特（Eric Schecter）說的：「當我們接受選擇公理時，就表示我們同意遵守使用假設存在的選擇函數 f 作為證明工具的公約。雖然就某些層面而言，選擇函數 f『確實存在』，就算我們無法提出具體的範例或是明確的演算法加以說明。」

就理論上而言，就算眼前有無數個魚缸，我們永遠可以從每個魚缸中挑出一隻金魚，不論我們「是否有一套」從每個魚缸中挑選金魚的規則、也不論我們是否能分辨每一隻金魚的不同。

參照條目　皮亞諾公理（西元 1889 年）、理髮師悖論（西元 1901 年）及希爾伯特旅館悖論（西元 1925 年）

若爾當曲線定理

若爾當（Marie Ennemond Camille Jordan，西元 1838 年～西元 1922 年），
韋伯倫（Oswald Veblen，西元 1880 年～西元 1960 年）

　　隨便找一條頭尾相連的線圈，並盡可能把線圈七折八彎地拗成一團，唯一條件就是不能讓繞好的線圈有自我穿插的交會點（self-intersection）；接著把線圈平鋪在桌面，形成一個迷宮般的圖案，並在其中擺上一隻螞蟻。如果你的線圈拗折地夠複雜，要一眼看出螞蟻究竟是在迷宮內部還外部就有點困難了。其中一個判斷方法，是從螞蟻所在處畫一條想像中的虛線直抵迷宮外，再計算這條虛線跟線圈曲線總共交會了幾次。如果虛線穿越線圈曲線偶數次的話，則這隻螞蟻身處在迷宮之外；反之如果是奇數次的話，則螞蟻就在迷宮之中。

　　法國數學家若爾當致力於研究這一類如何判斷在曲線內外的規則，他所留下最著名的定理，指出一個簡單的封閉曲線會把平面區分成內、外兩部分，如今我們稱之為若爾當曲線定理（Jordan curve theorem, JCT）。雖然這個定理似乎很理所當然，不過若爾當知道要用很嚴謹的方式證明該定理，並不是件容易的事。若爾當把關於曲線的研究成果，寫成《巴黎綜合理工學院分析課程》這一套三冊的叢書，首刷分別於西元 1882 年至 1887 年間完成。若爾當曲線定理頭一次出現在第三版中，發行年份介於西元 1909 年至 1915 年之間，而美國數學家韋伯倫通常被認定是完整證明該定理的第一人，時年西元 1905 年。

　　值得注意的是，若爾當曲線是把平面上的圓加以變形後所產生的曲線，而且必須遵守簡單（曲線本身不能交會）與封閉（沒有端點而且要完整圈定一塊區域）兩個原則。不論是在平面或球體上，若爾當曲線都能區分出內、外兩個區域，如要跨越不同區域的話，最起碼會一截路徑穿越曲線。不過，如果是在輪胎面（Torus，類似甜甜圈的環面），這種特性可就不見得存在了。

藝術家波許（Robert Bosch）畫出的若爾當曲線。上圖——紅點位置是在若爾當曲線內部還是外部？下圖——白色線條表示若爾當曲線，綠色跟藍色區塊分別表示曲線內部與外部。

參照條目　柯尼斯堡七橋問題（西元 1736 年）、霍迪奇定理（西元 1858 年）、龐加萊猜想（西元 1904 年）、亞歷山大的角球（西元 1924 年）及豆芽遊戲（西元 1967 年）

圖厄—摩斯數列

圖厄（**Axel Thue**，西元 1863 年～西元 1922 年），
摩斯（**Marston Morse**，西元 1892 年～西元 1977 年）

圖厄—摩斯數列（Thue - Morse sequence, TM sequence）是一個以「01101001……」作為開頭的二進位數列，當這個數列轉換成聲音後，在我之前那本《心靈迷宮》（*Mazes for the Mind*）的書中人物曾有過如此描述：「這可是這輩子聽過最奇怪的聲音了。這聲音既非絕對的不規則，卻也稱不上有什麼固定規律。」這個數列的名稱，是用以紀念挪威數學家圖厄與美國數學家摩斯。圖厄在西元 1906 年創造這個數列以茲說明不規則、卻又能用遞迴算出的一串數字符號，摩斯則於西元 1921 年，將這串數列運用到自己微分幾何的研究領域中。從此之後，圖厄—摩斯數列各種神奇特性及不同運用方式，就不斷被開發出來。

創造圖厄—摩斯數列的一種方式，就是從 0 開始，不斷重複以下的替換動作：把 0 換成 01，把 1 換成 10，因此會產生：0、01、0110、01101001、0110100110010110、…，其中某些項具有迴文性質（palindrome，意指該項次從頭讀到尾的結果跟從尾讀到頭一樣），譬如第三項次的 0110。

讀者還可以用另一種方式創造圖厄—摩斯數列：只要在前一項末端附掛上該項的補數即可，譬如當你看到「0110」的時候，就在後面接上「1001」這四位數字。還有另一種方式是把 0、1、2、3、…這些數字寫成二進位：0、1、10、11、100、101、110、111、…，接著把這些二進位數字的位數加總後，除以 2 並取其餘數，這樣也會產生圖厄—摩斯數列：0、1、1、0、1、0、0、1、…。

圖厄—摩斯數列具有自我相似（self-similar）的特性，譬如在這個無限數列中，每隔一項取出的數字，還是會跟原數列相同。或者每隔一對數字後取出數字，也就是取前兩個數字後，跳過接下來兩個數字再取兩個數字，也都會產生相同的數列。雖然圖厄—摩斯數列並不規律，但也絕對不是一個隨機數列；圖厄—摩斯數列同時具有明顯的短距與長距結構，所以，我們絕對無法在數列中找到超過兩個相鄰項的數字是一模一樣的。

道爾（Mark Dow）用一系列對稱螺旋方塊所組成的藝術作品。他使用圖厄—摩斯數列中的 0 與 1 控制個別方塊的兩個轉向，並讓這些方塊填滿西洋棋盤般的矩陣。

參照條目　布爾代數（西元 1854 年）、潘洛斯鋪磚法（西元 1973 年）、碎形（西元 1975 年）及發聲數列（西元 1986 年）

布勞威爾不動點定理

布勞威爾（Luitzen Egbertus Jan Brouwer，西元 1881 年～西元 1966 年）

達伶（David Darling）認為布勞威爾不動點定理（Brouwer Fixed-Point Theorem）是「拓樸學一項神奇的推論，也是數學領域最有用的定理之一」，貝蘭（Max Beran）則認為「這是一個讓他凝息以對的定理」。用實際例子說明何謂布勞威爾不動點定理；假設你有大小一樣、疊在一起的兩張圖畫紙，而你那位生活一團糟的室友拿走上面那張圖畫紙後隨手揉成一團，接著又把這坨紙團丟回另一張圖畫紙上，並且沒有讓紙團超出圖畫紙的邊界，則布勞威爾不動點定理告訴我們——紙團起碼有一個點的位置跟兩張圖畫紙剛開始疊在一起的時候，一模一樣（假設這位室友並沒有把圖畫紙撕開）。

這個定理也適用在其他的維度。想像你手中有一碗檸檬汽水，你那位邋遢的室友隨手攪拌了這一碗汽水；就算碗裡所有液體分子都被晃動了，布勞威爾不動點定理還是會告訴我們——這碗汽水裡某些點的位置就跟攪拌前一樣，不曾變動。

如果要用精確的數學語言加以詮釋的話，布勞威爾不動點定理指出當一個連續函數從 n 維球體映函另一個 n 維球體時（$n > 0$），則一定存在某個（不受函數對應影響的）不動點。

荷蘭數學家布勞威爾在西元 1909 年證明上述定理在 $n = 3$ 時成立，法國數學家阿達馬（Jacques Hadamard）在西元 1910 年完成布勞威爾不動點定理的一般化證明。根據戴維斯（Martin Davis）的形容，布勞威爾是一位好勝心很強的人，晚年時幾乎離群索居，並且處在飽受「對財務狀況感到沒由來的恐慌，偏執地害怕自己會破產」的精神強迫症困擾。西元 1966 年，當布勞威爾打算穿越大街時不幸發生車禍，因而離開人世。

把紙張隨機揉成一團是了解荷蘭數學家布勞威爾所提出不動點定理的好方法——「拓樸學一項神奇的推論，也是數學領域最有用的定理之一」。

參照條目　射影幾何（西元 1639 年）、柯尼斯堡七橋問題（西元 1736 年）、毛球定理（西元 1912 年）、六貫棋（西元 1942 年）及池田收束（西元 1979 年）

正規數

博雷爾（Félix Édouard Justin Émile Borel，西元 1871 年～西元 1956 年）

針對像圓周率 π 這種無止境數位模式的研究，就算到了今天也還是一段未完成的旅程。數學家傾向猜測圓周率 π 是一個「正規數」（normal number），意思是數位的任意有限模式出現的頻率，就好像在完全隨機數列中所發現的結果一樣。

探索圓周率 π 的可能組合模式是薩根（Carl Sagan）小說《接觸未來》（Contact）的故事主軸，當中描述外星人用 π 的數位將一個圓的圖形編碼，這種說法帶有宗教哲學的啟發色彩，讓讀者開始思考整個宇宙是否是在精密安排被創造出來，因此才能透過自然界存在的常數夾帶訊息。事實上，如果圓周率 π 是正規數的話，我們幾乎可以認為它那無止境的數列可以代表人世間的一切——我們所有的原子序、我們的基因密碼，還有我們各種各樣的想法與記憶。圓周率 π 讓我們變得永生不朽，這是多麼讓人開心的一件事啊！

數學家通常會用「絕對正規」（absolutely normal）表示某一數列在各種基底下都具有正規性，並且用「簡單正規」（simple normal）表示某些數列只在特定基底下具有正規性（譬如我們慣用的十進位數字系統就是「以十為底」，因為當中只包含從 0 到 9 這十個數字）。「正規」的意義在於每個單位數位都大致相同、每一對數位都大致相同、每三連組數位也都大致相同，以此類推。譬如以十進位為底展開圓周率 π 的前一千萬個數字後，當中數位 7 出現的次數應該很接近一百萬次；實際上數位 7 總共出現了 1,000,207 次，確實跟（隨機分配的）期望值相當接近。

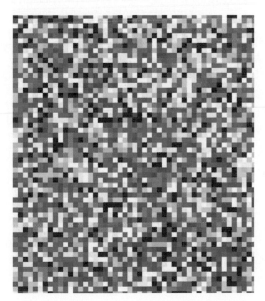

法國數學家暨政治人物博雷爾在西元 1909 年提出正規數的概念，用以刻劃圓周率 π 的數位，它們似乎具有隨機分配的特性。誕生於西元 1933 年的錢珀瑙恩數（Champernowne's Number）則是第一批以十為底的人造正規數之一，至於第一個人造絕對正規數則是由謝爾賓斯基（Wacław Sierpiński）於西元 1916 年完成。就跟圓周率 π 一樣，大多數數學家猜測 $\sqrt{2}$、歐拉數 e、$ln(2)$ 這些數字也都是正規數，只不過相關證明都還沒完成。

圓周率 π 的一種表達形式。這是從圓周率 π 無止境數位中取出有限的一段，並用不同色彩代表不同數字所創造出的藝術作品。圓周率 π 被推測為是一個「正規數」，所包含的數位具有完全隨機序列的特徵。

參照條目 圓周率 π（約西元前 250 年）、歐拉數 e（西元 1727 年）、超越數（西元 1844 年）及錢珀瑙恩數（西元 1933 年）

布爾夫人的《代數的哲學與趣味》

布爾夫人（**Mary Everest Boole**，西元 1832 年～西元 1916 年）

　　布爾夫人是一位自學有成的數學家，最有名的著作是西元 1909 年所出版的《代數的哲學與趣味》（*Philosophy and Fun of Algebra*）。她是英國數學家暨哲學家布爾（George Boole）的妻子——就是那位發明**布爾代數**（Boolean Algebra）作為現代電腦運算基礎的布爾。布爾夫人另外還負責編輯布爾於西元 1854 年所發行的不朽鉅作——《思想法則》（*Laws of Thought*）。布爾夫人《代數的哲學與趣味》一書提供現代歷史學家一窺二十世紀早期數學教育面貌的機會。

　　布爾夫人曾經在皇后學院、英格蘭第一所女子學院任職過一段時間。可惜的是，布爾夫人所屬年代並不允許女性取得學位或是在大學任教，就算布爾夫人渴望能從事教職，最終卻只能接受在圖書館工作的職務，藉此機會盡一己之力在課業上輔導學生。布爾夫人對數學與教育的決心和熱情，使得她成為許多現代女性主義者眼中的楷模。

　　布爾夫人在《代數的哲學與趣味》的結尾處討論虛數、也就是 $\sqrt{-1}$ 的概念，並採用神祕、崇敬的語調述說：「（劍橋大學一位頂尖的數學系學生）為了『－1』的平方根想破了頭，以為它好像真實存在一樣，直到他寢不成眠、夢到自己也變成『－1』的平方根還不能自己，最後甚至神經衰弱到根本無法應試。」她還另外寫到：「天使，就跟負數的平方根一樣，……是來自冥冥未知領域的信差，前來告訴我們人生的下一階段該何去何從，告訴我們前往彼岸的捷徑，也同時告訴我們當下還不是前往彼岸的時刻。」

　　布爾家族的血脈似乎跟數學脫不了關係；布爾夫人的大女兒嫁給提出神祕**超立方體**（tesseract）用來觀測四維空間的辛頓（Charles Hinton），另一位女兒艾莉西亞（Alicia）則以多胞體（polytope）的研究而享有盛名，多胞體一詞則是艾莉西亞為了描述在更高維度一般化的多面體所創造出來的專有名詞。

布爾夫人是《代數的哲學與趣味》一書的作者，也是發行布爾代數的數學家布爾之妻。

參照條目　虛數（西元 1572 年）、布爾代數（西元 1854 年）、超立方體（西元 1888 年）及柯瓦列夫斯卡婭的博士學位（西元 1874 年）

西元 1910 年～西元 1913 年

《數學原理》

懷特黑德（**Alfred North Whitehead**，西元 1861 年～西元 1947 年），
羅素（**Bertrand Russell**，西元 1872 年～西元 1970 年）

　　英國哲學家暨數學家羅素與懷特黑德兩位經歷八年的長期合作，共同完成他們最具代表性的作品《數學原理》（*Principia Mathematica*，三大冊，共計兩千多頁，分別於西元 1910 年至 1913 年間完成），希望能藉此印證只要透過簡單的邏輯概念，像是類別（class）及其組成方式（membership）等，就能完整表達數學的可行性；換句話說，《數學原理》試圖透過公理與符號邏輯的運算方式，求得數學的真相。

　　出版社「當代書庫」（Modern Library）將《數學原理》列在二十世紀非文學類作品中最重要的第二十三本著作，同時名列榜上的作品還包括華生（James Watson）的《雙螺旋：發現 DNA 結構的故事》（*The Double Helix*）及詹姆士（William James）的《宗教經驗之種種》（*The Varieties of Religious Experience*）。根據線上資料庫「史丹佛哲學百科」（*Stanford Encyclopedia of Philosophy*）的說法：「這本書主要是為了捍衛邏輯主義（logicism，亦即把數學視為邏輯延伸的一支學派）而寫，是推動當代數學邏輯發展與普及化的一本工具書，對於貫穿二十世紀的數學基礎研究也佔有舉足輕重的地位，足以跟亞里斯多德的《工具六書》（*Aristotle's Organon*）並列為史上探討邏輯議題最具有影響力的著作。」

　　不過，就算《數學原理》對於很多主要數學定理的推導提供了相當實用的見解，這套叢書的假設仍舊招致不夠嚴謹的批判，像是無窮公理（axiom of infinity，假設存在無法盡數的物品）看起來像是奠基於經驗法則的假設而不是單純邏輯推論的結果，因此數學究竟能否簡化成純粹的邏輯問題，至今仍舊沒有定論。儘管如此，我們還是不能忽視《數學原理》著重於連結邏輯主義與傳統哲學的影響力，以及因此催化哲學、數學、經濟、語言學、電腦科學等多樣化領域新研究的貢獻。

　　《數學原理》的兩位作者在百來頁後的內容還提供了「1 ＋ 1 ＝ 2」的證明方式。劍橋大學出版社當初評估發行《數學原理》這套叢書將造成六百英鎊的虧損，還據此要求兩位作者支付一筆費用才同意出版。

在《數學原理》第一冊百來頁處，兩位作者註記了「1 ＋ 1 ＝ 2」的證明方式，並在第二冊中寫出完整證明，同時附上一句評語：「上述論證並不見得那麼實用。」

參照條目　亞里斯多德的《工具六書》（約西元前 350 年）、皮亞諾公理（西元 1889 年）、理髮師悖論（西元 1901 年）及哥德爾定理（西元 1931 年）

毛球定理

布勞威爾（Luitzen Egbertus Jan Brouwer，西元 1881 年～西元 1966 年）

西元 2007 年，麻省理工學院的材料科學家史戴拉奇（Francesco Stellacci）引用數學領域的毛球定理（hairy ball theorem, HBT）讓奈米微粒緊密連接成長鏈狀結構。荷蘭數學家布勞威爾在西元 1912 年首次完成毛球定理的證明，總括來說，在一個毛髮密佈的球體上，如果我們想要用梳子理平每根毛髮的話，則無論如何至少會有一根毛髮巍然聳立，不然就一定可以在球體上找到一個沒有毛髮覆蓋的缺口（也就是禿頭的地方）。

史戴拉奇研究團隊用硫磺分子做成的毛髮覆蓋在奈米金微粒上，根據毛球定理，可能會有不只一處的硫磺分子傲然挺立，並且微粒表面上變得很不穩定，於是研究團隊就能輕易用其他化學物質取代這幾個硫磺分子，把不同的奈米金微粒連接起來，或許將來有一天就能發展成電子設備所需的奈米線路（nanowire）。

用數學語言表示毛球定理的話，則對球面上任一連續的切向量場而言，一定存在至少一個點使得向量場為 0。換句話說，如果連續函數 f 對球面上每一點賦予一個三維向量，$f(p)$ 表示球面上點 p 的三維切向量，則其中至少會有一個 $f(p) = 0$ 的 p 點，這就表示「不可能把毛球上的每一根毛髮通通梳平」。

毛球定理的應用層面廣泛，譬如把風視為有強度與方向的向量時，則就算地球表面上所有其他地區的風勢再怎麼強勁，一定會有某處的水平風量為 0。值得注意的是，毛球定理並不適用輪胎面（torus，一個類似甜甜圈的形狀），所以理論上是有可能做出一個讓所有覆蓋毛髮都平躺、讓人看了就提不起食慾的毛茸茸甜甜圈。

如果我們想要用梳子理平毛髮密佈球體上的每根毛髮，則無論如何至少會有一根毛髮巍然聳立，不然就一定可以在球面上找到一個沒有毛髮覆蓋的缺口（也就是禿頭的地方）。

參照條目　布勞威爾不動點定理（西元 1909 年）

無限猴子定理

博雷爾（Félix Édouard Justin Émile Borel，西元 1871 年～西元 1956 年）

　　無限猴子定理（infinite monkey theorem）指出，讓一隻猴子隨機在鍵盤上任意敲敲打打無限次的話，則我們幾乎可以肯定，牠最終一定能完成一篇字數有限的特定文本，譬如說是——聖經。讓我們引一段英文版的聖經文字作為說明：「In the beginning, God created the heavens and the earth.」（太初，上帝創造天地。）一隻猴子究竟要花多少時間，才能完成這樣一個句子？假設鍵盤上總共有九十三個不同的按鍵，上述的英文句子（包含空格與標點符號在內）總共有五十六個字元；在鍵盤上按下正確字元的機率為 $1/n$，其中 n 表示鍵盤的按鍵總數的話，則猴子根據上述句子連續輸入五十六個正確字元的平均機率是 $1/93^{56}$，相當於這隻猴子平均要嘗試 10^{100} 次左右，才能順利拼出上述完整的句子！如果這隻猴子每秒鐘可以按下一個按鍵的話，牠拼出正確句子要花費的時間，將比宇宙誕生至今的時間還要久。

　　有趣的是，如果我們在鍵盤上只留下跟句子字元有關的按鍵時，猴子完成句子的時間將大幅縮短。透過數學分析顯示，只要經過 407 次的嘗試，正確輸入句子的機率，就會大幅提升到百分之五十左右！這不啻是一個活生生證明「用進廢退」的非隨機演化是多麼有效的例子。

　　法國數學家博雷爾在一篇發表於西元 1913 年的文章中，提到這隻會打字的猴子（博雷爾用留下指紋「dactylographic」一字表示打字「typewriting」），並在文章中探討用一百萬隻猴子每天打字一小時的方式，有沒有可能因此複製完圖書館裡的所有書籍。物理學家愛丁頓（Arthur Eddington）在西元 1928 年評論道：「組成一支猴子大軍隨意撥弄鍵盤，是有可能把大英博物館的所有藏書再複製一次的；這件事情發生的機率，遠遠高過容器內所有氣體分子在一瞬間通通湧入其中一半空間的可能性。」

根據無限猴子定理，讓一隻猴子隨機在鍵盤上任意敲敲打打無限次的話，幾乎可以肯定牠會完成一篇字數有限、像是聖經這樣的特定文本。

參照條目　大數法則（西元 1713 年）、拉普拉斯的《機率的分析理論》（西元 1812 年）、卡方（西元 1900 年）及亂數產生器的誕生（西元 1938 年）

畢伯巴赫猜想

畢伯巴赫（**Ludwig Georg Elias Moses Bieberbach**，西元 1886 年～西元 1982 年），
德布爾西亞（**Louis de Branges de Bourcia**，西元 1932 年生）

畢伯巴赫猜想（Bieberbach conjecture）跟兩位色彩鮮明的人物息息相關，第一位是惡名昭彰的納粹數學家，在西元 1916 年提出這個猜想的畢伯巴赫，另一位是孤僻的數學家，在西元 1984 年完成猜想證明的法裔美籍數學家德布爾西亞。有些數學家起先並不接受德布爾西亞的證明方式，因為他一開始居然給出錯誤的推論過程。作家薩巴（Karl Sabbagh）曾經如此評論過德布爾西亞：「他或許不是一位怪胎，但卻是位脾氣暴躁的人。他曾經告訴我：『我跟同僚之間的關係真是一團糟。』他似乎背著鬱鬱寡歡、易怒，甚至是看不起同僚這類惡評的包袱，主要是因為他對於那些不熟悉他研究領域的同僚跟學生們，從來就不曾手下留情過。」

畢伯巴赫是一位活躍的納粹份子，曾參與過壓迫猶太同事的舉動，受害者包括德國數學家蘭道（Edmund Landau）及舒爾（Issai Schur）。畢伯巴赫曾說過：「來自種族背景差異過大的意見領袖絕對無法像校園內的師生們一樣相處融洽，……我很訝異居然還有那麼多猶太人擔任學術委員會的成員。」

畢伯巴赫猜想指出，如果存在一個一對一函數，可以把單位圓上的每個點轉換成平面上單通連區域內不同對應點的話，則用來表示這個一對一函數之冪級數（power series）的係數絕對不會大於相對應的冪次方數；換句話說，如果該一對一函數可以寫成 $f(z) = a_0 + a_1z + a_2z^2 + a_3z^3 + \cdots$，而且如果 $a_0 = 0$、$a_1 = 1$ 同時成立的話，則對所有 $n \geq 2$ 的係數將存在 $|a_n| \leq n$ 的關係。所謂「單通連區域」（simply connected region）可以非常複雜，但是可以確定其中絕對沒有任何洞的存在。

德布爾西亞曾經形容過自己研究數學的方式：「我的思考方式並不是那麼具有彈性，我只能集中所有注意力在一件事情上，而且我綜觀全局的能力相當差（如果我忽略某些事情的話）；那麼，我必須不斷告訴自己千萬不要因此灰心喪志。」畢伯巴赫猜想會佔有一席之地的部分原因，在於成功挑戰該猜想被提出後這六十八年來的數學家們，並因此敦促他們朝向更進一步的研究領域戮力以赴。

納粹數學家畢伯巴赫在西元 1916 年提出著名的畢伯巴赫猜想，一直等到西元 1984 年才由後人完成證明。

 參照條目 黎曼假設（西元 1859 年）及龐加萊猜想（西元 1904 年）

強森定理

強森（**Roger Arthur Johnson**，西元 1890 年～西元 1954 年）

強森定理（Johnson's theorem）指出，當大小一樣的三個圓形有一個共同交點的話，則它們其他三個交點一定會坐落在同一個圓形的周界上，而且這個圓形的大小會跟原本的三個圓形相同。這個定理值得注意的原因除了簡單明瞭外，居然要等到西元 1916 年才被美國幾何學家強森「發現」這回事，顯然也佔了其中一部分成因。針對數學史相對晚近的時點還能有這樣的幾何發現，威爾斯（David Wells）評論道：「這顯示了還有相當豐富的幾何特質尚未被發現，值得我們繼續探究。」

強森本人是《強森的近代幾何世界：三角與圓形的基本著》（*Johnson's Modern Geometry: An Elementary Treatise on the Geometry of the Triangle and the Circle*）一書的作者。他在西元 1913 年獲得哈佛大學的博士學位，並在西元 1947 年至 1952 年之間，擔任杭特學院布魯克林分校數學系系主任，該校日後則改制成為紐約市立大學布魯克林分校。

就算到了現代，還是可以發現很多簡單卻含意深遠的數學概念，這句話看起來似乎並不如想像般那麼天方夜譚，譬如活躍於二十世紀下半葉的數學家烏拉姆（Stanislaw Ulam），似乎滿腦子都是簡單卻新穎的點子，並因此開創諸如**細胞自動機**（cellular automata）理論與蒙地卡羅法（Monte Carlo method）等數學新領域。其他簡單卻影響深遠的例子，還包括西元 1973 年才由潘洛斯（Roger Penrose）發現的**潘洛斯鋪磚法**（Penrose Tilings），一種可以完全覆蓋無止境平面、卻又不會使用相同花紋的模式。不重複的花紋特性一開始只引起數學家的好奇心，之後材料物理學家跟著發現有些原子似乎依循潘洛斯鋪磚法的方式排列，因此把相關研究拓展成化學及物理學相當重要領域。此外，我們還可以想到**曼德博集合**（Mandelbrot Set）這個變化多端、外型炫麗的例子。曼德博集合是一個用簡單公式 $z = z^2 + c$ 所組成的複雜碎形結構，一直到了二十世紀尾聲才在人間浮上檯面。

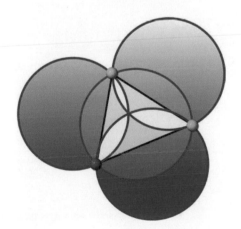

根據強森定理，如果大小一樣的三個圓形都通過同一個交點時，則其他三個交點一定會坐落在另一個大小跟原本三個圓形相同的圓形周。

參照條目 博羅密環（西元 834 年）、布馮投針問題（西元 1777 年）、算額幾何（約西元 1789 年）、細胞自動機（西元 1952 年）、潘洛斯鋪磚法（西元 1973 年）、碎形（西元 1975 年）及曼德博集合（西元 1980 年）

郝斯多夫維度

郝斯多夫（**Felix Hausdorff**，西元 1868 年～西元 1942 年）

數學家郝斯多夫在西元 1918 年提出郝斯多夫維度（Hausdorff Dimension）的想法，可以用來量測碎形集合的空間維度（fractional dimension）。在日常生活中，我們習於接觸拓樸維度（topological dimension）為整數的事物，像是我們認定平面屬於二維空間，是因為平面上任何一點都可以用獨立的兩個參數表達，譬如該點相對於 x 軸與 y 軸的位置。而單一條直線當然就屬於一維空間。

郝斯多夫維度用另一種方式界定某些更複雜集合或曲線的空間維度。假設有一條蜿蜒曲折的曲線可以繞行覆蓋住一部分平面的話，該曲線的郝斯多夫維度不但比 1 大，而且會隨著它覆蓋越多平面範圍的可能，逐漸朝 2 不斷逼近。

像**皮亞諾曲線**（Peano Curve）這種能夠無限迴旋到空間塞滿的曲線，其郝斯多夫維度值就是 2。如果要用郝斯多夫維度量測不同海岸線的話，其數值區間可以從南非海岸線的「1.02」變化到大不列顛西岸的「1.25」。就實際應用層面而言，碎形的其中一種定義方式，就是判斷某一集合的郝斯多夫維度是否超過一般的拓樸維度；使用量化的碎形空間維度界定圖案粗糙、櫛次鱗比與變化多端的程度，已經廣泛運用在藝術、生物學與地質學等領域。

擔任波昂大學數學系教授的郝斯多夫是一位猶太人，他不但是現代拓樸學奠基者之一，同時也以泛函分析（functional analysis）、集合論的相關研究聞名於世。郝斯多夫於西元 1942 年即將被納粹送往集中營之前，跟太太與小姨子三人一起自殺身亡。郝斯多夫在自盡的前一天留下一封遺書給他的朋友，上面寫著：「請原諒我們。希望你跟所有我們共同的朋友都能夠活得更好。」很多用來測度錯綜複雜的集合究竟有多少郝斯多夫維度值的方法，其實出自另一位猶太人、俄羅斯數學家貝西科維奇（Abram Samoilovitch Besicovitch）之手，因此有時候我們會看到「郝斯多夫─貝西科維奇維度」（Hausdorff- Besicovitch dimension）這樣的用法。

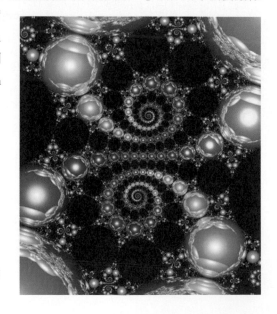

郝斯多夫維度可以用來測度碎形集合的空間維度，像是這張由尼蘭德（Paul Nylander）創作成、錯綜複雜的碎形圖案。

參照條目　皮亞諾曲線（西元 1890 年）、科赫雪花（西元 1904 年）、海岸線悖論（約西元 1950 年）及碎形（西元 1975 年）

布朗常數

布朗（**Viggo Brun**，西元 1885 年～西元 1978 年）

賈德納（Martin Gardner）說過：「在數論的各分項領域中，沒有任何其他研究課題會比質數來得更充滿神祕。我們沒有一套規律可以找出這些頑固堅持只能被 1 跟自己這兩個整數整除的數字。有些關於質數的問題簡單到連小朋友都能理解，另外有些更深入、還找不到解答問題卻也可以難到讓很多數學家懷疑這些題目是否根本無解。……或許數論就跟量子力學一樣，都有屬於自己一套不確定原則，使得我們不得不在某些領域放棄絕對精確，改採機率方程式的作法表示。」

質數通常是成對的連續奇數，像是 3 跟 5。西元 2008 年發現類似性質的孿生質數（twin primes）居然超過 58,000 個位數。雖然我們可能可以找出無限多組孿生質數，但是這個猜測至今卻尚未獲得證實。可能因為孿生質數猜想是一個重要的未解問題，就連電影《越愛越美麗》（*The Mirror Has Two Faces*）中也安排了一位由傑夫‧布里吉（Jeff Bridges）所飾演的數學教授向芭芭拉‧史翠珊（Barbra Streisand）解釋此一猜想的橋段。

挪威數學家布朗在西元 1919 年指出，如果我們把連續孿生質數的倒數加起來，其總和將收斂到一個我們現在稱之為布朗常數的特定數值：$R = (1/3 + 1/5) + (1/5 + 1/7) + \cdots \approx 1.902160 \cdots$。已知所有質數的倒數和會發散成無限大，然而孿生質數的倒數和反而會收斂——也就是會向某一個常數逼近——這一點確實讓人感到相當新奇，也同時透露出孿生質數相對稀少性的特性，就算我們可能還是找得到無限個孿生質數亦然。至今仍有多所大學持續搜尋未知的孿生質數，藉以算出更精確的布朗常數值。除了第一對「3、5」孿生質數之外，其他孿生質數都可以寫成「$(6n - 1)$、$(6n + 1)$」的形式。

格蘭維爾（Andrew Granville）評論道：「質數是數學領域最基本的組成元素，卻同時帶有最神祕的色彩，就算經過幾世紀的研究，質數集合究竟有什麼樣的組成方式，至今仍舊是一個有待釐清的課題……。」

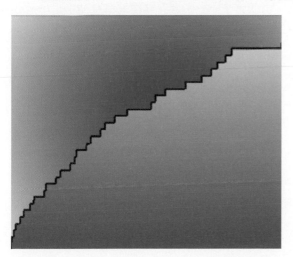

以比 *x* 還小的孿生質數個數所畫成的一張圖。*x* 軸的範圍從 0 到 800，圖中右上方平台狀的位置顯示孿生質數的總數只累計到 30 而已。

參照條目　為質數而生的蟬（約西元前一百萬年）、埃拉托斯特尼篩檢法（西元前 240 年）、發散的調和級數（約西元 1350 年）、哥德巴赫猜想（西元 1742 年）、正十七邊形作圖（西元 1796 年）、高斯的《算術研究》（西元 1801 年）、質數定理的證明（西元 1896 年）、外接多邊形（約西元 1940 年）、吉伯瑞斯猜想（西元 1958 年）、烏拉姆螺線（西元 1963 年）及安德里卡猜想（西元 1985 年）

天文數字「Googol」

希羅達（**Milton Sirotta**，西元 1911 年～西元 1981 年），
凱斯納（**Edward Kasner**，西元 1878 年～西元 1955 年）

「Googol」這個詞彙是用來表示在 1 後面擺上一百個 0（即 10^{100}）這樣的天文數字，是由一位九歲的小男孩希羅達所創。希羅達跟他哥哥艾德溫（Edwin Sirotta）大多數時間都在爸爸開設在紐約布魯克林的工廠裡把杏仁果核磨成粉末。希羅達是美國數學家凱斯納的外甥，凱斯納有一天要希羅達替一個天文數字取個名字後，西元 1938 年「Googol」這個字眼就頭一次出現平面印刷品上，並經由凱斯納的努力而逐漸普及。

凱斯納最為人所津津樂道的，就是成為第一位被哥倫比亞大學任命為理學院教職員的猶太人。凱斯納是在與他人合撰的《數學與想像》（*Mathematics and the Imagination*）一書中，向廣大的非專業人士介紹「Googol」這個字。雖然「Googol」所代表的數字在數學領域中並未帶有任何特殊意義，但是，作為天文數字的衡量標準卻相當好用，也有助於激發社會大眾對於數學奇觀跟浩瀚宇宙的敬畏之意。「Googol」這個字也用其他方式改變了這個世界；網路搜尋引擎「Google」創辦人之一的佩奇（Larry Page）就是被「Googol」的數學概念啟發，才引用這個詞彙作為公司名稱；只不過他不小心把這個單字給拼錯了。

計算七十個不同物體總共有幾種排成一列的方式，像是七十個人在門口排隊的話，其結果會比天文數字「Googol」略大一點。逐一計算我們看得到的星空下總共有幾顆星星，大多數科學家會同意這個結果會遠小於「Googol」；要讓宇宙中所有黑洞消逝的時間差不多是一個「Googol」年那麼久的時間。在這些例子之外，光是西洋棋可能的棋局就超過一個「Googol」。另一個單字「Googolplex」代表 1 後面帶有一個「Googol」那麼多的 0，亦即「Googolplex」這個數字的位數就已經超過可觀測宇宙中所有星星的數量。

假設一條打開的項鍊上有七十顆不一樣的珠子，則這七十顆珠子總共會有比天文數字「Googol」還要再多一點的各種排列方式。

 參照條目　阿基米德：沙粒、群牛問題跟胃痛遊戲（約西元前 250 年）、康托爾的超限數（西元 1874 年）及希爾伯特旅館悖論（西元 1925 年）

安多的項鍊

安多（**Louis Antoine**，西元 1888 年～西元 1971 年）

安多的項鍊（Antoine's necklace）是一個炫麗非凡、鍊中有鍊、鍊中再有鍊……的數學物件。想要做出這條項鍊，可以從一個輪胎面（torus，亦即甜甜圈的結構）開始，接著，在這個輪胎面結構內部用一條由 n 個小輪胎面所串成的鍊圈 C 加以取代，然後把鍊圈 C 當中的每一個小輪胎面再替換成 n 個更小輪胎面所串成的鍊圈 C_i，接著再把鍊圈 C_i 的每一個輪胎面再替換成更小的輪胎面……；持續不斷重複這樣的步驟，就能創造出精緻的安多項鍊，並且讓項鍊上的小輪胎面直徑遞減為 0。

數學家會把安多的項鍊視為與康托爾集（Cantor set）同胚（homeomorphic）的物體。當兩個幾何物體同胚時，就表示其中一個物體可以只經由延伸、彎曲的方式變形成另一個物體，譬如我們可以把一個具有延展性、甜甜圈狀的黏土揉捏成咖啡杯的外觀，原本甜甜圈中空的部分可以直接變成咖啡杯的把手，過程中不用先撕碎甜甜圈後再重行黏貼。康托爾集是德國數學家康托爾（Georg Cantor）在西元 1883 年提出的觀念，意指一個被無窮盡間隔分割的特殊點集。

法國數學家安多在他二十九歲那年，因為第一次世界大戰的緣故而雙目失明，另一位數學家勒貝格（Henri Lebesgue）建議他朝研究二維、三維空間拓樸學的方向發展，因為「在這個領域中，心靈之眼與良好的專注力足以克服失明的困擾」。由於安多的項鍊是第一個在三維空間內「極端內建」（wild-embedding）的集合，因此特別引人注目，亞歷山大（James Alexander）就借用安多的概念發明了著名的**角球**（Horned Sphere）。

布雷克納（Beverly Brechner）與梅爾（John Mayer）兩人共同評論道：「雖然安多的項鍊是由輪胎面所組成，但事實上卻沒有任何一個輪胎面稱得上是安多的項鍊——我們其實只會看到（數不清的）輪胎面『鍊子』。安多的項鍊根本就接不起來，……在這個結構中隨意找出兩點，只要經過幾次環、鍊的替換過程後，我們一定會發現這兩點分屬於不同的輪胎面結構……。」

由電腦科學家暨數學家史卡林（Robert Scharein）繪製的安多項鍊。每一次只要把結構中的每一個輪胎面替換成更多輪胎面所組成的鍊子，不斷重複這個步驟無限次後，就可以得到一條安多的項鍊。

參照條目　柯尼斯堡七橋問題（西元 1736 年）、亞歷山大的角球（西元 1924 年）、門格海綿（西元 1926 年）及碎形（西元 1975 年）

諾特的《理想子環》

諾特（Amalie Emmy Noether，西元 1882 年～西元 1935 年）

　　儘管面對充斥偏見的環境，許多女性數學家仍舊奮力與外在環境對抗，不改沉浸於數學研究的志向。德國數學家諾特就是其中一位代表人物，並被愛因斯坦譽為「自從女性開始接受高等教育以來，具有最傑出創造力的數學天才」。

　　西元 1915 年，當時任職於德國哥廷根大學的諾特在理論物理學領域，提出生平第一個突破性的數學創見，更重要的是，這個理論涉及物理的對稱關係以及對稱關係在守恆定律（conservation law）上的運用。這個理論與相關著作對於愛因斯坦日後提出專門研究重力與時空關係本質的「廣義相對論」（general theory of relativity）貢獻良多。

　　取得博士學位後的諾特在申請哥廷根大學教職時曾遭受挑戰，被質疑是否有人願意「受教於女流之輩的腳下。」身為諾特同僚的希爾伯特（David Hilbert）挺身回應這些詆毀者，說道：「我看不出為何性別會對於授予諾特不支薪講師一職產生任何負面影響，要知道，大學評議會可不是澡堂。」

　　諾特在非交換代數（noncommutative algebra）──即運算順序會改變乘積結果的領域也有卓越貢獻，她最著名的研究成果則是「理想子環鏈結條件」（chain conditions on ideals of rings），並在西元 1921 年將相關成果發表成《環域的理想子環理論》（*Idealtheorie in Ringbereichen*），對現代抽象代數領域的發展有著舉足輕重的影響。抽象代數是一門檢視運算元素具有哪些一般化特性的研究領域，通常會將邏輯學與數論關連到應用數學。說來可悲，當納粹在西元 1933 年因為諾特猶太人的身分而將她驅逐出哥廷根大學時，也一併徹底摧毀諾特所有的研究成果。

　　諾特逃出德國後轉往賓州布林莫爾學院任教，根據記者羅伯茲（Siobhan Roberts）的描述，那時的諾特「每星期都固定前往普林斯頓高等研究所講課，並拜訪愛因斯坦與魏爾（Hermann Weyl）兩位好友」。諾特對後世的影響既深又廣，在她的同僚與學生所寫就的多篇論文中，不難發現她所提出的各項概念皆散佈其中。

諾特是《環域的理想子環理論》一書的作者，對現代抽象代數有很深的影響；諾特同時也無償地對「廣義相對論」的數學基礎做出許多貢獻。

參照
條目　希帕提婭之死（西元 415 年）及柯瓦列夫斯卡婭的博士學位（西元 1874 年）

超空間迷航記

波利亞（George Pólya，西元 1887 年～西元 1985 年）

　　想像在一條扭曲的水管中有一隻機器甲蟲，而且這個小傢伙就在水管內不限次數隨機地往前或往後移動，並假設這是一條無限長的水管，請問這隻機器甲蟲無論如何隨機亂走，最終卻還是回到起點的機率，是多少？

　　匈牙利數學家波利亞在西元 1921 年證明該機率為 1──在一維空間內不限次數隨機亂走後，最終一定會回到原點。如果把這隻機器甲蟲放到二維空間（平面）中的原點，同樣也是朝東西南北任一方向不限次數地隨機亂走，則機器甲蟲最終回到原點的機率還是一樣是 1。

　　波利亞也同時證明了我們所處三維空間世界的特殊性：三維空間是第一個有可能讓機器甲蟲永遠迷航的歐幾里得空間。將機器甲蟲置於三維空間不限次數隨機亂走的話，最終還能回到原點的機率只有百分之三十四。在更高維度的 n 維空間裡，機器甲蟲回到原點的機率就更低了，大約只剩 $1/(2n)$ 的機率；這 $1/(2n)$ 的機率恰巧也是機器甲蟲第二步就走回原點的機率，換句話說，如果機器甲蟲在更高維度空間裡無法盡早退回原點的話，恐怕就得永遠迷航下去了。

　　雖然波利亞的雙親都是猶太人，但是兩人在波利亞出生前一年就改信羅馬天主教。波利亞誕生於匈牙利布達佩斯，隨後在西元 1940 年代成為史丹佛大學數學系教授。波利亞所著《怎樣解題》（*How to Solve it*）一書不但賣出超過一百萬冊，他本人更被許多人視為二十世紀最具有影響力的數學家之一。

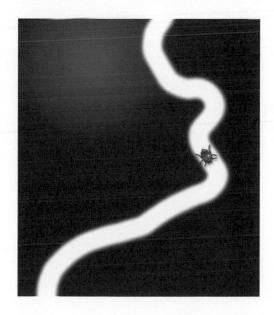

一隻甲蟲在一條無限長的水管中隨機地前進、後退，則這隻甲蟲這樣不限次數隨機亂走、最終回到出發點的機率是多少？

參照條目　骰子（約西元前 3000 年）、大數法則（西元 1713 年）、布馮投針問題（西元 1777 年）、拉普拉斯的《機率的分析理論》（西元 1812 年）及莫非定律詛咒下的繩結（西元 1988 年）

巨蛋穹頂

鮑斯菲爾德（**Walther Bauersfeld**，西元 **1879** 年～西元 **1959** 年），
富勒（**Richard Buckminster "Bucky" Fuller**，西元 **1895** 年～西元 **1983** 年）

　　把柏拉圖正多面體（Platonic Solid）或是其他多面體三角化（triangulating），是創造巨蛋穹頂（geodesic dome，直譯為「測地線拱頂」）的一種方法，如此一來，不但穹頂表面會覆蓋著平整的三角形，穹頂外觀也會相當接近球面或半球面。在各種創造巨蛋穹頂的方法中，以一個由十二個五邊形所構成的正十二面體為例，我們可以在每一個五邊形中間取一個點，並從該點往五個頂點畫出五條線，接著再把這個點往外提升到一個環繞住正十二面體的想像球體上，這時我們手中將會有一個以六十個三角形所組成的新多面體，也就是一個簡易版的巨蛋穹頂。只要我們繼續把新多面體的每一面繼續三角形劃分下去，這個穹頂的外觀就會越來越接近一般的球體。

　　巨蛋穹頂的三角形表面可以有效分散整個結構的壓力，就理論上而言，這個堅固耐用的結構可以被放大到難以想像的尺寸。全世界第一個巨蛋穹頂出自德國工程師鮑斯菲爾德在耶拿所設計的天文館，該館於西元 1922 年落成後對外開放。西元 1940 年代末期，美國建築師富勒也憑一己之力創造出巨蛋穹頂，並以此設計獲得美國專利。美國軍方對這樣的建築結構印象深刻，還聘請富勒擔任軍事用途巨蛋穹頂設計圖的審查人。除了堅固耐用之外，能用相對少的表面積覆蓋住廣大空間，有效提升建材使用效率，並減少熱量損耗，則是其他巨蛋穹頂受到歡迎的特性。富勒本人就在這樣的建築結構中渡過不少歲月，並發現巨蛋穹頂的低風阻可以抵禦颶風來襲。一向懷有遠大夢想的富勒，曾經大膽提出一個試圖用直徑達兩英里（約 3.2 公里）長、中心高度達一英里（約 1.6 公里）的巨蛋穹頂，覆蓋住整個紐約市的計畫，好讓巨蛋裡面的居民可以在受控管的氣候下，免除下雨或降雪的煩惱！

西元 1967 年於加拿大蒙特婁舉行世界博覽會時，美國館的造型就是一個巨蛋穹頂；這個球體的直徑長達二百五十英尺（約七十六公尺）。

亞歷山大的角球

亞歷山大（**James Waddell Alexander**，西元 1888 年～西元 1971 年）

亞歷山大的角球（Alexander's horned sphere）是一種曲面充滿迴旋與交織、難以界定內部與外部的例子。這個概念是西元 1924 年由數學家亞歷山大所提出，組成方式是連續不斷衍生出尾端相連、頂端幾乎相扣的對角，讀者們可以用雙手建構出最初階段的角球以輔助想像——將雙手以拇指對拇指的方式靠在一起，雙手食指互相接近，接著想像在兩隻食指分別長出一對較小的拇指與食指，並同樣採取拇指靠攏、食指靠近的步驟，只不過這種類似發芽的步驟，其實是一個沒有止境的過程！這個由「指頭對」互相交扣所組成的碎形結構，將會形成一個半徑不斷縮減的正交圓。

儘管難以想像，但是亞歷山大的角球（連同內部）確實跟一般球體「同胚」（homeomorphic，意指兩個幾何物體可以只用延伸、彎曲兩種方式互相變形），亦即可以不用戳破、只需拉長亞歷山大角球就可以變成一般球體。賈德納（Martin Gardner）指出：「這個不斷縮減、互相交扣的角狀結構發展到極致時，就連拓樸學家都會用『怪物』這個字眼加以形容。……儘管它跟單連通（simply connected）的一般球面同胚，但是角球所涵蓋的範圍卻不具備單連通的性質，如果在角球的基底處套上一條鬆緊帶的話，就算經歷無窮次建構角球的過程，還是不可能把這條鬆緊帶給取下。」

亞歷山大的角球並不只是一個難以想像的新奇產物——它還是具體證明若爾當—薛弗利斯定理（Jordan- Schönflies theorem）並不存在於較高維度空間的重要範例。該定理指出簡單的封閉曲線會把平面區分成內、外兩部分，而這兩塊區域跟一個圓的內部與外部同胚，不過，這個說法在三維空間內可就不成立了。

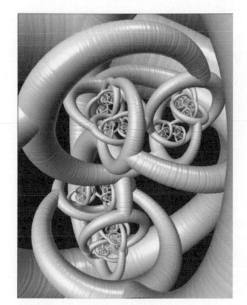

這是由布朗恩（Cameron Browne）所繪製亞歷山大角球的其中一部分。數學家亞歷山大在西元 1924 年提出這個由無限互相交扣的「指頭對」所組成的碎形結構。

參照條目 若爾當曲線定理（西元 1905 年）、安多的項鍊（西元 1920 年）及碎形（西元 1975 年）

巴拿赫—塔斯基悖論

巴拿赫（Stefan Banach，西元 1892 年～西元 1945 年），
塔斯基（Alfred Tarski，西元 1902 年～西元 1983 年）

　　著名但卻看似詭異的巴拿赫—塔斯基悖論（Banach-Tarski paradox, BT paradox）是由巴拿赫與塔斯基這兩位波蘭數學家在西元 1924 年首次提出。這項悖論（其實應該算是一種證明）指出我們有辦法把球體的一個數字表徵拆成許多碎片，然後再用這些碎片組合出跟原先球體一樣大小的兩個球，甚至我們還可以把一個豌豆大小的球體分解後重組成一個跟月亮一樣大的球體！另一位數學家羅賓森（Robinson）在西元 1947 年證明五片是組成球體的最低碎片需求數。

　　這項悖論奠基於早先郝斯多夫（Felix Hausdorff）的研究成果，顯示我們可以在實體環境下測度的物體，譬如說是一顆球，一旦被數學家先依照定義分解成無限的點集合，再採用像是轉換、旋轉等不同方式重新組合後，可能就會變成另一個截然不同的物體。在巴拿赫—塔斯基悖論中所討論的不可測度子集合（也就是把球分解後的碎片）經過繁複操作後變得非常複雜，在實體世界中已經找不到可以直接對應的邊界與立體空間——而且這個悖論在二維空間中並不成立——只存在於所有維度高於二維空間的環境。

　　由於巴拿赫—塔斯基悖論是根據**選擇公理**（Axiom of Choice, AC）而來，而這項悖論看起來又是如此詭異，以致讓有些數學家也懷疑起選擇公理是否並不正確。但尷尬的是，選擇公理在許多數學分支領域是如此地好用，所以，也有很多數學家往往不動聲色地，繼續在證明過程及提出定理的時候使用選擇公理。

　　才華洋溢的巴拿赫在西元 1939 年被選為波蘭數學學會的會長，可是過沒幾年當納粹佔領波蘭時，巴拿赫竟被迫成為用虱子研究傳染病的人體樣本因而喪命。另一方面，由於波蘭大學很少提供真正高階的職位給猶太人，使得塔斯基因此改信羅馬天主教，而他的家族成員在二次世界大戰期間，也幾乎全數遭到納粹毒手。

巴拿赫—塔斯基悖論呈現出如何取一顆球的一種數字表徵，並將之分解後重組成跟原先球體一模一樣的兩顆球。

用正方形拼出的矩形

莫倫（**Zbigniew Moroń**，西元 1904 年～西元 1971 年）

這是一個起碼困惑數學家們超過一世紀的謎題，主要目的是用「正方形」拼出一個矩形或正方形，如果是拼成正方形的話，這個問題也被稱為「可完美分解的正方形」。這個問題一般化的描述如下：請使用大小不同、邊長為整數的各種正方形拼出一個矩形或正方形。這個問題看起來很簡單，讀者們甚至可以直接拿起手邊的紙筆畫看看，可是事實上卻只有非常少數的拼貼方式可以完成目標。

第一個完成拼貼的矩形在西元 1925 年出自波蘭數學家莫倫之手。更具體地說，莫倫發現邊長為 33 × 32 的矩形可以用九個邊長分別為 1、4、7、8、9、10、14、15 跟 18 的正方形拼貼而成，莫倫還發現邊長為 65 × 47 的矩形可以用十個邊長分別為 3、5、6、11、17、19、22、23、24 跟 25 的正方形拼貼而成。多年以來，許多數學家則認為根本不存在有所謂「可完美分解的正方形」。

西元 1936 年，四位劍橋大學三一學院的學生 —— 布魯克斯（R. L. Brooks）、史密斯（C. A. B. Smith）、史東（A. H. Stone）、塔德（W. T. Tutte）—— 開始深入研究這個讓他們情有獨鍾的主題，這四位數學家最終在西元 1940 年發現第一個可以由六十九個正方形拼貼而成的可完美分解正方形！布魯克斯之後還找出可以只用三十九個正方形的簡化版解答。杜威斯特貞（W. J. Duivestijn）在西元 1962 年證明任何可完美分解的正方形必須涵蓋至少二十一個大小不同的正方形，他之後也在西元 1978 年找到這種拼貼方法，並證明出這是唯一一個最小的可完美分解正方形。

西元 1993 年，查普曼（S. J. Chapman）找到只用五個正方形拼出莫比烏斯帶的方法；大小不同的正方形也同樣可以拼出圓柱面，不過起碼需要使用九個正方形才能完成。

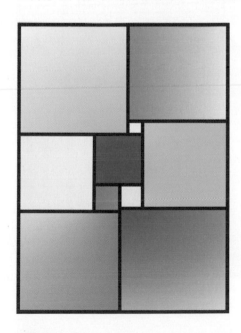

波蘭數學家莫倫發現可以用邊長分別為 3、5、6、11、17、19、22、23、24 跟 25 的十個正方形拼出邊長為 65 × 47 的矩形。

參照條目 壁紙圖群（西元 1891 年）、渥德堡鋪磚法（西元 1936 年）及潘洛斯鋪磚法（西元 1973 年）

希爾伯特旅館悖論

希爾伯特（**David Hilbert**，西元 1862 年～西元 1943 年）

在某個有五百間客房的旅館中，每個房間都有旅客入住；在下午時分抵達旅館的你被告知已經沒有多餘的客房，正當你打算無助地離開時，希爾伯特旅館悖論（the paradox of Hilbert's Grand Hotel）登場了。想像一下這間旅館有著無數間客房，同樣每一間也都住了旅客；儘管旅館已經客滿了，櫃台還是可以挪出一間客房給你。這怎麼可能呢？更奇妙的是，就算同一天有數不清的旅客為了參加研討會而下榻同一間旅館，櫃台同樣可以滿足所有人的要求安排房間，藉此機會海削一票！

德國數學家希爾伯特在西元 1920 年代提出這個悖論，藉以描述無限這個概念不可思議的特質。讓我們來看看你究竟是如何住進希爾伯特的大旅館。當你隻身一人抵達客滿的旅館時，櫃台將原本住在一號房的客人挪到二號房、把原本住在二號房的客人挪到三號房……以此類推，所以現在一號房就成為你的專屬客房了。而為了安排陸續抵達且無法盡數的旅客，櫃台就把已經入住的旅客通通移到偶數號的房間（原一號房改成二號房，原二號房成四號房，原三號房改成六號房……），再把這些晚到的旅客通通安排進所有空出來的奇數號碼房。

康托爾的超限數（Cantor's Transfinite number）理論可以用來解釋希爾伯特旅館悖論，亦即儘管在一間正常的旅館中，奇數號碼的房間數一定小於旅館的全部客房數，但是在一間有著無數客房的旅館中，奇數房的「數量」可不見得小於旅館全部客房的「數量」（數學家使用「基數」這個詞彙比較這些以無限客房為元素所組成的集合大小）。

在希爾伯特的大旅館中，就算所有房間已經通通客滿了，但是旅館櫃台一定還是可以安排客人入住；這是怎麼辦到的？

參照條目　季諾悖論（約西元前 445 年）、康托爾的超限數（西元 1874 年）、皮亞諾公理（西元 1889 年）及希爾伯特的二十三個問題（西元 1900 年）

門格海綿

門格（**Karl Menger**，西元 1902 年～西元 1985 年）

門格海綿（Menger sponge）是一個充滿無數凹洞的碎形物體，是一個會讓牙醫惡夢連連卻又束手無策的物體，由奧地利數學家門格在西元 1926 年首次提出。如要建構這塊海綿，首先以一塊「立方母體」（mother cube）為出發點，並將之分割成二十七個大小相同的較小立方體，接著把位於立方母體正中心的那塊小立方體，以及與之六面相連的其他小立方體一併移除，留下其餘二十個小立方體；然後再不斷無止境地重複相同的步驟即可。相對於最原始的立方母體而言，每經過 n 次遞迴步驟後會增加 20^n 個小立方體，所以，執行第二次建構步驟後會得到四百個小小立方體，執行六次建構步驟後，總共會得到 $64,000,000$ 個更小的立方體。

門格海綿的每一面又稱做「謝爾賓斯基地毯」（Sierpiński carpet），以後者碎形結構為基礎所打造的天線，有時會用來當成電磁訊號的強力接收器，而這兩者都具備迷人的幾何特質，譬如門格海綿擁有無限大表面積的同時，在三維空間內所涵蓋的體積卻是 0。

根據「圖形研究與展示中心」的說法，謝爾賓斯基地毯每經過一次建構的步驟，其表面「如同泡沫分解消失一樣，最終覆蓋不了任何一塊區域，可是卻同時擁有無限長的邊界；就好像皮肉不存的動物骨骸一樣，最終就連殘餘的骨骸也都會消失無蹤——謝爾賓斯基地毯可以佔據整個平面區域，但最後卻在平面上找不到立錐之地」。說到底，謝爾賓斯基地毯這塊坑坑洞洞破布的本質介於線與面之間，儘管線與面分別屬於一維與二維空間的概念。謝爾賓斯基地毯的「碎形」維度是 1.89，而介於平面與

立體之間的門格海綿，其碎形維度（專業的說法叫做郝斯多夫維度〔Hausdorff Dimension〕）則大約是 2.73，並用以輔助想像某些像是泡沫一般的時空模型。莫斯利（Jeannine Mosely）博士還曾經用超過 65,000 張名片堆出一個門格海綿的模型，總重大約是一百五十磅（約七十公斤）左右。

小朋友在充滿無數凹洞的門格海綿中嬉戲。這是一張由醉心於碎形研究的錢德勒（Gayla Chandler）與伯克（Paul Bourke）聯手完成的作品，用伯克的電腦畫出海綿後，再用合成的方式貼上小朋友的圖案。

參照條目　巴斯卡三角形（西元 1654 年）、魯珀特王子的謎題（西元 1816 年）、郝斯多夫維度（西元 1918 年）、安多的項鍊（西元 1920 年）、福特圈（西元 1938 年）及碎形（西元 1975 年）

微分分析機

布希（**Vannevar Bush**，西元 **1890** 年～西元 **1974** 年）

在物理、工程、化學、經濟等數不清的領域都扮演非常關鍵角色的微分方程式（differential equation）。當一個函數表示連續變化量連同某個以導函數表示的變化率時，這些方程式就有其相干性。只有最簡單的微分方程式解可以用類似正弦函數（sine）或**貝索函數**（Bessel function）這種精簡、明確的方程式加以表達。

美國工程師布希在西元 1927 年與同僚共同開發出微分分析機（differential analyzer, DA）——這是一部用滾輪和磁盤做為零件的類比式計算機器，可以用積分方法算出包含多個獨立變數的微分方程式之解，可以說微分分析機是第一批具有實用功能的先進計算設備之一。

這類先進計算設備的原始模型都看得到克爾文男爵湯姆森（William Thomson, Lord Kelvin）所發明諧波分析儀的影子。任職於萊特－派特森空軍基地以及賓州大學摩爾電機工程學院的美國研究人員開發微分分析機的一部分用途，是算出砲彈發射方位的數值表，直到日後才被 ENIAC（electronic numerical integrator and computer，電子數值積分計算機）的這項新發明取代。

微分分析機的應用範圍隨著時間流轉而越來越廣，像是研究地表土壤流失的問題、繪製建造水壩的藍圖、設計在二次大戰期間摧毀德國水壩的炸彈，甚至還曾經在西元 1956 年的經典科幻電影《地球對抗外星人》（*Earth vs. the Flying Saucers*）中出現。

布希在西元 1945 年發表〈試想看看〉（As We May Think）論文，當中提到他預見可以透過網路連結方式，存取資料以強化人類記憶的未來機器 *memex*（MEMory Extender，「記憶延展」的簡寫），看起來就像是如今網路上常見的超文件（hypertext）。他寫道：「這個未來機器完全不同於**算盤**或是當代附有鍵盤的計算機，而是一種屬於未來的算術機器，……它必須能簡化高階數學讓人望而卻步的瑣碎操作，……才能釋放人類心智……。」

這張攝於西元 1951 年的照片中，是一台置於路易斯飛行動力實驗室的微分分析機。微分分析機是第一批具有實用功能的先進計算設備之一，用途包括設計在二次大戰期間摧毀德國水壩的炸彈。

參照條目 算盤（約西元 1200 年）、貝索函數（西元 1817 年）、諧波圖（西元 1857 年）、諧波分析儀（西元 1876 年）、ENIAC（西元 1946 年）、科塔計算器（西元 1948 年）及池田收束（西元 1979 年）

雷姆斯理論

雷姆斯（**Frank Plumpton Ramsey**，西元 1903 年～西元 1930 年）

雷姆斯理論（Ramsey theory）主要用於找出存在於系統內秩序與模式，知名作家霍夫曼（Paul Hoffman）評論道：「雷姆斯理論背後隱含完全失序是不可能存在的觀點。……如果在足夠大的宇宙空間中搜尋，我們一定可以找出任何一個特定的數學『物件』，而雷姆斯理論的追隨著則會設法找出確定包含某一特定物件的最小空間。」

這個理論是以在西元 1928 年因探索邏輯問題，而開創此一數學派別的英國數學家雷姆斯為名。正如霍夫曼的評論，雷姆斯理論的信徒熱衷於找出某一系統內究竟最少要包含幾個元素才能維持住一些特殊性質。除了艾狄胥（Paul Erdös）在這個領域提出幾個有趣的觀點外，雷姆斯理論的研究一直到了西元 1950 年代末期，才有突飛猛進的發展。

雷姆斯理論其中一個最簡單的應用實例，就是**鴿籠原理**（Pigeonhole Principle），也就是如果 n 隻鴿子住在 m 個籠子且 n > m 時，則我們就可以確信起碼有一個鴿籠裡住了兩隻鴿子以上。再舉另一個比較複雜的例子；假設在一張紙上散佈著 n 個點，這些點彼此之間不是用藍色就是用紅色的直線相連結，則雷姆斯理論指出——這只是雷姆斯理論跟組合數學的一個基本推論結果——起碼要有六個點（n ≥ 6），才能確定這張紙上起碼會出現一個藍色或紅色的三角形。

所謂的派對問題（party problem）其實也是另一種詮釋雷姆斯理論的方式，譬如說，最少需要有多少人參加派對，才能確定至少有二位來賓彼此之間兩兩互不認識或互相認識？答案也一樣是 6。如果要算出與會來賓中起碼有四位彼此互相認識或互不認識的最小派對規模可就困難多了，而且以此原則繼續類推下去的話，其他最小派對規模究竟是多少，恐怕也只有天曉得了。

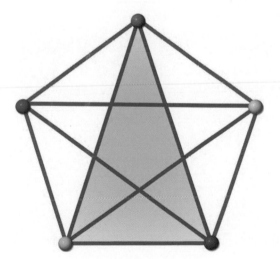

五個點分別用藍色或紅色的直線互相連結，如這張插畫所示，則不見得一定可以畫出藍色或紅色的三角形。如果要確保一定存在至少一個藍色或紅色三角形的話，最起碼需要有六個點相互連結。

參照條目 阿基米德：沙粒、群牛問題跟胃痛遊戲（約西元前 250 年）、歐拉多邊形分割問題（西元 1751 年）、三十六位軍官問題（西元 1779 年）、鴿籠原理（西元 1834 年）、生日悖論（西元 1939 年）及塞薩多面體（西元 1949 年）

哥德爾定理

哥德爾（**Kurt Gödel**，西元 1906 年～西元 1978 年）

哥德爾是一位傑出的奧地利數學家，也是二十世紀最聰明的邏輯學家之一，他所提出的不完備定理（incompleteness theorem）應用範圍甚廣，除了數學之外，還包括電腦科學、經濟、物理等其他領域。當哥德爾在普林斯頓大學任職時，他跟愛因斯坦是非常要好的朋友。

西元 1931 年正式提出的哥德爾定理（Gödel theorem）對邏輯學與哲學界造成相當大的衝擊，因為該定理指出在任何邏輯嚴謹的數學體系中，一定還是存在某些命題是無法僅僅使用體系內的公理就能證明這些命題成立與否，因此可以推論基本算術公理本身可能存在著矛盾的現象，顯示出數學這門學科的「不完備」。對於這個衝擊的迴響至今仍舊爭論不已，然而重要的是，哥德爾定理終結了數學家幾世紀以來努力為所有數學建構一套嚴謹公理作為基礎的理想。

針對這個主題，作家王浩曾經在所著《對哥德爾的反思》（*Reflections on Kurt Gödel*）一書中提到以下觀點：「哥德爾科學觀點與哲學思維的衝擊逐漸擴大，其潛在蘊含的價值也將愈加顯著，或許要經過好幾百年以後，我們才能更進一步具體釐清或駁斥哥德爾諸多宏遠的猜想。」另外，侯世達（Douglas Hofstadter）也注意到哥德爾第二定理指出數學體系自身就帶有侷限性，顯示出「所有井然有序論證數論有其相容性的說法其實都不牢靠」。

西元 1970 年代，哥德爾用數學證明上帝存在的說法開始在同僚間流傳，這份不到一張紙就能寫完的證明自然擾亂了一池春水。哥德爾晚年陷入精神異常狀態，懷疑周遭的人都想毒死他，甚至在西元 1978 年就因為拒絕進食而喪命，為一直深受精神衰弱與憂鬱症所苦的人生劃下句點。

愛因斯坦與哥德爾的合照。這張照片出自摩根斯坦（Oskar Morgenstern）之手，拍攝時間為西元 1950 年代，地點在普林斯頓高等研究所。

參照條目　亞里斯多德的《工具六書》（約西元前 350 年）、布爾代數（西元 1854 年）、文氏圖（西元 1880 年）、《數學原理》（西元 1910 年～西元 1913 年）及模糊邏輯（西元 1965 年）

錢珀瑙恩數

錢珀瑙恩（**David Gawen Champernowne**，西元 1912 年～西元 2000 年）

如果自小數點後第一位開始依序串連所有的正整數，則我們將會得到錢珀瑙恩數（Champernowne's Number）：0.12345678910111213 14……。錢珀瑙恩數跟圓周率 π、歐拉數 e 一樣是個**超越數**（transcendental number），亦即這個數字不會成為任何係數為整數的多項式解。此外，我們也知道這個數字是個以「10」為底的**正規數**（normal number），亦即錢珀瑙恩數中任一有限段落中的數字會以完全隨機的頻率出現；不只 0 到 9 這十個數字在錢珀瑙恩數中會以十分之一的機率出現，在錢珀瑙恩數中任意選定一組雙位數出現的機率會等於百分之一，任意選定一組三位數出現的機率會等於千分之一，並可以此類推錢珀瑙恩數常態分佈的現象。

對密碼編撰者而言，錢珀瑙恩數不會觸動某些最簡單、傳統可預測性的統計檢定指標，換句話說，試圖用簡單的電腦程式偵測出錢珀瑙恩數組成規律的結果將會徒勞無功，這項明顯的缺失促使統計學家在宣告某些數列是以隨機亂數、無特定模式組成的時候必須更加謹慎。

這個由錢珀瑙恩在西元 1933 年所提出的概念，是第一個人造正規數的例子，當時他還只是一位劍橋大學大學部的學生而已。德國數學家馬勒（Kurt Mahler）則在西元 1937 年證明錢珀瑙恩數同時也是一個超越數。如今我們又更進一步知道用二進位表示所有整數並串連在一起的「二進位錢珀瑙恩常數」（binary Champernowne constant），也會是一個以 2 為底的正規數。

馮拜耶爾（Hans Von Baeyer）曾提出以下見解──如果把「二進位錢珀瑙恩常數」中的 0 與 1 改用摩斯密碼（Morse code）表示的話，「幾乎可以確信任何篇幅有限的隻字片語都會隱藏在這一長串索然無趣、無法親近的『長篇大論』中……甚至是每一封情書、每一本出版小說；……或許我們需要穿梭好幾十億光年的旅程，才能真正找到相對應的片段，但我相信這些文字一定隱身在其中的某個角落……。」

改編自貝爾修（Adrian Belshaw）及波爾溫（Peter Borwein）的作品、以二進位表示錢珀瑙恩數的前十萬位數。數列中原本的 0 都改成－1，並在平面上自原點出發，依照改編後的數列對（±1，±1）移動；結果這張圖中 x 軸的範圍介於 0 到 8,400 之間。

參照條目 超越數（西元 1844 年）及正規數（西元 1909 年）

布爾巴基：祕密協會

嘉當（**Henri Cartan**，西元 1904 年生），
謝瓦萊（**Claude Chevalley**，西元 1909 年～西元 1984 年），
門德勃羅（**Szolem Mandelbrojt**，西元 1899 年～西元 1983 年），
韋伊（**André Weli**，西元 1906 年～西元 1998 年），以及其他人

　　科學史家艾克塞爾（Amir Aczel）曾經表示布爾巴基（Nicolas Bourbaki）是「二十世紀最偉大的數學家」，並「改變我們看待數學的方式，……促成在二十世紀中葉起橫掃美國教育體系的『新數學』誕生……」；他還說布爾巴基的論著「為許多當代的數學概念奠立雄偉的基礎，……如今沒有一位活躍的數學家……可以不受布爾巴基那些充滿啟發性的作品影響」。

　　問題是，布爾巴基這位編撰數十本廣受好評作品的數學天才，根本就不存在！布爾巴基其實並不是一個人，而是由一群幾乎都是法國籍的數學家於西元 1935 年所成立祕密協會的名字。布爾巴基祕密協會（Bourbaki Secret Society）試圖完全由內部成員針對所有當代的數學基礎——包括集合論、代數、拓樸學、函數論、積分……等各個領域——以出版書籍的方式，打造出一個自我滿足的邏輯體系。布爾巴基祕密協會的創始成員包括嘉當、庫朗（Jean Coulomb）、戴爾薩特（Jean Delsarte）、謝瓦萊、迪厄多內（Jean Dieudonné）、埃雷斯曼（Charles Ehresmann）、波塞爾（René de Possel）、門德勃羅與韋伊等天賦異秉的數學家，這些成員同時認為沒必要強硬要求資深數學家遵守祕密協會的老規矩，因此規定協會成員年滿五十歲的時候必須自行退出。

　　布爾巴基祕密協會成員在共同創作之際，其中任何一位作者都可以針對自己認為不妥之處提出質疑，接踵而來的免不了是一場激烈的言詞交鋒。每次聚會的時候，每個人都必須大聲、一字一句仔細地朗讀自己負責撰寫的部分。雖然布爾巴基祕密協會在西元 1983 年推出最後一本作品——《光譜論》（*Spectral Theory*），不過時至今日，布爾巴基共筆協會（L'Association des Collaborateurs de Nicolas Bourbaki）每年還是會定期舉辦布爾巴基專題研討會。

　　作家馬夏爾（Maurice Mashaal）評論道：「布爾巴基從未發明出具有革命性的技術，也沒證明過什麼了不起的定理——他們甚至根本沒嘗試過要這麼做。可是這一群人……卻深入探討並重新組織數學元素，用清楚易懂的詞彙及符號系統，以獨具一格的表達方式，為數學帶來了新的觀點。」

法國凡爾登一地的一次世界大戰墓園。戰後的一片荒蕪為當時充滿抱負的法國數學家帶來艱困的挑戰，數量龐大的學生及年輕教師在戰時被殺害，卻也因此成為幾位年輕的巴黎數學系學生創立布爾巴基祕密協會的原因之一。

參照
條目　《數學原理》（西元 1910 年～西元 1913 年）

菲爾茲獎

菲爾茲（**John Charles Fields**，西元 1863 年～西元 1932 年）

菲爾茲獎（Fields Medal）是數學界最知名也是最有影響力的一個獎項。如同諾貝爾獎用以表彰其他領域的成就，菲爾茲獎當初設立的目的也是為了跨越國與國之間的藩籬以表彰數學。菲爾茲獎每四年頒發一次，除了藉以表彰得獎人過去的成就外，也希望能因此刺激未來更進一步的研究。

因為真正的諾貝爾獎並未設立數學這個項目，因此有時菲爾茲獎就被視為是頒給「數學家的諾貝爾獎」，不過菲爾茲獎的得獎人必須是年齡低於四十歲的數學家，而且獎金規模也相對少了許多——西元 2006 年的獎金額度是 13,500 美元，而諾貝爾獎的獎金金額卻超過了一百萬美元。菲爾茲獎是由加拿大數學家菲爾茲所設立，並且在西元 1936 年產生第一屆的得獎人；當菲爾茲過世的時候，他在遺囑上載明獲得金牌的得獎人將額外增加 47,000 美元的獎金。

菲爾茲獎的獎牌正面是希臘幾何學家阿基米德（Archimedes）的肖像，反面那句拉丁文的意思是「來自世界各地的數學家因為其傑出的研究成果而獲頒此獎」。

數學家格羅滕迪克（Alexander Grothendieck）曾經在西元 1966 年抵制過自己的頒獎典禮，因為那年頒獎典禮在莫斯科舉行，他想藉此表達自己抗議蘇聯紅軍入侵東歐的立場。西元 2006 年，因為「幾何學上的貢獻，以及對里奇流（Ricci flow）的分析方式及幾何結構提出革命性的洞見」，並因此證明龐加萊猜想（Poincaré Conjecture）的俄羅斯數學家佩雷爾曼（Grigori Perelman）也拒絕領獎，只表示這個獎項與他的研究工作毫無瓜葛。

有趣的是，大約百分之二十五菲爾茲獎的得主是猶太人，接近半數的得獎者任職於紐澤西普林斯頓高等研究所。諾貝爾獎是由發明炸藥的瑞典化學家諾貝爾所創立，不過或許是因為諾貝爾身兼發明家與實業家的身分背景，以致他本人對於數學及理論科學興趣缺缺，因此沒有設立諾貝爾數學獎吧。

菲爾茲獎有時被視為是頒給「數學家的諾貝爾獎」，不過只有年齡低於四十歲的數學家才有資格獲得菲爾茲獎。

參照條目　阿基米德：沙粒、群牛問題跟胃痛遊戲（約西元前 250 年）、龐加萊猜想（西元 1904 年）、朗蘭茲綱領（西元 1967 年）、劇變理論（西元 1968 年）及怪獸群（西元 1981 年）

圖靈機器

圖靈（Alan Turing，西元 1912 年～西元 1954 年）

既是聰穎的數學家又是一位電腦理論大師的圖靈，卻不幸被迫成為以藥物方式「扭轉」他同性戀傾向的活體實驗品，就連破解德軍密碼縮短二次世界大戰的殺戮、並因此獲頒大英帝國表揚令的功績，都不能使圖靈免於迫害。

話說有一天圖靈打電話要警察到他位於英格蘭的居所調查竊盜案時，一位厭惡同性戀的警察懷疑圖靈是同性戀，要圖靈在入監服刑一年與使用實驗藥物治療當中二選一。不想失去自由的圖靈選擇接受為期一年的雌性賀爾蒙注射實驗；然而就在被逮捕後的第二年，年僅四十二歲的圖靈出乎親朋好友意料之外地撒手人寰。圖靈被發現陳屍在床上，驗屍報告中指出他有食用氰化物的中毒反應，雖然有可能是自殺身亡，不過這一點至今仍舊還沒獲得證實。

很多歷史學家將圖靈視為「現代電腦科學之父」；在他擲地有聲的論文〈論可計算數及其在判定問題上的應用〉（On Computable Numbers, with an Application to the Entscheidungs Problem，寫於西元 1936 年）中，圖靈舉證所謂的「圖靈機器」（Turing Machine，一套抽象符號的操作設備）有辦法處理任何能夠以演算式表示的數學問題，圖靈機器也讓科學家們真正見識到什麼才是機械計算的極限。

圖靈同時也是「圖靈檢定」（Turing test）的創造者，使得科學家們可以藉以更清楚界定什麼才叫做「智慧型」機器、判斷機器是否有一天能夠自行「思考」。圖靈相信機器總有一天能夠通過他所提出的檢定條件，並且用非常自然的對話方式，讓人類無法分辨發話對象究竟是人還是機器。

圖靈在西元 1939 年發明一部可以破解納粹用恩尼格瑪密碼機（Enigma code machine）替文件加密的電子機械設備，這部被稱做「炸彈」（Bombe）的解碼機經數學家魏齊曼（Gordon Welchman）改良後，成為截取恩尼格瑪通訊內容的主要工具。

炸彈機的仿製品。圖靈發明這套電子機械設備專門破解納粹用恩尼格瑪密碼機的通訊。

ENIAC（西元 1946 年）、資訊理論（西元 1948 年）及公鑰密碼學（西元 1977 年）

西元 1936 年

渥德堡鋪磚法

渥德堡（**Heinz Voderberg**，西元 1911 年～西元 1942 年）

鑲嵌鋪磚法（tessellation 或 tiling）是在平面上由一些較小的形狀（又稱做磁磚）所組成的集合體，而且在該表面上的所有磚面既不互相重疊也不會留下任何縫隙。平常最容易看到的鑲嵌鋪磚，應該是建築物樓板上正方形或六角形的磚面。六角形鋪磚法也就是蜂巢的基本結構，因為這種構造可以在給定的區域內用最節省的材料，蓋出一格格的隔柵，對蜜蜂來說可能非常受用。我們可以在平面上找出八種用兩種以上凸正多邊形所組成的鑲嵌鋪磚方式，讓這些外觀一樣的正多邊形，在頂點以相同規則互相圍繞在一起。

如同古老的伊斯蘭藝術風格，荷蘭藝術家埃舍爾（M. C. Escher）的作品中也包含大量的鑲嵌鋪磚圖案。事實上，鑲嵌鋪磚的歷史可以回溯到數千年前的蘇美文明，當時的建築物上，就有用泥板裝飾的鋪磚設計。

渥德堡鋪磚法（Voderberg Tilings）是西元 1936 年由渥德堡發現的一種圖案，其特殊之處，在於它是最早在平面上被提出來的螺旋鋪磚法。這個深具魅力的圖案只重複使用同一種大小不一的九邊形磚面，不斷重複的九邊形會組成數不清的螺旋葉片，當所有螺旋葉片組合在一起時就能夠不留縫隙地鋪滿整個平面。因為渥德堡鋪磚法只使用同一種磚面完成鑲嵌，因此被稱為單面（monohedral）鋪磚法。

葛倫鮑（Branko Grünbaum）與薛菲德（Geoffrey C. Shepherd）兩位數學家在西元 1970 年代提出一組更神奇的新螺旋磚面，他們可以用單臂、雙臂、三臂、六臂等不同形式的螺旋鋪滿整個平面。西元 1980 年，萊絲（Marjorie Rice）與沙特施奈德（Doris Schattschneider）兩人則用五邊形磚面再創造出其他種多旋臂的螺旋鋪磚法。

克拉塞克（Teja Krašek）繪製的渥德堡螺旋鋪磚法。這種鋪磚方式全部使用同一種磚面完成鑲嵌，因此被稱為單面鋪磚法。

參照條目　壁紙圖群（西元 1891 年）、用正方形拼出的矩形（西元 1925 年）、潘洛斯鋪磚法（西元 1973 年）及連續三角螺旋（西元 1979 年）

考拉茲猜想

考拉茲（**Lothar Collatz**，西元 1910 年～西元 1990 年）

　　想像你行走在一陣讓人睜不開眼的電暴裡，其中的冰雹隨著一束束氣旋渦流忽上忽下地移動；有時候會突然往上衝到你的眼前，接下來又會迅速砸回地球，撞擊地表的效果就好像一顆小隕石一樣。

　　冰雹數字（hailstone number）問題已經吸引數學家好幾十年了，雖然這些數字很容易計算，但深入研究就會發現這個問題顯然不是那麼容易處理。如要計算冰雹數字的序列──通常也稱之為 *3n + 1* 數──首先請隨意挑選一個正整數，如果你挑選的是偶數，那就把它除以二，如果是奇數的話，那就把它乘以三再加一；接著再把相同算法套用在你所算出的數字上。譬如以 3 開頭的冰雹數字序列為例，我們會得到 3、10、5、16、8、4、2、1、4、⋯（「⋯」符號表示接下來的序列會一直重複 4、2、1、4、2、1、4 這樣的順序）。

　　如同冰雹從天上積雨雲裡掉落的過程一樣，冰雹數字序列也會上下波動起伏，移動方式有時看起來亂無章法；另一方面，冰雹數字也好像冰雹終究會掉在「地面」一樣（回到正整數 1）。考拉茲猜想（Collatz conjecture）是以西元 1937 年提出相關論證的德國數學家考拉茲為名，他指出對任何一個以正整數開頭的冰雹數字而言，這個序列最終一定會回到 1。時至今日，雖然我們已經透過電腦驗證這個猜想對於所有開頭小於 $19 \times 2^{58} \approx 5.48 \times 10^{18}$ 的冰雹數字都成立，但是卻還沒有任何一位數學家有辦法證明考拉茲猜想是否真的成立。

　　目前有各式各樣的獎項準備提供給能夠證明考拉茲猜想真偽的人，數學家艾狄胥（Paul Erdös）甚至如此評論 *3n + 1* 數的複雜程度：「現有數學基礎還不足以處理這個問題。」由於在數學領域的諸多貢獻，和藹親切又謙虛自持的考拉茲已經獲得數不清的榮耀；西元 1990 年，參與一場有關電腦算術數學研討會的考拉茲，不幸在保加利亞與世長辭。

根據考拉茲猜想畫出的碎形圖案。雖然通常都是以整數作為研究 *3n + 1* 數的基礎，但還是有可能把複數帶入這個數學映射，並在複數平面上用染色的方式觀察其變化多端的碎形圖案。

 參照條目 群策群力的艾狄胥（西元 1971 年）、池田收束（西元 1979 年）及整數數列線上大全（西元 1996 年）

福特圈

福特（**Lester Randolph Ford, Sr.**，西元 1886 年～西元 1975 年）

　　想像你手上那杯奶昔裡面有無數個大小不同的泡泡，彼此互相接觸卻不互相滲透，就算泡泡越變越小也還是會塞滿其他較大泡泡之間的空隙。這種不可思議泡泡現象的其中一種形式，就是數學家福特在西元 1938 年所提出的討論主題，他並指出這些泡泡的特徵，就是「有理數」數系基本的組成結構（有理數就是所有可以用像 *1/2* 這種分數表示的數字）。

　　如果要畫出福特泡泡（Ford froth），首先要先任選兩個整數 *h* 跟 *k*，並且以（*h/k*，*1/(2k²)*）為圓心、*1/(2k²)* 為半徑畫出一個圓。譬如以 *h = 1*、*k = 2* 為例，我們可以畫出一個圓心在（0.5，0.125）、半徑為 0.125 的圓，接著只要持續不斷帶入不同的 *h* 值及 *k* 值就行了。隨著你畫面的密度越來越高，你將會發現任何兩個圓彼此都不相交，最多只會有相切的現象（亦即兩個圓只在同一點上相交）。最後，你會發現所有的圓都跟其他數不清的圓相切。

　　假設現在有一位神射手在座標軸上夠大 *y* 值，面對著福特泡泡射出一箭，在此我們用一條從神射手所在位置朝向 *x* 軸畫出的垂直線（亦即 *x = a* 這條與 *x* 軸直角相交的直線）加以表示；如果 *a* 是個有理數的話，這條直線一定會射穿某些福特圈（Ford Circle）後命中 *x* 軸，並且不偏不倚地命中其他福特圈的切點，要是神射手站在一個無理數（所有像圓周率 *π = 3.1415……* 一樣在小數點後無止境的非循環小數）的位置呢，這枝箭一定會不斷射穿每一個它所經過的福特圈，也就是會射穿無止境的福特圈！針對這個主題更深入的數學研究指出福特圈也是用來描述**康托爾的超限數**（Cantor's Transfinite Numbers）當中，不同等級無限概念的優良工具。

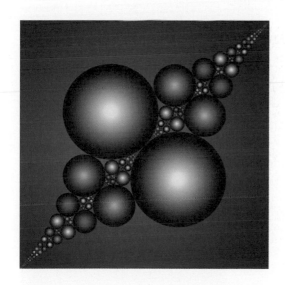

這是雷依斯（Jos Leys）所繪製的福特圈。這張圖旋轉了 45 度，所以 *x* 軸從左下角延伸到右上角；圖中儘管有越來越小的泡泡，卻還是會塞滿其他較大泡泡之間的空隙。

參照條目　康托爾的超限數（西元 1874 年）、門格海綿（西元 1926 年）及碎形（西元 1975 年）

亂數產生器的誕生

克爾文男爵湯姆森（William Thomson, Baron Kelvin of Largs，西元 1824 年～西元 1907 年），
肯德爾爵士（Sir Maurice George Kendall，西元 1907 年～西元 1983 年），
史密斯（Bernard Babington Smith，西元 1993 年歿），
狄柏特（Leonard Henry Caleb Tippett，西元 1902 年～西元 1985 年），
葉慈（Frank Yates，西元 1902 年～西元 1995 年），
費雪爵士（Sir Ronald Aylmer Fisher, FRS，西元 1890 年～西元 1962 年）

　　在現代科學領域中，亂數產生器（random number generator）是模擬自然現象與取得樣本數據的重要工具。在現代電腦誕生之前，研究人員必須用各種創意十足的作法才能獲得亂數，譬如克爾文男爵湯姆森在西元 1901 年，是把一堆數字寫在小紙片上再從碗中隨機抽出的方式獲得亂數，而且，就連他都認為這個方法「很不入流」，自己為文批判道：「就算盡我們所能在碗中混合攪拌，但這個方法似乎還不足以確保每張紙片被抽出的機率是一樣的。」

　　西元 1927 年，英國統計學家狄柏特列出一張包含 41,600 個亂數的數值表，供研究人員使用，這些亂數的來源是英格蘭各地方行政區域面積值中間的那個數字。西元 1938 年，費雪爵士及葉慈這兩位英國統計學家，又用兩副撲克牌及其所對應的對數數值，額外增加了 15,000 個亂數。

　　英國統計學家肯德爾爵士與心理學家史密斯兩人在西元 1938 年至西元 1939 年間，開始共同研究如何創造一台亂數產生器，並發明出第一台可以用機械裝置製造十萬個亂數數值表的亂數產生器，兩人還提出一些嚴謹的驗證算式，判斷一連串數值是否真的符合統計定義的亂數特質。直到蘭德公司（RAND Corporation）在西元 1955 年發行《百萬亂數表》（*A Million Random Digits with 100,000 Normal Deviates*）之前，肯德爾爵士與史密斯兩人所提出的亂數表一直受到普遍的引用。跟肯德爾爵士與史密斯兩人的亂數產生器一樣，蘭德公司也使用類似輪盤的機械裝置產生亂數，除此之外，蘭德公司也是使用類似的數學檢定方式，驗證一連串數值是否具備統計學上的亂數性質。

　　肯德爾爵士與史密斯兩人用馬達驅動一片直徑十英吋（約二十五公分）長的圓形硬紙板，這片硬紙板上有「窮盡人力所能均分面積」的十等分刻度，依序分別寫上 0 到 9 這十個數字，並且使用一盞霓虹燈作為照明，每當電流經過電容讓霓虹燈亮起來的時候，操作這台機器的使用者，就可以把看到的數字記錄下來。

蠟球在水母燈中複雜又無法預測的移動軌跡，也是用來產生亂數的一種方式。以這種概念產生亂數的想法，已經在西元 1998 年，獲得美國專利編號第 5,732,138 號的認可。

參照條目　骰子（約西元前 3000 年）、布馮投針問題（西元 1777 年）及馮紐曼平方取中隨機函數（西元 1946 年）

生日悖論

米塞斯（**Richard von Mises**，西元 1883 年～西元 1953 年）

賈德納（Martin Gardner）曾說過：「打從有歷史記載以來，不尋常的巧合一直讓我們更加相信冥冥中存在　股影響人生走向的力量，並把看似有違機率的奇蹟事件認定是神與魔、上帝或撒旦的意志展現，或者說，起碼把這些事件歸因於某些科學或數學還無法解釋的神祕定律。」生日悖論（birthday paradox）就是其中一個讓學者們嘖嘖稱奇的巧合問題。

想像你置身在一間非常大的房間裡，還有許多人一個接一個、不斷地從房門外走進來，請問房間內究竟要容納多少人，才能使其中兩位生日同一天的機率，達到百分之五十？這是奧地利裔的美籍數學家米塞斯在西元 1939 年提出的問題，由於這個問題的答案，跟絕大多數人的直覺判斷完全背道而馳，也由於這個問題如今已經成為最常在課堂上用來探討機率的例子，更由於這個問題的題型，很適合用來分析日常生活中的各種神奇巧合，都在在突顯了生日悖論所代表的意義。

假定以一年總共三百六十五天做為計算基礎的話，這個問題的答案居然只有二十三人。換句話說，如果隨機安排二十三位或更多的人在同一間房間內的話，其中某些人在同一天出生的機率，就會超過百分之五十。如果房間內有五十七人以上的話，同一天出生的機率會高達百分之九十九。而根據鴿籠原理，只要房間內至少有三百六十六人的話，同一天出生的機率就是百分之百。在此我們假設所有人在一年內任一天出生的機率相同，並忽略 2 月 29 日的影響，則 n 個人裡面起碼有兩位同一天生日的機率公式是 $1 - \{365! / [365^n(365 - n)]!\}$，其近似值可以寫成 $1 - e^{-n^2/(2 \times 365)}$。

二十三人這個答案應該比你想像中來得少，畢竟我們並未要求必須是哪兩位同一天生日，也沒要求特定的出生日期，亦即任兩人的生日同樣在任意一天就能滿足基本條件。事實上，二十三個人兩兩一對就能排出兩百五十三種可能的組合，且其中任何一對都有機會在同一天出生。

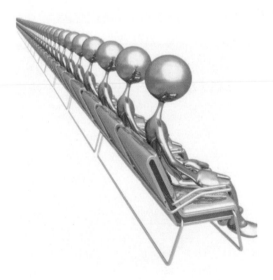

假設一年裡有三百六十五天，則同一個房間內最少究竟需要多少人，才能讓其中任兩人同一天生日的機率達到百分之五十？這個問題有個違反直覺的答案——只要二十三人就夠了。

參照條目 季諾悖論（約西元前 445 年）、亞里斯多德滾輪悖論（約西元前 320 年）、大數法則（西元 1713 年）、聖彼得堡悖論（西元 1738 年）、鴿籠原理（西元 1834 年）、理髮師悖論（西元 1901 年）、巴拿赫—塔斯基悖論（西元 1924 年）、希爾伯特旅館悖論（西元 1925 年）、雷姆斯理論（西元 1928 年）、海岸線悖論（約西元 1950 年）、紐康伯悖論（西元 1960 年）及巴蘭多悖論（西元 1999 年）

外接多邊形

凱斯納（Edward Kasner，西元 1878 年～西元 1955 年），
紐曼（James Roy Newman，西元 1907 年～西元 1966 年）

　　先畫一個半徑一英吋（約 2.5 公分）的圓，然後外接一個等邊三角形，接著用另一個圓外接等邊三角形，再用一個正方形外接第二個圓。接下來，用第三個圓外接正方形，隨後用一個正五邊形外接第三個圓；持續不斷重複這個過程，每一次外接多邊形的邊數都只加一，而每一次外接圓都會逐漸擴大以便把先前所有圖形組合包覆在內。如果你能夠以每分鐘增加一個外接圓的速度不斷重複上述過程的話，要花多少時間，才能畫出一個半徑跟太陽系一樣長的外接圓？

　　用一個又一個外接圓不間斷地把所有多邊形包覆起來的作法，似乎會讓外接圓的半徑無止境增加到無限大的程度，然而，這個把多邊形與外接圓一直圍繞下去的過程，並不會擴大到像太陽系一樣大，也不會擴大到像地球一樣大，甚至不會跟一般成年人的腳踏車輪胎半徑一樣大。雖然所有外接圓在初始階段放大的速度很快，但其半徑成長率卻會逐漸減緩，並逐漸收斂成一個由無窮乘積可以算出的有限數字：$R = 1 / [\cos(\pi/3) \times \cos(\pi/4) \times \cos(\pi/5) \times \cdots]$。

　　環繞著 R 的極限值所產生的諸多爭論，或許是這個條目最有趣的地方。上面提到的算式乍看之下並不難算，根據凱斯納及紐曼兩位數學家在西元 1940 年代第一次公布的計算成果，R 的極限值應該是「12」，另一份發表於西元 1964 年的德文文獻也提到「12」這個答案。

　　可是另一位數學家鮑肯普（Christoffel J. Bouwkamp）卻在西元 1965 年，發表一篇論文指出 R 真正的極限值是「8.7000」，所以，為什麼在這之前的數學家會接受「12」這個答案可就值得令人玩味了。附帶一提，R 正確值的前十七個位數如下：$R = 8.7000366252081945\cdots$

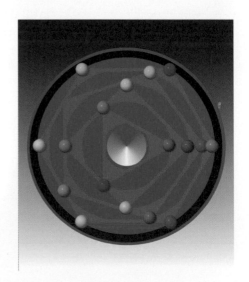

最中間的圓如同條目中所提到的過程，被多邊形與其他圖形交替包覆著（多邊形邊界使用較粗的紅色線條，純然是為了增加藝術效果而已）；我們有辦法重複這個模式，讓外接圓的面積跟一般成人腳踏車的大小一樣嗎？

參照條目　季諾悖論（約西元前 445 年）、西洋棋盤上的小麥（西元 1256 年）、發散的調和級數（約西元 1350 年）、圓周率 π 的級數公式之發現（約西元 1500 年）及布朗常數（西元 1919 年）

六貫棋

海恩（**Piet Hein**，西元 **1905** 年～西元 **1996** 年），
納許（**John Forbes Nash, Jr.**，西元 **1928** 年生）

六貫棋（Hex）是一種兩人在六邊形格子棋盤上對弈的遊戲，棋盤大小通常是一個 11 × 11 的菱形。這個遊戲最早是丹麥數學家暨詩人海恩在西元 1942 年發明的；不過，美國數學家納許同樣也在西元 1947 年想出這個遊戲。納許是諾貝爾獎得主，一般社會大眾對納許的印象，可能主要來自於好萊塢電影《美麗境界》（*A Beautiful Mind*），劇中描述了納許高深的數學功力以及他對抗精神分裂症的過程。根據《美麗境界》原著小說的內容，納許認為 14 × 14 大小的規模，才是值得推廣的最佳化棋盤。

兩位玩家分別持不同顏色的棋子（譬如紅色跟藍色）並輪流把棋子擺放在六邊形的格子中，持紅子的玩家要設法用一條紅色的路徑，把菱形的兩條對邊連接在一起，持藍子的玩家同樣要設法用一條藍色的路徑把另兩條對邊連成一氣。兩位玩家都可以任意使用菱形棋盤的四個角落。納許發現這個遊戲永遠不可能有平手的機會，而且對先下子的玩家比較有利，可以讓他盤算出贏的策略。如果要讓這個遊戲公平一點的話，其中一個方法是讓後下子的玩家在對手擺上第一個棋子後，或者是在擺上第三個棋子後，再選擇自己要玩什麼顏色的棋子。

西元 1952 年，派克兄弟遊戲公司（Parker Brothers）向社會大眾發行六貫棋遊戲，並說明先下子的玩家在各種不同大小棋盤上的致勝策略。雖然這個遊戲看起來很簡單，但是，卻有助於數學家們進行更深入研究的應用，比方是**布勞威爾不動點定理**（Brouwer Fixed-Point Theorem）的證明。

海恩因為他的設計作品、詩集及數學遊戲成為享譽全球的名人，當德國在西元 1940 年入侵丹麥的時候，擔任對抗納粹祕密組織領袖的海恩不得不隱姓埋名。他在西元 1944 年用以下這一句描述他創造力的來源：「所謂的藝術，其實就是針對那些還無法用明確構造的計算問題的一種解答方式。」

六貫棋是在六邊形格子棋盤上對弈的遊戲，紅色一方要設法用一條紅色的路徑把菱形的兩條對邊連接在一起，藍色一方則要設法用一條藍色的路徑把另兩條對邊連接在一起。以這張圖為例的話，是紅色一方獲勝。

參照條目　布勞威爾不動點定理（西元 1909 年）、豬頭滿江紅（西元 1945 年）、納許均衡（西元 1950 年）及瞬時瘋狂方塊遊戲（西元 1966 年）

豬頭滿江紅

史卡恩（John Scarne，本名是史卡內嘉〔Orlando Carmelo Scarnecchia〕，
西元 1903 年～西元 1985 年）

　　遊戲規則很簡單的「豬頭滿江紅」（pig game）卻可以衍生出複雜到讓人難以想像的遊戲策略與分析模型，也就是說，這個遊戲的重要性，在於說明很多看似簡單的問題，為什麼可以帶出日後好幾年豐碩的數學研究成果，也在於它是很多老師用來教導賽局理論（game theory）的一種示範教材。

　　「豬頭滿江紅」的書面描述首見於西元 1945 年史卡恩——身兼美國魔術師、賽局專家、撲克高手及發明家等多重身分——的作品，不過，這個遊戲其實源自於各種古老、版本多變的「民間童玩」。遊戲方式是由一位玩家開始擲骰子，直到骰子出現 1 點或者是該玩家自行喊停、把骰子交給下一位玩家為止。如果玩家自己喊停的話，他可以得到這一回合每次骰子點數累加後的積分，如果出現 1 點的話，這位玩家在這一回合將得不到任何積分，只能眼睜睜看著下一位玩家大顯身手。譬如說，你第一次擲出的點數為 3，第二次的點數是 1，則你將得不到任何積分；接著輪到你的對手登場，他分別依序擲出 3-4-6 這個數列後自行喊停，則他在這一回合可以獲得「13」分，並且換由你進行下一回合的遊戲。遊戲規則以第一位累積積分達到或超過一百分的玩家獲勝。

　　「豬頭滿江紅」可以說是一種「危機四伏」的骰子遊戲，玩家必須自行在「喪失先前所有累加點數」，或者是在「嘗試獲得更多點數」之間做出風險判斷。賓州蓋茨堡學院兩位電腦科學家內勒（Todd W. Neller）及普雷舍（Clifton Presser）在西元 2004 年，詳細分析整個遊戲並指出什麼才是這個遊戲的最佳化策略。他們兩人用數學跟電腦圖形呈現錯綜複雜、有違直覺的致勝策略，也說明了為何設法在每一回合內獲取最大量積分的作法，並不是一個獲勝的好主意。他們用相當有意境的一句話，描述兩人關於最佳策略的研究成果：「認識最佳策略『風貌』的過程，就好像以往只能看見遠在天邊那顆行星模糊的外觀，如今卻能第一次清清楚楚看見星球表面的感覺一樣。」

簡單的「豬頭滿江紅」卻有複雜到難以想像的遊戲策略與分析模型。西元 1945 年，美國魔術師暨發明家史卡恩成為第一位用文字描述這個遊戲的人。

參照
條目　骰子（約西元前 3000 年）、納許均衡（西元 1950 年）、囚犯的兩難（西元 1950 年）、紐康伯悖論（西元 1960 年）及瞬時瘋狂方塊遊戲（西元 1966 年）

ENIAC

莫齊利（**John Mauchly**，西元 **1907** 年～西元 **1980** 年），
艾克特（**J. Presper Eckert**，西元 **1919** 年～西元 **1995** 年）

　　電子數值積分計算機——ENIAC是 Electronic Numerical Integrator And Computer 這幾個單字的縮寫，是賓州大學兩位美國科學家莫齊利與艾克特的傑作，這部機器是第一台可以針對各種不同數學問題輸入不同程式加以計算的數位化電子計算機。為美軍提供發射砲彈的數值計算表是當初創造 ENIAC 的目的，不過設計氫彈的過程才是 ENIAC 第一次真正大顯身手的時刻。

　　造價將近五十萬美元的 ENIAC 在西元 1946 年啟用，自此之後直到西元 1955 年的 10 月 2 日被關掉電源為止的期間內，這部機器幾乎無時無刻都處於運轉狀態。ENIAC 內部有超過一萬七千支真空管以及接近五百萬個手工焊接的接合點，使用一部 IBM 公司生產的讀卡暨打孔機作為資料的輸入與輸出裝置。西元 1997 年，一組工程系學生在史畢格（Jan Van der Spiegel）教授率領下，把這部三十噸重的 ENIAC「複刻」在一顆積體電路上！

　　在西元 1930、1940 年代之間，其他重要的電子計算設備還包括美國的「阿塔那索夫貝理」（Atanasoff-Berry，西元 1939 年 12 月啟用）、德國的「Z3」（西元 1941 年 5 月啟用）以及英國的「巨像」（Colossus，西元 1943 年啟用），不過這幾台較早問世的計算設備要嘛並沒有全面電子化，要嘛就是功能不如 ENIAC 全面。

　　ENIAC 專利（專利編號 3,120,606，於西元 1947 年建檔）作者在申請文件上如此描述這部機器：「隨著每天都要處理大量複雜計算的日子降臨，運算速度從此取得了至高無上的地位，可是今日市面上卻沒有任何一部機器能夠滿足現代生活中的各種運算需求。……我們發明這項專利的目的就是在短短數秒內完成冗長耗時的計算工作……。」

　　時至今日，電腦這種先進的計算設備已經踏進包括數值分析、數論、機率論等絕大多數的數學領域，數學家們在研究或教學工作上當然也越來越倚賴電腦；有時要透過電腦圖形才能更深刻地理解某些數學課題，甚至有些著名的數學證明還是透過電腦的輔助才得以完成。

這是美國軍隊所拍攝的 ENIAC，第一台可以針對各種不同數學問題輸入不同程式加以計算的數位化電子計算機，設計氫彈的工作是 ENIAC 第一次大顯身手的時刻。

馮紐曼平方取中隨機函數

馮紐曼（**John von Neumann**，西元 1903 年～西元 1957 年）

科學家們使用亂數產生器（random number generator）處理各式各樣的數學問題，像是開發密碼系統、建立原子移動的模型、推導出精確的調查報告等，其中所謂虛擬亂數產生器（pseudorandom numbers generator, PRNG）是製造模擬亂數的統計特性的一系列數目的一種演算法。

平方取中法（middle-square method）是數學家馮紐曼在西元 1946 年所提出的一種演算法，同時，也是以計算為基礎的虛擬亂數產生器中，最知名、最早期的一種。他的作法是隨意選取像是 1946 這樣的數字，取其平方數 3786916，並把後者寫成 03786916，接著，取其中 7869 這四位數再重複平方後取其中段數字的過程。事實上，馮紐曼自己是以十位數作為整個演算法的起始數字，其餘的運算方式並無二致。

馮紐曼是以參與熱核反應的共同研究並製造出氫彈而聲名大噪。他本人很清楚自己虛擬亂數的產生方式帶有缺陷，而且所產生的亂數最終將會重複出現，但他還是認為這個方法足以應用在很多領域中。馮紐曼曾在西元 1951 年警告過這個方法的使用者：「任何人如果想用算術方式製造亂數的話，都應當知道這絕非理想的作法。」儘管如此，馮紐曼仍舊偏好使用這套演算法勝過用實體設備生成亂數的方法，畢竟後者無法記錄它們的數值，一旦需要重複相同研究方法以確認問題所在時，碰到的麻煩可就大了。無論如何，馮紐曼當時的計算機並沒有足夠儲存空間記錄數不清的「亂數」，而且他所提出奇妙又簡單的方法透過 ENIAC 計算後，可比慢慢在讀卡機上研判資料快上好幾百倍。

近代較常使用的虛擬亂數產生器採用線性同餘的方式計算 $X_{n+1} = (aX_n + c) \bmod m$，其中 $n \geq 0$，a 是一乘數，m 是模數，c 是一增額數，X_0 為初始值。西元 1997 年由松本真（Makoto Matsumoto）和西村拓士（Takuji Nishimura）兩位所提出的梅森旋轉虛擬亂數演算法（Mersenne twister PRNG algorithm），也是如今運用甚廣、足以令人滿意的虛擬亂數產生器。

馮紐曼攝於西元 1940 年代的照片。馮紐曼開發出平方取中法，是早期一種以計算為基礎、相當知名的虛擬亂數產生器。

參照條目　骰子（約西元前 3000 年）、布馮投針問題（西元 1777 年）、亂數產生器的誕生（西元 1938 年）及 ENIAC（西元 1946 年）

格雷碼

格雷（**Frank Gray**，西元 1969 年歿），
博多（**Émile Baudot**，西元 1845 年～西元 1903 年）

　　格雷碼（Gray code）意指依算數順序並列，其中相鄰兩數只在唯一一個位置相差 1 的數位標記法，譬如 182 跟 172 就是以十進位表示、彼此相連的一組格雷碼（因為只在中間位數相差 1），可是 182 跟 162（沒有那一位數只相差 1），或是 182 跟 173（超過一位數字相差 1）這兩對數字，就不是相連的格雷碼了。

　　「二進位反射式格雷碼」（reflected binary Gray code）是一種簡單、著名且用途廣泛的格雷碼，當中所有位數不是 0 就是 1。在此，引用賈德納（Martin Gardner）的解說方式，將一個標準的二進位數字轉換成反射式格雷碼——首先從一個二進位數字的最右手邊開始，再逐一往前檢視其他各位數；當左邊緊鄰的數字為 0 時不要更動眼前的數字，當左邊緊鄰的數字為 1 時，則將眼前的數字替換掉（我們認定二進位數字最左手邊那一位數的左邊依舊是 0，所以無須更動最左手邊的數字）。將這個規則套用在 110111 將獲得 101100 的二進位反射式格雷碼；以此為例，則所有原本二進位數字也就可以依序轉換成 0、1、11、10、110、111、101、100、1100、1101、1111、…。

　　原先開發二進位反射式格雷碼的目的，在於用更簡單的方式避免電機閘道傳送錯誤訊號，因為格雷碼只容許數列中單一位元的微小變動。如今格雷碼更被用於各種數位傳輸的錯誤校正，像是電視訊號的傳送，同時降低雜訊對整個傳送系統的干擾。法國工程師博多早於西元 1878 年開始，就在電報中使用格雷碼，不過本條目的名稱，卻來自於在貝爾實驗室（Bell Labs）任職，在自己各項工程專利廣泛使用格雷碼的物理學家格雷，他還發明用真空管將類比訊號轉換成二進位格雷碼的方法。時至今日，格雷碼仍舊在圖論、數論這兩個應用領域中佔有重要的一席之地。

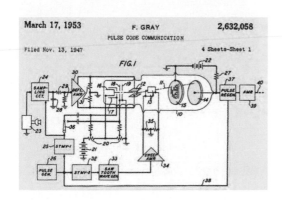

格雷申請美國專利編號第 2,632,058 號（於西元 1947 年建檔，隨後在西元 1953 年核發）時所使用的說明圖例。格雷在這篇專利申請文件中提及相當有名的「二進位反射碼」，之後的研究人員遂將此一編碼方式稱為格雷碼。

參照條目 布爾代數（西元 1854 年）、格羅斯的《九連環理論》（西元 1872 年）、河內塔（西元 1883 年）及資訊理論（西元 1948 年）

資訊理論

夏農（Claude Elwood Shannon，西元 1916 年～西元 2001 年）

　　青少年看電視、在網路世界漫遊、播放 DVD 光碟、天南地北地在電話中講個沒完。在這些過程中，他們往往不曾注意到這一切資訊世代的基礎，都來自於美國數學家夏農在西元 1948 年所發表的《通訊的數學理論》（*A Mathematical Theory of Communication*）。資訊理論（Information theory）是一門涉及資料量化處理的應用數學，可以讓科學家們了解各種不同系統儲存、傳輸與處理各項資訊的能力。除此之外，資訊理論也會研究資料壓縮、減少雜訊干擾以及降低錯誤訊號率等課題，以便盡可能讓更多、更可靠的資訊，能夠透過特定波段頻道儲存或傳送，而「資訊熵」（information entropy）就是用來量測資訊的單位，通常代表儲存或傳送訊息所需的平均位元數。許多資訊理論背後的數學概念來自於波茲曼（Ludwig Boltzmann）及吉布斯（J. Willard Gibbs）兩人在熱力學的貢獻，圖靈（Alan Turing）在二次世界大戰時也是引用類似的觀念，破解德軍利用恩尼格瑪密碼機（Enigma）加密的文件。

　　資訊理論影響相當廣泛的領域，包括數學、電腦科學、神經生物學、語言學，甚至是黑洞理論，在破解密碼或是修正因刮傷而送出錯誤訊號的 DVD 影片等方面更具有實用性。根據西元 1953 年所發行《財星》雜誌的評論：「應用成果豐碩的資訊理論對於人類社會和平進展與避免兵戎相見的貢獻度，高於實體面證明愛因斯坦著名等式行得通的原子彈及核能發電廠，這種說法一點也不誇張。」

　　西元 2001 年，八十四歲的夏農在長期飽受阿茲海默症（Alzheimer，亦即老年癡呆症）所苦的狀態下與世長辭。生前的夏農也曾經是一位傑出的魔術師暨單輪車與西洋棋的高手。因病痛纏身而無緣親自觀察自己所奠基的資訊世代，這一點更是讓人感到唏噓。

技術人員可以透過資訊理論了解各種不同系統儲存、傳輸與處理各項資訊的能力，資訊理論的應用範圍更橫跨了電腦科學與神經生物學等領域。

參照條目　布爾代數（西元 1854 年）、圖靈機器（西元 1936 年）及格雷碼（西元 1947 年）

科塔計算器

赫茲史塔克（**Curt Herzstark**，西元 1902 年～西元 1988 年）

　　許多科學史學家一致公認科塔計算器（Curta Calculator）是第一部成功商業化的可攜式機械計算器。科塔計算器這部手持機器可以完成加減乘除的四則運算，是奧地利猶太人赫茲史塔克被監禁在布亨瓦德（Buchenwald）集中營時的發明，使用者往往會以左手握住圓柱型的機體，並利用機體上八個滑溝槽輸入數字。

　　赫茲史塔克在西元 1943 年因為「幫助猶太人」以及「對亞利安女性無禮」兩項罪名遭訴，最終被送進布亨瓦德集中營。不過，由於他的技術專長以及發明計算器的構想，納粹遂要求他畫出相關設計圖，以便在戰爭結束後，將這份禮物呈獻給希特勒。

　　結果二次大戰結束後，反倒是列支敦斯登（Liechtenstein）親王在西元 1946 年邀請赫茲史塔克前往設立工廠生產科塔計算器。這項商品旋即在西元 1948 年征服了社會大眾，科塔計算器曾享有一段被譽為最佳可攜式計算器的時光，使用頻率之高，要一直等到西元 1970 年代，電子計算機問世後才逐漸退燒。

　　科塔計算器一號機（Type I Curta）可以呈現十一位數的計算結果，更大型、可顯示十五位數的二號機（Type II Curta）則在西元 1954 年問世。在將近二十年的歲月中，總計共生產了大約八萬台一號機與六萬台二號機。

　　天文學家暨知名作家史托爾（Cliff Stoll）曾有這麼一段評語：「克卜勒（Johannes Kepler）、牛頓（Issac Newton）、克爾文男爵湯姆森（William Thomson, Lord Kelvin）都抱怨過自己浪費太多時間在簡單的計算工作上，……那好，這台口袋型機器可同時具備加減乘除的四則運算功能呢！這一台計算器不但包含好幾位數的讀表與記憶功能，同時也搭配簡單的手指操作介面。只不過得等到西元 1947 年才有得買。從此後將近四分之一世紀的時間裡，所有最精巧的口袋型計算器通通來自於列支敦斯登。在這個擁有阿爾卑斯美景又身兼避稅天堂的小國度中，赫茲史塔克生產出有史以來最巧奪天工、足以向工程師巧手致敬的計算器：科塔計算器。」

科塔計算器是第一部成功商業化的可攜式機械計算器。這部手持裝置是赫茲史塔克被囚禁在布亨瓦德集中營時的發明，當時的納粹打算把這部計算器送給希特勒當禮物。

參照條目　算盤（約西元 1200 年）、計算尺（西元 1621 年）、巴貝奇的計算機器（西元 1822 年）、瑞提第一號收銀機（西元 1879 年）、微分分析機（西元 1927 年）及 HP-35：第一台口袋型工程計算機（西元 1972 年）

塞薩多面體

塞薩（Ákos Császár，西元 1924 年生）

多面體是由多邊形邊與邊相連後所組成的立體。那麼，有幾種多面體的任一對頂點都是用多面體的邊相連呢？除了四面體（tetrahedron）之外，目前僅知道塞薩多面體（Császár Polyhedron）而已，它是沒有對角線的多面體。所謂對角線，意指不是以邊連結多面體兩個頂點的直線，譬如擁有四個頂點、六條邊、四個面的四面體就沒有對角線，它的邊都連結了每一對的頂點。

最早提出塞薩多面體的，是匈牙利數學家塞薩。今日的數學家們已經透過組合數學（combinatorics，一門研究到底有多少種選取、排列物品方式的數學領域）理解除了四面體之外，所有沒有對角線的多面體都一定有洞（或說是隧道），塞薩多面體也不例外（沒有模型在手的話，確實不易想像）。就拓樸學上的分類而言，塞薩多面體等價於一個輪胎面（甜甜圈），有著七個頂點、二十一條邊、十四個面，可以與西拉夕多面體（Szilassi polyhedron）互為對偶（dual），意指其中一個多面體的頂點會對應到另一個多面體的邊上。

達伶（David Darling）說：「現在還不能確定是否存在其他沒有對角線、可以用邊連接每一對頂點的多面體。如果有的話，下一個多面體會長成四十四個頂點、六十六條邊、十二個面再外加六個洞，一個似乎不可能完成的構造——那就更不用提這個奇幻家族中的其他成員，會有什麼更奇怪的複雜結構了。」

賈德納（Martin Gardner）也為文替塞薩多面體的廣泛層面應用註解：「在研究這如同骨架般奇特造型的多面體時，……（我們）發現它跟對邊相連正方形上的七彩著色有某些顯著的同構（isomorphism）性質。這個課題跟最小的『有限射影平面』（finite projective plane）有關，跟七位三胞胎女嬰的古老謎題解答有關，跟八支隊伍錦標賽賽程安排有關，也跟創造名為客房配對（Room square）的新魔術方陣有關。」

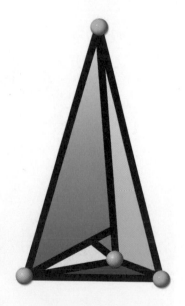

塞薩多面體是目前僅知除了四面體之外，同樣也是沒有對角線的多面體；所謂對角線，意指以一條不是邊卻連結多面體兩個頂點的直線。

 參照條目 柏拉圖正多面體（約西元前 350 年）、阿基米德不完全正多面體（約西元前 240 年）、歐拉多面體方程式（西元 1751 年）、環遊世界遊戲（西元 1857 年）、皮克定理（西元 1899 年）、巨蛋穹頂（西元 1922 年）、雷姆斯理論（西元 1928 年）、西拉夕多面體（西元 1977 年）、連續三角螺旋（西元 1979 年）及破解極致多面體（西元 1999 年）

西元 1950 年

納許均衡

納許（**John Nash**，西元 1928 年生）

　　美國數學家納許在西元 1994 年獲頒諾貝爾經濟學獎，獲獎作品是早在快半世紀之前完成、納許二十一歲時所發表二十七頁、輕薄短小的博士論文。

　　在賽局理論中，納許均衡（Nash equilibrium）專門探討賽局的雙方或多方參與者，會不會因為改變自身策略而獲得額外好處的課題。當賽局中的每一位參與者都選定了自身策略，而且沒有任何參與者能夠在其他對手維持選定策略不變的情況下，單靠自己採用不同策略而獲益時，則這時所有參與者的策略組合，就稱做納許均衡。西元 1950 年，納許第一次在「非合作賽局」（Non-cooperative Games）的博士論文中提到，對任何有限賽局而言，不論當中究竟有多少參與者，一定至少存在一組屬於納許均衡的策略組合。

　　賽局理論在西元 1920 年代隨著馮紐曼（John von Neumann）的研究成果而有了長足發展，並且在他與摩根斯坦（Oskar Morgenstern）聯名出版《賽局理論與經濟行為》（*Theory of Games and Economic Behavior*）一書後達到高峰。馮紐曼與摩根斯坦專注於研究「零和」賽局，即參與者的利益恰好相反的狀況，如今賽局分析已經被運用在人類衝突與談判的研究，以及生物種族間的互動行為。

　　把焦點轉回納許身上。西元 1958 年，《財星》雜誌因為在賽局理論、代數幾何及非線性理論等領域的成就，而特別點名納許是年輕世代中思想最敏銳的數學家。看似註定繼續有所成就的納許，卻在西元 1959 年被迫住院治療，並診斷出患有精神分裂症，他相信外星人會擁立他為南極之王（emperor of Antarctica），並且認為任何像是報紙標題般的平凡事物，都隱藏著極為重要的訊息。納許曾經自我評論道：「我不敢武斷地表示數學家跟瘋子之間有直接連結的關係，但是毫無疑問地，偉大的數學家除了總是帶有瘋狂、胡言亂語的特徵外，多半也都承受著精神分裂症的痛苦。」

上圖——這位就是諾貝爾獎得主納許。這張照片是西元 2006 年在德國科隆大學所舉辦的賽局理論座談會上所攝。下圖——分析賽局理論的數學模型也可以套用在現實生活中的情境分析，應用範圍可以從社會科學的國際關係涵蓋到生物學，近期有關納許均衡的研究，則是用來建構蜜蜂如何爭奪棲息地築巢的模型分析。

海岸線悖論

理查森（Lewis Fry Richardson，西元 1881 年～西元 1953 年），
曼德博（Benoit Mandelbrot，西元 1924 年生）

　　如果有人打算丈量一國的海岸線或是國與國之間的邊界時，他會發現量測的結果跟單位量尺的長度息息相關。如果單位量尺的長度越來越短，也就越來越能針對海岸線微小變化的地方提高量測的敏感度，而且就理論上而言，當量尺的單位長度越來越趨近 0 時，可以量得的海岸線長度就會越來越接近無限大。英國數學家理查森在試圖研究國界特性與國家間兵戎相向有何關連性的時候（他發現一個國家爆發戰爭的可能，與其鄰國的數目有一定比例關係），一併觀察到海岸線悖論（coastline paradox）這個現象。法裔美籍數學家曼德博藉由理查森的研究成果，指出量尺單位長度（ε）與量得的海岸線總長（L）之間，可以用碎形維度（fractal dimenesion）的參數 D 加以表達。

　　我們可以透過單位量尺長度 ε 與圍繞丈量對象所需量尺數 N 之間的研究，理解參數 D 的意義。以一個圓形一般的平滑曲線為例，我們可以得到以下的等式關係：$N(\varepsilon) = c/\varepsilon$，其中 c 是一常數。如果是以海岸線這種碎形曲線為例的話，上述等式關係需修正成：$N(\varepsilon) = c/\varepsilon^D$，接著在等式兩邊都乘以 ε 後，新的等式關係就能用所有量尺長 $L(\varepsilon) = \varepsilon/\varepsilon^D$ 來表示。參數 D 的本質跟傳統維度的定義差不多（直線的維度是 1，平面的維度是 2），只不過 D 可以是分數。因為海岸線在不同比例尺下都呈現盤旋繚繞的狀態，看起來有點「填滿」成平面的樣子，所以，它的維度介於直線與平面之間。而所謂碎形結構意指在不斷放大檢視圖案後，永遠會看到其中越來越精密的細節部分。曼德博還算出英國海岸線的碎形維度 $D = 1.26$。當然啦，在現實生活中是不可能真正用長度極短的量尺丈量物體，這項「悖論」的主要意義，在於告訴我們大自然如何在某些範圍的測量尺度上，展現出碎形維度的特徵。

如果用越來越短的量尺丈量英國海岸線的話，得到的結果會越來越趨近於無限大，這項「悖論」告訴我們大自然如何在某些範圍的測量尺度上，展現出碎形維度的特徵。

參照
條目　魏爾斯特拉斯函數（西元 1872 年）、科赫雪花（西元 1904 年）、郝斯多夫維度（西元 1918 年）及碎形（西元 1975 年）

囚犯的兩難

德雷希爾（**Melvin Dresher**，西元 1911 年～西元 1992 年），
弗拉德（**Merrill Meeks Flood**，西元 1908 年生），
塔克（**Albert W. Tucker**，西元 1905 年～西元 1995 年）

　　現在，天使要審訊兩位囚犯。該隱（Cain）跟亞伯（Abel）兩人都涉嫌非法偷偷溜回伊甸園，只是目前並沒有充分的證據足以將兩人定罪。如果兩個人都不承認這項犯行的話，天使只能降低非法入侵的「刑責」，宣判兩人在沙漠中流亡六個月，從輕發落。如果只有其中一位坦承犯行的話，自首者將可自由離去，另一位將被罰以在沙漠中蠕行並啃食砂礫維生三十年。另一方面，如果該隱跟亞伯兩人都坦承犯行的話，兩人雖然都能因此減輕刑罰，但刑責是為期五年的流放生涯。該隱跟亞伯兩人被分開訊問而無法互通消息，那麼，他們的下一步究竟該怎麼做？

　　首先，這個對他們造成兩難的問題，看似有個理所當然的解答：該隱跟亞伯兩人都不應該認罪，如此兩人才能同時獲得最輕微的懲罰——在沙漠中流亡六個月。不過，如果該隱有意與亞伯一樣死不認罪，但亞伯為了達到自身最大利益、重獲自由的話，亞伯一定會樂意在關鍵時刻背叛該隱。賽局理論一項重要的分析指出，儘管低頭認罪會比都不認罪的合作策略遭致較嚴重的懲罰，但卻是最有可能發生的結果。該隱跟亞伯的兩難展現了獨善其身與互惠共榮之間的利益衝突。

　　德雷希爾與弗拉德兩人在西元 1950 年首次正式提出「囚犯的兩難」（Prison's Dilemma）一詞，深入研究的塔克則證明了「非零和賽局」（non-zero-sum game）的研究困難程度——之所以兩難，在於某位囚犯的所得未必一定得建立在另一位囚犯的所失上。塔克的研究成果隨後在哲學、生物學、社會學、政治科學與經濟學等領域，帶動數不清的討論文獻。

「囚犯的兩難」一詞在西元 1950 年由德雷希爾與弗拉德兩人首次正式提出，這個兩難問題讓其他研究人員了解到研究「非零和賽局」的困難程度，因為某位囚犯的所得，未必一定得建立在另一位囚犯的所失上。

參照條目　季諾悖論（約西元前 445 年）、亞里斯多德滾輪悖論（約西元前 320 年）、聖彼得堡悖論（西元 1738 年）、理髮師悖論（西元 1901 年）、巴拿赫—塔斯基悖論（西元 1924 年）、希爾伯特旅館悖論（西元 1925 年）、生日悖論（西元 1939 年）、豬頭滿江紅（西元 1945 年）、納許均衡（西元 1950 年）、紐康伯悖論（西元 1960 年）及巴蘭多悖論（西元 1999 年）

細胞自動機

馮紐曼（John von Neumann，西元 1903 年～西元 1957 年），
烏拉姆（Stannislaw Marcin Ulam，西元 1909 年～西元 1984 年），
康威（John Horton Conway，西元 1937 年生）

　　細胞自動機（cellular automata）是一組簡單的數學模型，可以用來詮釋複雜行為所組成多樣化的物質演進過程，應用範圍包括模擬不同植物物種散佈的方式、藤壺（一種甲殼類動物）繁衍的變化、化學的振盪反應（oscillating reaction），以及森林大火蔓延的趨勢。

　　細胞自動機的原型是由網格細胞所組成，每個網格細胞只區分成「生」與「死」兩種狀態（occupied or unoccupied），並且是由鄰格細胞所處狀態經過簡單的數學分析加以決定。數學家們會先定義好細胞自動機內的規則，隨後就讓整個局勢，在定義好的世界中自動發展下去。雖然決定細胞自動機如何演化的規則很簡單，但是卻能產生非常複雜，甚至有時候看起來幾乎是隨機變化的複雜情形，例如洶湧翻騰的流體，或是加密後令人費解的文字。

　　早期有關細胞自動機的研究，始於西元 1940 年代烏拉姆用簡單的晶格描述結晶體成長的狀況，他還建議數學家馮紐曼可以用類似的作法，建立一套可以自行複製、像是機器人可以製造另一個機器人這樣的系統，後者遂在西元 1952 年左右，創造出第一個平面的細胞自動機。雖然這個版本細胞自動機的每個網格細胞會有二十九種可能的狀態，但馮紐曼還是用數學方式，完成特定圖案在給定規則的世界中，可以無止境自我繁衍的一個證明。

　　目前最有名、只包含兩種狀態的平面細胞自動機是由康威所發明的生命遊戲（Game of Life），並透過賈德納（Martin Gardner）在《科學人》雜誌的生花妙筆而廣為人知。雖然生命遊戲的規則很簡單，但是，其中的網格細胞卻能產生令人驚訝的多樣化行為與構造，甚至會產生「滑翔機」（glider）——亦即特定的細胞組合可以橫跨整個細胞自動機的世界，甚至還能產生彼此互動的演算成果。西元 2002 年，沃夫勒姆（Stephen Wolfram）出版《一種新科學》（*A New Kind of Science*），並在書中強調細胞自動機可能對所有科學組織，帶來重大影響。

可以在錐形蝸牛的殼上看出細胞自動機的圖案，一種隨著鄰近有色細胞活化或衰退的演變成果。這個類似一維細胞自動機的圖案被沃夫勒姆定義為細胞自動機第三十號規則（Rule 30 automaton）。

參照條目 圖靈機器（西元 1936 年）及數理宇宙假說（西元 2007 年）

西元 1957 年

賈德納的「數學遊戲」專欄

賈德納（**Martin Gardner**，西元 1914 年生）

> 或許某位耶和華的使者察看完一望無際的混沌之洋後，輕輕地用手指在其中撥弄了一下，而就在這剎那被不經意擾亂的平衡中，我們的宇宙誕生了。
>
> ——賈德納（Martin Gardner），《秩序與意外》（*Order and Surprise*）

《數學益智遊戲致勝手冊》（*Winning Ways for Your Mathematical Plays*）一書的作者向賈德納致敬道：「把數學帶給世人這件事上，沒人比他的貢獻更多。」美國數學學會副總編輯傑克森（Allyn Jackson）也說：「為社會大眾打開雙眼看見數學的美麗與奇幻，鼓舞更多人將數學當成一生的志業。」說得一點也沒錯，很多知名的數學觀念都是經由賈德納的筆，才首次獲得社會大眾的注意，隨後才出現在其他的出版品中。

美國作家賈德納自西元 1957 年至 1981 年長期擔任《科學人》中「數學遊戲」專欄的主筆，此外還發行了六十五本書。賈德納從芝加哥大學取得哲學學士學位後畢業，他豐富的學養與廣泛的知識，來自於大量閱讀與函授課程。

根據許多當代數學家表示，賈德納是二十世紀實際上用數學趣味薰陶美國社會的最重要一位人物，侯世達（Douglas Hofstadter）曾讚譽賈德納為「美國在二十世紀培育出最偉大知識份子中的一位」。賈德納「數學遊戲」專欄探討的主題包括摺紙戲法（flexagon）、康威的生命遊戲（Conway's Game of Life）、四角系統（polyominoes）、索瑪立方體（soma cube）、六貫棋（Hex）、七巧板（tangram）、**潘洛斯鋪磚法**（Penrose Tiles）、**公鑰密碼學**（public-key cryptography）、埃舍爾（M. C. Escher）的藝術創作以及碎形（fractal）等。

賈德納在《科學人》雜誌上的第一篇文章主要討論六角摺紙戲法（hexaflexagon，可以隨意翻轉圖案的六角形摺紙），發表於西元 1956 年十二月，雜誌發行人皮爾（Gerry Piel）遂將賈德納找去辦公室，問他是否有足夠類似的題材可以固定以專欄形式成為雜誌的特色，賈德納回應說應該辦得到，因此從下一期——西元 1957 年一月號——就開始了「數學遊戲」的第一篇專欄。

上圖——西元 2008 年舉行「來自賈德納的召喚」（Gathering for Gardner，g4g）論壇所使用的其中一個標識。這場兩年一次的聚會是為了向賈德納致敬，並在會中提倡各種不論是趣味數學、魔術把戲、謎題、藝術或哲學新念頭的展現。這個標識出自克拉塞克（Teja Krašek）之手。下圖——賈德納與他作品的合影：總計有六個書櫃，發行時間點可以回溯到西元 1931 年（這張照片是西元 2006 年在賈德納位於俄克拉荷馬的家中所攝）。

參照條目 六貫棋（西元 1942 年）、細胞自動機（西元 1952 年）、潘洛斯鋪磚法（西元 1973 年）、碎形（西元 1975 年）、公鑰密碼學（西元 1977 年）及《數字搜查線》（西元 2005 年）

吉伯瑞斯猜想

吉伯瑞斯（**Norman L. Gilbreath**，西元 **1936** 年生）

西元 1958 年，一張餐巾紙上的潦草字跡留下了美國數學家暨魔術師吉伯瑞斯針對質數所提出的神祕假設。吉伯瑞斯先寫出了一列質數——也就是大於 1 的數字中，像是 5、13 這種只能被 1 跟本身兩個數字整除的整數，接著他把這一列的數字差記錄在第二列，隨後同樣以數字差、不加正負號的原則追加幾列數字，得到如下的結果：

```
2, 3, 5, 7, 11, 13, 17, 19, 23, 29, 31, ...
1, 2, 2, 4, 2,  4,  2,  4,  6,  2, ...
1, 0, 2, 2, 2,  2,  2,  2,  4, ...
1, 2, 0, 0, 0,  0,  0,  2, ...
1, 2, 0, 0, 0,  0,  2, ...
1, 2, 0, 0, 0,  2, ...
1, 2, 0, 0, 2, ...
1, 2, 0, 2, ...
1, 2, 2, ...
1, 0, ...
1, ...
```

吉伯瑞斯猜想（Gilbreath's Conjecture）指出，上面這個結果除了第一列之外，每一列的第一個數字一定是 1，截至目前為止儘管經過好幾千億列的檢視，還是沒有人能找到例外的情況。數學家蓋伊（Richard Guy）曾指出：「儘管這個假設很有可能成立，但是在可預見的將來內，我們似乎不太可能有辦法看到吉伯瑞斯猜想的證明。」數學家們還無法確認這個猜想是因為質數所形成的特殊關係，或者適用於所有以 2 為開頭的數列，只要後面是以相當速度增加、彼此間保有一定間距的奇數即可。

雖然吉伯瑞斯猜想在數學史上的地位，不如本書許多其他條目來得重要，不過這仍舊是一個相當神奇的例子，說明某些非數學專業玩家也能提出的簡單問題，卻需要數學家們以幾世紀的時間才能完成證明。可能等到哪天人類能夠更加了解質數到底是以什麼樣的間距分佈時，我們才會拿到解開這個謎題的那把鑰匙。

吉伯瑞斯西元 2007 年於劍橋大學的留影。偉大的數論大師艾狄胥（Paul Erdös）認為吉伯瑞斯猜想應該會成立，不過可能還需要兩百年的時間才能完成證明。

參照
條目　為質數而生的蟬（約西元前一百萬年）、埃拉托斯特尼篩檢法（西元前 240 年）、哥德巴赫猜想（西元 1742 年）、正十七邊形作圖（西元 1796 年）、高斯的《算術研究》（西元 1801 年）、黎曼假設（西元 1859 年）、質數定理的證明（西元 1896 年）、布朗常數（西元 1919 年）、烏拉姆螺線（西元 1963 年）及安德里卡猜想（西元 1985 年）

球面翻轉

斯梅爾（Stephen Smale，西元 1930 年生），
莫杭（Bernard Morin，西元 1931 年生）

拓樸學家多年以來都知道理論上有辦法把一顆球的內、外面翻轉，可是究竟該如何著手卻一點概念也沒有，直到研究人員有了電腦繪圖這項工具後，數學暨繪圖專家麥克斯（Nelson Max）才總算用一則動畫影片呈現該如何翻轉球面。麥克斯這支名為《球面翻轉》（*Turning a Sphere Inside Out*）的影片完成於西元 1977 年，主要是根據法國失明的拓樸學家莫杭於西元 1967 年所提出的研究成果，整支影片聚焦在如何讓一個表面在不打洞、沒皺摺的情況下，穿越自己以完成翻轉的過程。西元 1958 年以前的數學家們都認為此題無解，直到斯梅爾在那一年提出不同的證明方式，才改變了所有人的看法，但那個時候，還沒有圖像可以清楚說明整個翻轉過程到底是怎麼辦到的。

我們在此所討論的翻轉球面，可不是把一個扁平的海灘球從充氣口翻面後再重新打氣進去，相反地，我們探討的可是一個沒有洞的球體。數學家們設法把一顆球體模擬成一片薄膜，用不斷延展的方式在不撕破、不扭尖、不弄皺的條件下自體穿越，也就是為了避免這些破壞球面的工作，才使得翻轉的過程更加困難。

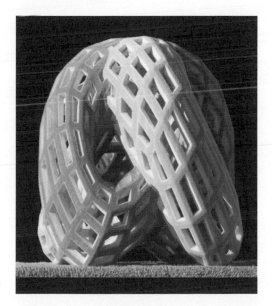

數學家們在西元 1990 年下半葉更進一步地發現幾何上的「優選」（optimal）途徑——在球面翻轉過程中，以最省力的方式扭轉整顆球。這個優選的翻轉方式已經成為 *Optiverse* 這支彩色電腦動畫當中的主題，不過，影片中所陳述的原理無法比照辦理地把一顆現實生活中表面封閉的球體內、外翻轉，畢竟現實的球體並不是用可自體穿越的材質打造，所以，除了打個洞讓球面翻轉外，別無他法。

上圖——如今數學家已經清楚知道該如何完成球面翻轉的工作，不過在許多年以前，可沒有哪位拓樸學家能夠完成這個艱鉅的幾何工程。下圖——塞岡（Carlo H. Sequin）用實體模型展示其中一個翻轉球面的數學階段（綠色部分表示原先在外部的球面，紅色部分表示原先在內部的球面）。

參照條目　莫比烏斯帶（西元 1858 年）、克萊恩瓶（西元 1882 年）及波以曲面（西元 1901 年）

柏拉圖撞球檯

卡羅（Lewis Carroll，西元 1832 年～西元 1898 年），
史坦豪斯（Hugo Steinhaus，西元 1887 年～西元 1972 年），
哈德爾森（Matthew Hudelson，西元 1962 年生）

　　柏拉圖撞球檯（Platonic Billiards）這個問題讓超過一世紀的數學家們傷透腦筋，而且居然在以正立方體為例，提出證明後的將近五十年，才有針對所有柏拉圖正立方體的完整解答。題目是這樣的：假設有一顆撞球以正立方體為球檯，在其中滾來滾去，理論上先忽略摩擦阻力或重力的影響，則我們是否有辦法找出一條路徑讓這顆撞球在每一面各碰一下後，回到原出發點？首先提出這個問題的人，是英國作家暨數學家卡羅。

　　等到西元 1958 年，波蘭數學家史坦豪斯在許多地方發表如何證明此一路徑存在（於正立方體內）的方式。隨後在西元 1962 年，數學家康威（John Conway）與海瓦德（Roger Hayward）一起在正四面體內找到類似的路徑。不論是在正立方體或正四面體內，面與面之間的路徑長度都一樣，而且就理論上而言，這顆撞球將沿著這條路徑不停止地反彈下去。儘管如此，當時還沒有人能證明其他的柏拉圖正多面體內部，是否也存在類似的路徑。

　　最後，西元 1997 年，美國數學家哈德爾森終於找出這些位於柏拉圖正多面體如正八面體、正十二面體及正二十面體內的神奇路徑。就像平常打撞球的情況一樣，哈德爾森發現的這些路徑會在正多面體內壁各面碰撞一次後回到原出發點，然後，順著相同路徑繼續反彈下去。哈德爾森利用電腦協助他完成這項挑戰性很高的研究工作，不妨設想一下在正十二面體及正二十面體內有多少種可能路徑需要逐一被檢驗；為了能夠在這兩個正多面體內找出明確的答案，哈德爾森利用電腦程式跑出超過十萬條隨機的起始路徑，最終才找出如何在正十二面體與正二十面體間的碰撞。

數學家已經找出撞球如何在五個柏拉圖正多面體各面碰撞後回到原出發點的路徑，譬如在這張由克拉塞克（Teja Krašek）繪製正二十面體的內壁各撞一次的封閉路徑。

參照條目　柏拉圖正多面體（約西元前 350 年）及外邊界撞球檯（西元 1959 年）

西元 **1959** 年

外邊界撞球檯

紐曼（**Bernhard Hermann Neumann**，西元 **1909** 年～西元 **2002** 年），
莫瑟（**Jürgen Moser**，西元 **1928** 年～西元 **1999** 年），
史瓦茲（**Richard Evan Schwartz**，西元 **1966** 年生）

外邊界撞球檯（Outer Billiards, OB）的概念發源於德國出生的英國數學家紐曼在西元 1950 年代所提出的想法，另一位德裔美籍數學家莫瑟，則在西元 1970 年代將 OB 普及化為行星運動的一種簡化模型。讀者們如果也想動手做實驗的話，請先畫出一個多邊形，並在多邊形外部找出一點 x_0 做為撞球的起點。接著讓這顆撞球以直線運動方式經過多邊形的一個頂點後，繼續行進到另一點 x_1 使得該頂點恰好位於 x_0 與 x_1 的中點。接下來，請用相同步驟以順時針方向往下一個頂點前進。

紐曼提出的問題是：這樣一條圍繞著多邊形的軌道會不會是無法封閉的圖形，以致這顆撞球將永無止境地運動下去？對正多邊形（regular polygon）而言，這條路徑一定會形成封閉的軌道，不會繞著繞著就離正多邊形越來越遠；如果該多邊形的邊長是有理數（亦即可以用分數表示的長度）的話，這條路徑不但封閉而且還具有週期性，會讓撞球最終回到原先的出發點。

西元 2007 年，布朗大學的史瓦茲終於利用潘洛斯鋪磚法（Penrose tiling）中被稱為潘洛斯風箏（Penrose kite）的四邊形，證明紐曼的外邊界撞球檯有可能在歐幾里得平面上形成無法封閉的軌道。史瓦茲同時發現會有一個封閉的週期性軌道，在三個較大的八邊形區域中不斷繞行，其他區域則會以無法封閉的軌道形式，逐漸收斂成一組特定的點集合。就跟其他近代的數學證明一樣，史瓦茲也是依賴電腦才逐漸完成一開始的證明。

將焦點移回紐曼身上。紐曼在西元 1932 年取得柏林大學的博士學位，當希特勒在隔年掌權後，紐曼意識到自己猶太人的身分將招致危險，因此，先逃抵阿姆斯特丹後，再轉往劍橋大學任職。

史瓦茲指出，以潘洛斯風箏（圖中心位置的橘色多邊形）為主體的外邊界撞球檯，會動態發展成變化多端的鋪磚圖案；圖中每個著色的多邊形區域，顯示出這條路徑在這些區域所形成的端點。

參照條目　柏拉圖正多面體（約西元前 350 年）及潘洛斯鋪磚法（西元 1973 年）

紐康伯悖論

紐康伯（**William A. Newcomb**，西元 1927 年～西元 1999 年），
諾齊克（**Robert Nozick**，西元 1938 年～西元 2002 年）

在你面前有兩個法櫃，或者簡單一點說，有兩個箱子，分別標示著「一號箱」跟「二號箱」。一位天使對你說，「一號箱」裡面有支黃金打造的酒杯，價值一千美元；「二號箱」裡面要嘛是隻毫無價值的蜘蛛，要嘛就是價值連城的蒙娜麗莎畫作。現在你可以有兩個選擇：一口氣帶走兩個箱子，或者只把「二號箱」帶走。

不過，天使接下來這句話讓你變得難以下手：「我們已經預測了你的選擇，而且你也知道，我們的預測幾乎可以說是百分之百正確。當我們預測你會同時帶走兩個箱子時，我們會在『二號箱』放進毫無價值的蜘蛛；當我們認為你只會帶走『二號箱』時，我們會把蒙娜麗莎的畫作放在裡面。至於『一號箱』嘛，不論我們對你的行為預測為何，裡面永遠都是價值一千美元的黃金酒杯。」

因此你會認為應該只帶走「二號箱」就好了，反正天使的預測不會出錯，那麼你就可以把蒙娜麗紗的畫作帶回家。如果你打算兩個箱子都帶走的話，天使一定早就預測了你的行為，所以「二號箱」裡面只會有一隻蜘蛛罷了，也就是說，你只會得到一千美元的黃金酒杯跟一隻蜘蛛。

可是就在這個時候，天使又開口打亂你的思緒：「我們早在四十天前就預測了你的行為，所以我們早就把蒙娜麗紗的畫作或是一隻蜘蛛放進『二號箱』裡面了。不過我們可不會告訴你『二號箱』裡面究竟是什麼東西。」

如此一來，你會認為應該把兩個箱子都帶走才能一網打盡。如果只是傻傻地拿走「二號箱」的話，最多也只能把蒙娜麗紗的畫作帶回家——為什麼要白白浪費那支價值一千美元的黃金酒杯呢？

上述這個過程就是紐康伯悖論（Newcomb's paradox）的內容架構，是由物理學家紐康伯在西元 1960 年所提出的疑問，之後則由哲學家諾齊克在西元 1969 年提出更完整的論述。時至今日，專家們就算想破了頭，也無法解決這兩難的選擇，對於到底該怎麼做才是你的最佳策略這一點，也還一直爭論不休。

物理學家紐康伯在西元 1960 年提出紐康伯悖論這個問題。
明知無所不曉的天使幾乎不可能預測錯誤的情況下，你會
把兩個箱子都帶走嗎？

參照
條目　季諾悖論（約西元前 445 年）、亞里斯多德滾輪悖論（約西元前 320 年）、聖彼得堡悖論（西元 1738 年）、理髮師悖論（西元 1901 年）、巴拿赫－塔斯基悖論（西元 1924 年）、希爾伯特旅館悖論（西元 1925 年）、囚犯的兩難（西元 1950 年）及巴蘭多悖論（西元 1999 年）

謝爾賓斯基數

謝爾賓斯基（**Wacław Franciszek Sierpiński**，西元 1882 年～西元 1969 年）

數學家札吉爾（Don Zagier）說過：「為什麼只有某些數字是質數而其他的不是，其實還找不到絕對充分的解釋，相反地，仔細觀察這些質數還會讓人感到冥冥之中，就是有一股來自造物者無法解釋神祕力量存在的感覺。」波蘭數學家謝爾賓斯基在西元 1960 年證明有無窮多個奇數 k，稱之為謝爾賓斯基數（Sierpiński number），會使得 $k \times 2^n + 1$ 對任何正整數 n 而言，都不是質數。皮特遜（Ivars Peterson）對此表示：「說也奇怪，似乎沒有什麼具體理由可以解釋為什麼這條特定算式運算的結果不會是質數。」根據這樣的背景描述，我們可以用另一種方式說明謝爾賓斯基的問題：「到底哪個數字才是最小的謝爾賓斯基數？」

美國數學家塞爾弗里奇（John Selfridge）在西元 1962 年發現了當時已知最小的謝爾賓斯基數 $k = 78,557$，他還額外證明這個謝爾賓斯基數經由 $k \times 2^n + 1$ 運算後，得到的所有數字一定可以被 3, 5, 7, 13, 19, 37 或 73，這幾個數字中的一個整除。

謝爾賓斯基與塞爾弗里奇兩人在西元 1967 年時都同意 78,557 是最小的謝爾賓斯基數，似乎謝爾賓斯基的問題已經獲得解答。可是，今日的數學家們仍舊懷疑是否還有更小的謝爾賓斯基數尚未被發現。因此，只要我們逐一將所有小於 78,557 的奇數代入計算式後證明一定找得到任一質數的話，這個問題就沒什麼值得懷疑的了。截至西元 2008 年二月為止，目前只剩下六個可能的候選數字尚未被排除會是真正最小的謝爾賓斯基數，並透過 Seventeen Or Bust（最多只到十七）這套分散式電腦運算計畫進行最終的確認。例如在西元 2007 年十月的時候，Seventeen Or Bust 驗算出 $33,661 \times 2^{7,031,232} + 1$ 這個包含 2,116,617 位數的數字是個質數，亦即排除 33,661 成為最小謝爾賓斯基數的可能。如果數學家們總算能針對所剩下的候選數字都找出任一相對應質數的話，經歷大約五十年的謝爾賓斯基問題，也總算能塵埃落定了。

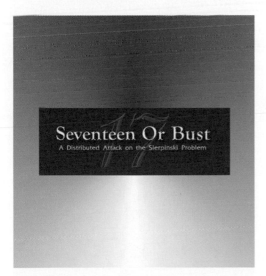

Seventeen Or Bust 這套分散式電腦運算計畫的標識。這項計畫的目的在於確認 78,557 究竟是不是最小的謝爾賓斯基數，這些年來全球有好幾百台電腦透過這項計畫串連在一起執行計算功能，期望能找到上述問題的解答。

參照條目　為質數而生的蟬（約西元前一百萬年）、埃拉托斯特尼篩檢法（西元前 240 年）、哥德巴赫猜想（西元 1742 年）、正十七邊形作圖（西元 1796 年）、高斯的《算術研究》（西元 1801 年）、質數定理的證明（西元 1896 年）、布朗常數（西元 1919 年）、吉伯瑞斯猜想（西元 1958 年）、烏拉姆螺線（西元 1963 年）、群策群力的艾狄胥（西元 1971 年）及安德里卡猜想（西元 1985 年）

混沌理論與蝴蝶效應

阿達馬（Jacques Salomon Hadamard，西元 1865 年～西元 1963 年），
龐加萊（Jules Henri Poincaré，西元 1854 年～西元 1912 年），
勞侖次（Edward Norton Lorenz，西元 1917 年～西元 2008 年）

　　對古時候的人來講，混沌（Chaos）代表未知的靈界──那是一個充滿險惡與夢魘的情境，反映人類需要依靠一定的形狀與結構才能展現理解力，也反映我們無法掌握具體事物的恐懼。不過，廣泛研究各種現象都跟初始狀態息息相關的混沌理論，如今卻是充滿新奇、成長快速的領域，儘管混沌狀態的發展乍看之下，經常予人「隨機而就」、無法預測的感受，但其實當中的演化過程，往往遵循方程式可以推導並加以研究的嚴格數學法則，其中一項研究混沌的重要輔助工具，就是計算機圖形學。舉凡玩具一閃一閃隨機發出光線，到香煙釋放出一捲又一捲繚繞的白煙，混沌行為多半沒有秩序與規律可言，其他的例子還包括天氣變化、交感神經與心臟的跳動、股市的起落，以及某些電腦組成的電子網路。除此之外，在許多視覺藝術中，也都能看得到混沌理論實際應用的成果。

　　在科學領域中，混沌體系也有一些知名且讓人印象深刻的例子，像是流體內的熱傳導、超音速飛機儀表版的震動、化學的振盪反應（oscillating reaction）、流體力學、人口成長理論、粒子週期性衝擊振動板的結果、各種鐘擺及螺旋槳運動的軌跡、非線性電路設計，以及曲梁挫屈理論（buckled beam）等。

　　混沌理論最早的根源大約始於西元 1900 年、當數學家阿達馬與龐加萊開始研究移動物體複雜軌跡的時候。西元 1960 年代初期，在麻省理工學院研究氣象學的專家勞侖次使用一組方程式系統模擬大氣對流，儘管這組方程式並不複雜，他卻很快發現混沌現象的其中一項特徵──初始狀態極微小的差異會導致天差地遠、無法預測的結果。勞侖次在西元 1963 年發表一篇論文，說明在地球某地拍動翅膀的蝴蝶，最終竟會影響數千哩以外的天氣變化，如今我們就用蝴蝶效應一詞描述這種不可思議的關連性。

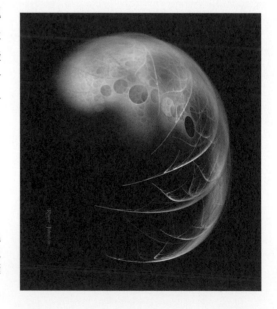

由強斯頓（Roger A. Johnston）所繪製混沌數學的圖案。雖然混沌行為乍看之下既「隨機」又無法預測，但背後往往遵循可以用方程式推導並加以研究的嚴格數學法則；此外，初始狀態極微小的差異將導致全然不同的結果。

參照條目　劇變理論（西元 1968 年）、費根堡常數（西元 1975 年）、碎形（西元 1975 年）及池田收束（西元 1979 年）

西元 1963 年

烏拉姆螺線

烏拉姆（**Stannisław Marcin Ulam**，西元 1909 年～西元 1984 年）

西元 1963 年當烏拉姆在一場無聊的會議中信手塗鴉時，這位波蘭出生的美籍數學家無意間發現著名的烏拉姆螺線（Ulam spiral）、一個展現出質數特性的圖案（質數就是大於 1 的數字中，像是 5、13 這種只能被 1 跟本身兩個數字整除的數字）。他在紙張中心寫下 1，然後把所有自然數以逆時針的螺旋方向逐一寫出，接著再把其中的質數通通圈起來，當螺旋的範圍越來越大時，烏拉姆注意到質數似乎有在對角線上出現的趨勢。

烏拉姆之後利用計算機圖形學顯示出更清楚的對角線特徵。儘管對角線位置上的數字不是奇數就是偶數，但令人嘖嘖稱奇的是，質數就是更容易比其他數字出現在對角線的位置上。在發現這項質數的特性之外，這個簡單的方法顯示出電腦就好像顯微鏡一樣，可以讓數學家們仔細端詳某些特殊結構後，提出新的定理，或許才是更重要的啟示。烏拉姆螺線的電腦驗證工作發生在西元 1960 年代初期，自此之後一直到二十世紀末為止，實驗數學的風潮開始呈現爆炸性的發展。

賈德納（Martin Gardner）評論道：「質數兼具規律與隨意的分佈方式已經令人費解，而烏拉姆螺線的對角線骨架，則為這項難解的特徵再添一筆奇幻的色彩。……雖然是偶然間隨手寫下的記錄，但烏拉姆因此為數學未知領域帶來一絲微光的結果卻不容忽視。烏拉姆跟泰勒（Edward Teller）兩人就是在前者提出建議方案的基礎上，才讓製造出第一顆熱核彈的潛在『點子』終於成真。」

除了在數學領域的貢獻以及參與曼哈頓計畫（Manhattan Project）、在二次世界大戰期間研發出第一顆核子武器外，烏拉姆也為太空船的動力推進系統貢獻良多。烏拉姆跟他弟弟在父親的安排下於二次世界大戰爆發前夕逃離波蘭，而他所有其他的家族成員，卻通通不幸成為大屠殺（Holocaust）下的受難者。

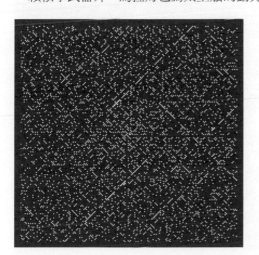

這是一張 200 × 200 大小的烏拉姆螺線圖，其中部分對角線圖案特別用黃色標示。烏拉姆螺線的簡圖顯示出電腦就好像顯微鏡一樣，可以讓數學家們仔細端詳某些特殊結構並提出新的定理。

無法證明的連續統假設

康托爾（**Georg Cantor**，西元 1845 年～西元 1918 年），
柯恩（**Paul Joseph Cohen**，西元 1934 年～西元 2007 年）

在康托爾的超限數（Cantor's Transfinite Numbers）條目中，我們談到寫成 $\aleph_0$ 的最小超限數（aleph-nought，希伯來文，隱含有 0 的意思），當中只「計算」所有整數的個數。雖然所有整數、有理數（rational number，可以用分數表示的數字）跟無理數（irrational number，像是 $\sqrt{2}$ 這樣的數字）的個數都是無限大，不過感覺起來，無理數的個數總是應該比整數或有理數的無限大都要來得更大，相同的道理，實數（real number，包含所有有理數及無理數的集合）的個數也應該比整數的個數來得多。

為了表示上述各種集合間的差異，數學家們把有理數、整數的無限大定義成 $\aleph_0$，並且把無理數或實數的無限大定義成 C，兩者間的簡單關係就寫成 $C = 2^{\aleph_0}$。C 表示實數集合的基數（cardinality），通常被稱之為連續統（continuum）。

此外，數學家們也想過用 $\aleph_1$、$\aleph_2$ 等符號表示更大的無限大，在集合論的定義中，$\aleph_1$ 表示比 $\aleph_0$ 更大的最小的無限集合，其他符號以此類推。雖然康托爾的連續統假設指出 $C = \aleph_1 = 2^{\aleph_0}$，但是如今集合論已經證明我們無法判斷 C 跟 $\aleph_1$ 之間的等號成立與否。換句話說，雖然以哥德爾（Kurt Gödel）為代表的偉大數學家們已經證明連續統假設與集合論的標準公理是相容的，但是，美國數學家柯恩卻在西元 1963 年證明就算連續統假設為假，也一樣與集合論的標準公理相容！柯恩出生於美國紐澤西州長枝鎮的猶太家庭，西元 1950 年從紐約市的史岱文森高中畢業。

另外還有一點特別值得注意：有理數的個數跟整數的個數一樣，無理數的個數則和實數的個數一模一樣（數學家們通常會用基數表示無限大的「個數」）。

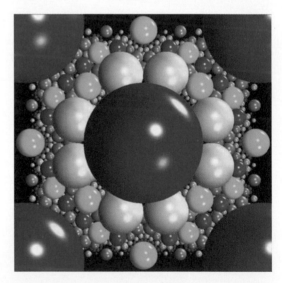

雖然各種無限的觀念並不容易理解，不過卻可以利用附圖「高斯的有理數」（Gaussian rational numbers）這種電腦繪圖作為輔助工具。圖中每一顆球都代表位於複數平面上的複分數（complex fraction）p/q，其半徑為 $1/(2q\overline{q})$。

參照條目 亞里斯多德滾輪悖論（約西元前 320 年）、康托爾的超限數（西元 1874 年）及哥德爾定理（西元 1931 年）

超級橢圓蛋

海恩（**Piet Hein**，西元 1905 年～西元 1996 年）

約西元 1965 年時，丹麥科學家、設計師與發明家海恩開始推廣超級橢圓蛋的造型（superegg，也寫成超級橢圓體，super-ellipsoid）。這個造型不但美觀，也由於它的兩端直立時，都能維持令人不可思議的穩定性，因此特別引人注目。若用方程式表達立體的超級橢圓蛋時，先用 $|x/a|^{2.5} + |y/b|^{2.5} = 1$ 畫出一個橢圓形，其中 $a/b = 4/3$，再將這個橢圓形沿著 x 軸旋轉一圈即可，我們更可以把超級橢圓蛋一般化的方程式寫成 $(|x|^{2/a} + |y|^{2/a})^{a/b} + |z|^{2/b} = 1$，其中 a 跟 b 都大於 0。

我們可以用各種材質製造海恩的超級橢圓蛋，它新穎的外型在西元 1960 年代成為風靡一時的玩具，如今更可以在各種場合看到超級橢圓蛋的存在，像是蠟燭杯台、家具設計，或是在杯子中用來替飲料降溫的不銹鋼蛋。海恩是在西元 1965 年第一次「生出」這顆超級橢圓蛋，當時各種相似造型的手持產品遂由丹麥史克雅鎮上的史克魯德公司（Skjøde）負責生產與銷售。西元 1971 年，全球最大的一顆、以金屬打造重量將近一噸的超級橢圓蛋，被擺放在格拉斯哥凱文廳的外面。

其實法國數學家拉梅（Gabriel Lamé，西元 1795 年～西元 1870 年）研究各式各樣超級橢圓蛋的時間還早於海恩，但海恩才是把第一位把超級橢圓蛋變成實體，並且在建築、家具，甚至是都市設計等各種領域，推廣超級橢圓蛋因而聲名大噪的人物。

譬如在瑞典斯德哥爾摩市中心環形的交通樞紐處，就引用了超級橢圓蛋的造型。在該地的道路規劃並不適合採用橢圓形的設計，因為其兩個尖端會讓在趨近矩形廣場周邊較為緩慢的車流形成堵塞。海恩在西元 1959 年被問到該如何設計，之後讓賈德納如此評論當地的道路設計：「海恩既不太圓也不太方的曲線設計巧妙地融合橢圓與矩形的美學觀，居然鬼斧神工地滿足了當地的需求，斯德哥爾摩馬上就接受了這個 2.5 次方（方程式的 $a/b = 6/5$）的超級橢圓蛋做為市中心廣場的設計基調……。」

一顆海恩的超級橢圓蛋就坐落在丹麥菲英島克維恩督普的伊埃斯科堡護城河的對岸。這座城堡在西元 1550 年代中葉開始興建，是文藝復興時代所有有護城河的城堡中，保留最完整的一座，當時想要進入城堡就一定得經過吊橋不可。

**參照
條目** 星形線（西元 1674 年）

模糊邏輯

澤德（**Lotfi Zadeh**，西元 1921 年生）

　　傳統二值邏輯對於條件的判斷結果只有「真」或「假」（true or false）兩個值，但是，由數學家暨電腦科學家澤德引進的模糊邏輯（fuzzy logic, FL），卻允許用一段連續範圍表示「真」值。澤德在伊朗長大，隨後在西元 1944 年移民美國。模糊邏輯是模糊集合論的產物，模糊集合論則是用來探討集合內元素分別有不同程度歸屬（degrees of memebership）的情況。澤德在西元 1965 年發表一篇具有創見、探討模糊集合的數學論文，隨後在西元 1973 年提供模糊邏輯的完整論述。

　　以某些裝置上的溫度感測器備為例，所謂的歸屬函數（membership function）同時包含冷、溫、熱三種概念，而溫度量測後也可能同時包含「不冷」、「微溫」、「稍熱」的三種結果──因此，可以回過頭控制該裝置如何運轉。澤德認為如果可以針對控制器不精準、帶有雜訊的回饋訊號編寫程式的話，反而可以得到更有效、更容易執行的效果。就某種層面而言，這種方法跟人類做決定的手法相當類似。

　　由於模糊邏輯從方法論開始就不容易理解，因此，當時沒有什麼專門期刊願意刊登澤德在西元 1965 年完成的論文，或許是為了避免「含混不清」的思維悄悄竄進工程界裡。根據作家田中一男（Kazuo Tanaka）的描述：「西元 1974 年是模糊邏輯發展的轉折點，當時倫敦大學曼達寧教授（Ebraham Mamdani）利用模糊邏輯的原理操控一台簡易的蒸氣引擎……。」數年後的西元 1980 年，模糊邏輯也被用來控制水泥窯，還有許多日本公司利用模糊邏輯控制淨水流程跟鐵路系統。從此以後，包括煉鋼廠、自動對焦相機、洗衣機、發酵流程、引擎自動控制系統、防鎖死煞車系統、沖洗彩色相片、玻璃生產流程、金融交易的電腦程式，以及用來區別口語與書寫語言之間模糊差異的系統，都是模糊邏輯的應用領域。

應用模糊邏輯可以設計出更有效率的洗衣機，譬如西元 1999 年審核通過的美國專利編號第 5,897,672 號，就是描述如何使用模糊邏輯偵測洗衣機裡面各種不同材質衣物的相對比例。

參照條目　亞里斯多德的《工具六書》（約西元前 350 年）、布爾代數（西元 1854 年）、文氏圖（西元 1880 年）、《數學原理》（西元 1910 年～西元 1913 年）及哥德爾定理（西元 1931 年）

瞬時瘋狂方塊遊戲

安姆巴拉斯特（**Frank Armbruster**，西元 **1929** 年生）

當我年紀還小的時候，我從來無法破解一種名叫「瞬時瘋狂」（Instant insanity）的彩色方塊遊戲。不過，我也不必太妄自菲薄，畢竟這四個彩色方塊總共有 41,472 種排成一列的方式，其中只有兩種是正確解答，一股腦地嘗試錯誤，當然是不得要領的方法。

這個遊戲看起來簡單得難以令人置信。排成一列的四個方塊中，每一塊的六個面都塗上四種顏色中的一種，只要能夠讓排成一列的四個方塊每一面都沒有出現重複的顏色就可以完成任務。被著色的每個方塊會產生二十四種方位，所以「瞬時瘋狂」方塊遊戲最多可以有 $4! \times 24^4 = 7,962,624$ 種不同的排列方式，由於方塊順序不同並不影響遊戲任務能否完成，因此，可以把上述的排列方式簡化成 41,472 種解答。

數學家們會用圖論的概念詮釋方塊上的各種色彩，只要把每個方塊相對面的一組色彩設為一群並以此定義每個方塊，就可以很快找到破解遊戲的答案。根據數學新聞作者皮特遜（Ivars Peterson）的說法：「對於很熟悉圖論的玩家而言，基本上只要花費幾分鐘就能找到答案。這個遊戲確實足以作為鍛鍊邏輯思考的一堂課。」

在教育專家安姆巴拉斯特將自己設計的專利授權給派克兄弟遊戲公司（Parker Brothers）後，「瞬時瘋狂」方塊遊戲還真的一鳴驚人地捲起一陣熱潮，光是在西元 1960 年代末期，總計就賣出超過一千兩百萬套。大約在西元 1900 年，另一款名叫「強烈誘惑」（Great Tantalizer）的類似彩色方塊遊戲也曾風靡過一陣了。安姆巴拉斯特曾寫信告訴我：「當我在西元 1965 年收到一組強烈誘惑時，我發現這玩意很適合排列組合教學之用。我一開始先用上色的木塊做出樣品，接著開始銷售用塑膠做成、預先排列成正確解答的成品。有一位顧客向我提議使用『瞬時瘋狂』這個名稱，我從善如流地登記為產品商標，之後派克兄弟遊戲公司就開出一個讓人無法拒絕的價碼取得我的授權。」

手裡拿著那套知名「瞬時瘋狂」方塊遊戲的安姆巴拉斯特。這個遊戲總共有 41,472 種排成一列的方式，其中只有兩種是正確解答，光是在西元 1960 年代末期就賣出超過一千兩百萬套。

參照條目　格羅斯的《九連環理論》（西元 1872 年）、十五格數字推盤遊戲（西元 1874 年）、河內塔（西元 1883 年）、六貫棋（西元 1942 年）及魔術方塊（西元 1974 年）

朗蘭茲綱領

朗蘭茲（**Robert Phelan Langlands**，西元 1936 年生）

西元 1967 年，當時三十歲的普林斯頓數學教授朗蘭茲寫了一封信給知名的數論理論大師韋伊（André Weil），請教他對於一些數學新觀點的想法：「就算您願意把我的信就當成一場腦力激盪，我會非常感激您，如果您沒打算這麼做——我相信您身旁一定有個廢紙簍。」根據《科學》雜誌作者麥肯齊（Dana Mackenzie）的說法，雖然韋伊並沒回信給朗蘭茲，不過這封信卻成為連接兩個不同數學領域的羅塞達石（Rosetta stone，表示關鍵線索的意思），尤其是朗蘭茲指出伽羅瓦表現（Galois representation，描述數論領域中方程式及其解之間的關係）與自守式（automorphic form，像是餘弦這種高度對稱的函數）兩者間的等價關係。

朗蘭茲綱領（Langlands program）相當於一塊肥沃的土壤，讓鑽研其中的其他數學家獲得了兩座菲爾茲獎（Fields Medal）。對於設法用部分整數乘積和表達所有整數的模式之普遍版本，朗蘭茲的推論也激發了其中一部分的努力。

根據《費馬日記》（*Fermat Diary*）一書的描述，指出「與方程式有關的代數之數學，以及研究平滑曲線與連續變量的分析之數學，兩者間具有非常緊密連結」的朗蘭茲綱領，可以說大一統了許多的數學理論，而朗蘭茲綱領裡面的猜想跟推論，「就好像一座教堂的結構般，彼此契合地天衣無縫」。然而，朗蘭茲所提出的猜想非常難以證明，有些數學家甚至認為要花費好幾個世紀，才能完全理解朗蘭茲綱領的全部內容。

用數學家傑巴特（Stephen Gelbart）的評論作為結尾：「朗蘭茲綱領整合了許多傳統數論的重要主題，同時也是——更顯而易見地——一份有待未來深入研究的綱領。這份在西元 1967 年用一系列猜想寫出的綱領逐漸影響往後對數論的研究，就如同韋伊自從西元 1948 年用一系列猜想塑造代數幾何的進程一樣。」

上圖——朗蘭茲本人的照片。下圖——朗蘭茲綱領連結了兩大數學領域，並提出被認為「像是教堂結構」一樣的猜想，因為它們彼此優雅契合地天衣無縫。朗蘭茲綱領可以說大一統許多的數學理論，需要再好幾世紀的時間才能融會貫通。

 參照條目　群論（西元 1832 年）及菲爾茲獎（西元 1936 年）

西元 1967 年

豆芽遊戲

康威（**John Horton Conway**，西元 1937 年生），
派特森（**Michael S. Paterson**，西元 1942 年生）

豆芽遊戲（sprout）是數學家康威及派特森兩人在西元 1967 年一起在劍橋大學共事時所發明的遊戲。這個容易讓人上癮的遊戲，有著美妙的數學特質。康威在一封寫給賈德納（Martin Gardner）的信中描述到：「打從豆芽遊戲萌芽後的那一天起，似乎所有人都在玩這個遊戲，……仔細端詳遊戲中各種從滑稽到神奇的佈局。甚至有些人已經把豆芽遊戲的戰場，轉移到輪胎面、克萊因瓶上，甚至……還打算朝更高維度的版本上發展。」

豆芽遊戲是兩人對弈的遊戲。首先在一張紙上隨意散佈幾個點，遊戲玩法是在兩個點之間畫出一條連結曲線，或者是用一條迴路把曲線連回到原先的點上。所畫出的曲線既不能穿越其他曲線也不能穿越自己。畫完曲線後，在曲線上任意位置擺上另一個點，然後交由對手走下一回合。遊戲以能夠畫出最後一條曲線的玩家為勝方，每一個點最多只能被三條曲線連結。

這個遊戲乍看之下似乎可以不中斷地一直玩下去，不過，我們現在可以確定用 n 個點開始遊戲時，這個遊戲最少要玩 $2n$ 個回合、最多只能進行到 $3n - 1$ 個回合。如果遊戲是以三、四、五點開始的話，先上手的玩家永遠都是勝方。

西元 2007 年，研究人員透過電腦程式的協助，想要判別出對於最多只有三十二個點的豆芽遊戲而言，到底哪一方會是勝方。以三十三個點開始遊戲的結果目前還不得而知。豆芽遊戲專家雷曼恩（Julien Lemoine）及緬諾（Simon Viennot）兩人評論道：「儘管遊戲能夠進行的回合數並不多，……只要兩位玩家都不犯錯的話，還是很難判定哪一位玩家會是勝方。最完整，也是最詳盡的一本實作證明，是由佛卡迪（Riccardo Focardi）、路奇奧（Flaminia Luccio）兩人共同出版，當中推導出誰會是七點豆芽遊戲的勝方。」新聞記者皮特遜（Ivars Peterson）則寫過這樣一段話：「豆芽遊戲會萌生出各種無法預期的成長圖案，使得把致勝祕訣公式化的想法，變得不切實際。目前為止，還沒有人有能力想出保證獲勝的完整策略。」

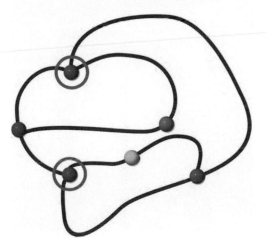

在這個豆芽遊戲的例子中，紙張上一開始只有兩個點（被圈出的那兩個），而且遊戲仍在進行中。雖然看起來很簡單，但是隨著遊戲開始的點數逐漸增多，想要分析這個遊戲的內容可就困難了。

參照條目　柯尼斯堡七橋問題（西元 1736 年）、若爾當曲線定理（西元 1905 年）及破解西洋跳棋（西元 2007 年）

劇變理論

托姆（René Thom，西元 1923 年～西元 2002 年）

劇變理論（Catastrophe theory）是指戲劇性或結構性變化的數學理論，數學家波士頓（Tim Poston）跟史都華（Ian Stewart）提供了一些例子：「像是大地在地震時嘶吼，或者是物種的臨界密度——低於該密度時只會繁衍出散居型的蚱蜢，高於該密度時則演化成（群聚會飛的）蝗蟲；……還有像是突然改變繁殖節奏，像癌症一樣不斷分裂、再分裂的細胞。以人為例的話，就好比使徒保羅改宗皈依基督一樣。」

法國數學家托姆在西元 1960 年代提出劇變理論的概念，隨後在西元 1970 年代由日本出生的英國數學家齊曼（Christopher Zeeman）接棒在行為科學與生物科學等應用領域更進一步推廣。托姆在西元 1958 年因為拓樸學——探討幾何形狀與彼此間相互關係的一門學問——的研究成果而獲頒菲爾茲獎（Fields Medal）。

劇變理論的研究對象往往是某些與時間相關數量的動態發展系統（像是心跳的次數），以及這些系統與拓樸學的關係，探討某些特定的「臨界點」——亦即某些一階導函數或更高階導函數為 0 的位置——便是劇變理論的特點。作家達伶（David Darling）說：「曾經有很多數學家從事劇變理論的研究並蔚為風潮，可是這個領域的發展卻不像它的近親混沌理論一樣成功，或許肇因於劇變理論無法如理想中提供真正有效預測的緣故。」

托姆原本的研究動機是為了了解原本持續性的行為（譬如在監獄中或兩國之間平順、穩定的狀態）為何會突然產生天翻地覆的變化（像是監獄暴動或是戰爭爆發），他舉出如何用抽象代數所產生的表面描述發生這些現象的環境因素，並以蝴蝶突變、燕尾突變為名。達利（Salvador Dalí）的最後一幅畫作《燕尾》（*The Swallow's tail*，完成於西元 1983 年）的靈感就來自於其中一種表面。達利還有另一幅名叫《用拓樸學征服歐洲：向托姆致敬》（*Topological Abduction of Europe: Homage to René Thom*，同樣完成於西元 1983 年）的作品，畫面上除了龜裂的地表外，旁邊還寫上龜裂紋路的方程式。

劇變理論是探討結構性變化的數學理論，譬如蚱蜢隨著族群密度增加而群聚成會飛蝗蟲的行為。研究人員認為蚱蜢彼此間的後腿在幾小時內接觸得越頻繁就越容易引發這種群聚的行為，大規模蝗蟲群的數量可以上看數十億隻。

參照條目 柯尼斯堡七橋問題（西元 1736 年）、莫比烏斯帶（西元 1858 年）、菲爾茲獎（西元 1936 年）、混沌理論與蝴蝶效應（西元 1963 年）、費根堡常數（西元 1975 年）及池田收束（西元 1979 年）

托卡斯基的暗房

托卡斯基（**George Tokarsky**，西元 1946 年生）

假設我們現在站在一間沒有一絲光線的房間，房間四周都是覆蓋鏡子的平滑壁面，房間內部有些轉角跟廊道；如果我這時在房間某處點燃一支火柴的話，不論房間的外型到底是什麼樣，也不論你站在房間內的哪個角落或是哪個廊道中，請問你是否能夠看到這支火柴呢？我們可以換個方式、引用撞球在檯桌上不停反射的概念提出這個問題：在一個多邊形的撞球檯上，是否存在一條路徑可以連接檯面上的任兩點？

如果我們碰巧處於一間「L」型的房間，則不論我們兩人站在房間中什麼位置，因為光線可以在牆面上不斷反射，最終你都一定能看見火柴；可是如果我們處於一間多邊形、造型奇特的房間中的話，這間房間的結構會不會複雜到存在某些光線照不到的死角（暫且假定人跟火柴都是透明的以簡化問題）？

這個傷腦筋的問題，是由數學家克利（Victor Klee）在西元 1969 年，首次正式以書面方式呈現，往回追溯的話，另一位數學家史特勞斯（Ernst Straus）早在西元 1950 年代，就已經深入思考過類似的問題。直到西元 1995 年，亞伯達大學的托卡斯基，才發現確實有些房間的死角是光線照不到的。令人吃驚的是，在此之間從來沒有人可以回答上述問題。在托卡斯基發表這二十六邊形房間平面圖後，他又另外找到一個二十四邊形房間的例子，也是目前已知邊數最少的一間多邊形暗房（unilluminable polygonal room），是否存在邊數更少的房間，目前仍舊是個未知數。

類似的問題不勝枚舉。西元 1958 年，數學物理學家潘洛斯（Roger Penrose）跟同事一起展示某些

曲線造型的房間也有光線照不到的死角。最近這幾年，有人找到一些特殊曲線造型的房間需要點上無數支火柴，才能照亮房間內的每一個角落，如果點燃的火柴數量有限的話，這個房間一定存在某些光線照不到的死角。

數學家托卡斯基在西元 1995 年發現這間二十六邊形的「暗房」，如果在房內某處點燃火柴的話，其他地方會有光線照不到的死角。

參照條目　射影幾何（西元 1639 年）及藝廊定理（西元 1973 年）

高德納與珠璣妙算遊戲

高德納（**Donald Ervin Knuth**，西元 **1938** 年生），
梅若維茲（**Mordecai Meirowitz**）

「珠璣妙算」（Mastermind）是西元 1970 年由梅若維茲、一位以色列郵政暨電信學專家所發明的解碼遊戲。當時主流的遊戲公司都沒打算發行這套遊戲，梅若維茲只好找上一間名叫 Invicta Plastics 的小規模英國遊戲公司代為發行，結果這款遊戲一路賣出超過五千萬套，成為西元 1970 年代最成功的一款遊戲。

遊戲玩法是由一位玩家先從六種不同顏色中，依序選定四種顏色的塑膠圖釘作為密碼，另一位玩家就要設法猜出這四色密碼到底是什麼——猜的次數當然是越少越好。每次的猜測一樣是用四色塑膠圖釘依序排列，然後，負責編碼的玩家必須告知對方有幾支塑膠圖釘的顏色與位置都正確，有幾支顏色正確的塑膠圖釘放在錯誤的位置。譬如以「綠、白、藍、紅」順序的密碼為例，當對方猜測「橘、黃、藍、白」時，第一位玩家要告訴對方有一支圖釘的位置跟顏色都對，另外還有一支圖釘只有顏色正確，但是，卻不用特別指明哪種顏色才是正確的。這個遊戲就這樣猜上幾個回合，如果可以在四個位置分別擺上六種顏色的話，負責編碼的玩家總共可以設定出 6^4（也就是 1,206）種不同的密碼。

「珠璣妙算」之所以特殊，部分原因在於這款遊戲引起後續長時間的研究，像是美國電腦科學家高德納在西元 1977 年，研究出在五回合內找到正確密碼的猜測策略，同時也是破解「珠璣妙算」第一個已知的演算法。其後還有數不清的論文跟「珠璣妙算」有關。西元 1993 年，小山健二（Kenji Koyama）與賴東尼（Tony W. Lai）提出一種最多只需要六回合、但平均猜測次數只有 4.340 次的策略。西元 1996 年，陳子祥（Zhixiang Chen）及其同僚把前人的結果一般化，提出適用於所有 n 種顏色與 m 個位置的策略。受到演化生物學的影響，這個遊戲也曾多次被當成基因演算法的研究對象。

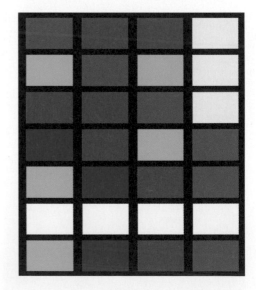

珠璣妙算的圖解說明方式。下方是被隱藏的密碼「綠、藍、紅、紫」，另一位玩家從棋盤最上方列開始，在編碼者提示下（並未顯示在這張圖內）一共猜了五次才找到答案。

參照條目 圈叉遊戲（約西元前 1300 年）、圍棋（西元前 548 年）、永恆難題（西元 1999 年）、破解艾瓦里遊戲（西元 2002 年）及破解西洋跳棋（西元 2007 年）

群策群力的艾狄胥

艾狄胥（**Paul Erdös**，西元 1913 年～西元 1996 年）

　　一般人通常會以為數學家總是孤僻地躲在自己的房間內，整天幾乎都不跟別人交談，滿腦子想的不是創造新的定理，就是設法印證古人的猜想。有些數學家或許就是這個樣子，沒錯，但是，匈牙利出生的艾狄胥卻能展現數學家也很重視團隊合作價值、共同開創「社會數學」（social mathematics）的一面。當艾狄胥過逝的時候，他已經發表大約一千五百篇論文——數量之多別說是前無古人，也很可能是後無來者，並且跟 511 位不同的工作伙伴共事過。艾狄胥的研究工作涵蓋非常廣泛的數學領域，包括機率論、組合數學、數論、圖論、古典數學分析（classical analysis）、逼近理論（approximation theory）以及集合論等。

　　當艾狄胥生前最後一年，也就是他八十三歲的時候，他仍舊不斷咀嚼各項數學定理並發表演說，和認為數學是屬於年輕人頭腦運動的傳統思維大異其趣。他一生中的研究都看得到樂於與人分享觀點的影子，寧可在乎問題有沒有解答，而不在意想出答案的究竟是誰。知名作家霍夫曼（Paul Hoffman）評論道：「艾狄胥思考的數學問題，比歷史上所有其他數學家都來得多，而他本人卻能複誦出自己寫過那約一千五百多篇論文中的某些細節。嗜飲咖啡的艾狄胥一天花費十九個小時研究數學，當朋友規勸他該放慢腳步時，他總是用同一句話回應：『反正在墳墓裡多的是休息時間』。」打從西元 1971 年起，艾狄胥幾乎每天都得服用安非他命對抗憂鬱症，才能繼續與他人群策群力地思考數學問題。艾狄胥經常背著一個塑膠背包四處遊覽，他把一生精力完全投注在數學領域，已經無暇顧及感情、性、食物這些基本需求了。

　　艾狄胥早在十八歲的時候就已經在數學領域留下一個里程碑，當時他用一種精簡的證明方式寫出一條定理：對所有大於 1 的整數 n 而言，在 n 與 2n 之間一定存在一個質數，譬如質數 3 就介於 2 跟 4 之間。後來，艾狄胥又建構了描述質數分佈的**質數定理**（Prime Number Theorem）之證明。

艾狄胥大量飲用咖啡、服用咖啡因藥劑與苯甲胺好替自己超人般的工作行程補充能量，他相信「數學家就是一台把咖啡因轉換成數學定理的機器」；艾狄胥每星期工作七天，每天十九小時。

| 參照條目 | 為質數而生的蟬（約西元前一百萬年）、埃拉托斯特尼篩檢法（西元前 240 年）、哥德巴赫猜想（西元 1742 年）、高斯的《算術研究》（西元 1801 年）、黎曼假設（西元 1859 年）、質數定理的證明（西元 1896 年）、布朗常數（西元 1919 年）、吉伯瑞斯猜想（西元 1958 年）及烏拉姆螺線（西元 1963 年） |

HP-35：第一台口袋型工程計算機

惠烈（**William Redington Hewlett**，西元 1913 年～西元 2001 年）及其團隊

　　總部設在加州帕羅奧圖的惠普公司（Hewlett-Packard, HP）在西元 1972 年推出全世界第一台口袋型工程計算機──也就是一台包含三角函數與指數功能、用一隻手就能帶著到處走的電子計算機。這台 HP-35 電子計算機最大的數值範圍是用科學符號表示，介於 10^{-100} 到 10^{+100} 之間，剛問世的時候售價是 395 美元（之所以命名為「35」，是因為它有三十五個按鍵的緣故）。

　　惠普的共同創辦人惠烈（Bill Hewlett）是在調查報告指出這種口袋型電子計算機不受市場青睞的情況下，開始著手研發這台輕薄短小的計算機。這些市場調查報告真是離譜到了極點！HP-35 在頭幾個月的訂單就已經超出公司原本認定的市場整體規模，產品上市後第一年就賣出十萬台，直到停止生產的西元 1975 年為止，總共賣出超過三十萬台的 HP-35。

　　當 HP-35 剛推出的時候，市面上的口袋型電子計算機只能進行加減乘除的四則運算，計算尺仍然是進行高階科學計算的重要工具。不過 HP-35 讓這一切都改觀了，計算尺──基本上精確度只有三位有效數字──就此「陣亡」，之後美國許多學校也幾乎不再教授如何使用計算尺。我懷疑如果那些古代偉大的數學家們手中也有一台 HP-35 的話（當然包括讓他們用之不絕的電池），他們的成就究竟可以進展到什麼程度。

　　如今工程計算機的價格低廉，同時也大幅度地改變許多國家數學課程的內容，有些老師已經不再教導學生如何用紙筆計算超越函數值（value of transcendental function），或許未來的數學老師會花更多時間教授數學的應用方式跟重要觀念，不再傳授例行公事般的運算技巧。

　　作家路易斯（Bob Lewis）說：「惠烈跟普克（David Packard）在惠烈家的車庫中創立的矽谷，一枚銅板決定了公司名稱叫做惠普而不是普惠（Packard-Hewlett）。……惠烈從來沒想過要成為知名人物，惠烈一生在內心深處一直以工程師自居。」

HP-35 是世界第一台口袋型工程計算機，可以進行三角函數與指數的運算。儘管有許多調查報告反應口袋型計算機的市場反應不佳，卻不影響惠烈著手研發精簡型電子計算機的意願。

參照條目　算盤（約西元 1200 年）、計算尺（西元 1621 年）、巴貝奇的計算機器（西元 1822 年）、微分分析機（西元 1927 年）、ENIAC（西元 1946 年）、科塔計算器（西元 1948 年）及電腦套裝軟體 Mathematica（西元 1988 年）

潘洛斯鋪磚法

潘若斯（**Roger Penrose**，西元 1931 年生）

　　潘洛斯鋪磚法（Penrose Tiles）的名稱來自於英國數學物理學家潘若斯，是一種包含兩種簡單幾何圖形的鋪磚法。當這兩種圖形以邊相連在一起時，可以互不重疊地完整鋪滿整個平面而不留下任何縫隙，更重要的是，這種鋪磚法不會產生重複的圖案。對比之下，有些浴室地板上可以看到簡單的六角形鋪磚法，而六角形鋪磚法會不斷重複單調的圖案。另外值得注意的是，潘若斯鋪磚法與五芒星類似，是一種五軸旋轉對稱（five-fold rotational symmetry）的結構，也就是當你把整個鋪面旋轉 72 度後，看起來還是跟原本的鋪面一模一樣。作家賈德納（Martin Gardner）評論道：「雖然有可能建構出具有更高階對稱性的潘若斯鋪磚圖案，⋯⋯但大多數圖案就跟我們所處的宇宙一樣，會因為混合了規律秩序與無法預期的失序狀態而充滿神祕色彩；當潘若斯鋪磚法不斷往外延伸出去時，這些圖案像是用盡全力要複製自己的樣貌，可是實際上卻根本沒有實現的可能。」

　　在潘若斯發現這種鋪磚法前，大多數科學家都認為不可能存在五軸對稱的結晶體，但是託潘若斯的福，之後科學家順利找到類似潘若斯鋪磚法圖案的準晶體（quasicrystal）結構，同時發現這種結構帶有異常特性，譬如金屬組成的準晶體不論是導電或傳熱的效果都很差，而且準晶體還可以當成容易滑動、無黏著性的塗料。

　　還有些科學家在西元 1980 年代早期，猜測某些原子結構所組成的結晶體有可能是非週期性，也就是不會重複出現的晶格（nonperiodic lattice）。接著在西元 1982 年，謝克特曼（Dan Shechtman）在電子顯微鏡下發現非週期性的鋁錳合金結構，其五軸對稱的造型不禁讓人聯想到潘洛斯鋪磚法。當時的結果可說是場轟動學界的發現，對某些人的震撼程度，就好像發現了五邊形的雪花一樣。

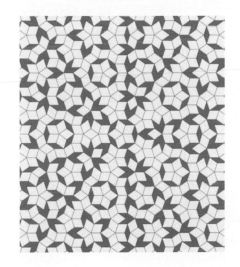

　　另外再談些有趣的軼事。潘若斯於西元 1997 年在英格蘭打了一場著作權的官司，控告某間公司宣稱康乃馨（Kleenex）衛生紙紋路上的印花使用潘若斯鋪磚法作為裝飾。西元 2007 年，有些研究人員在《科學》雜誌上提供中世紀伊斯蘭藝術品上，也有類似潘若斯鋪磚法圖案的證據，而這個時間點比西方世界早了整整五個世紀以上。

潘洛斯鋪磚法包含兩種簡單的幾何圖形，可以互不重疊、不留縫隙地用不重複的圖案鋪滿整個平面，此圖由雷依斯（Jos Leys）繪製。

參照條目　壁紙圖群（西元 1891 年）、圖厄—摩斯數列（西元 1906 年）、用正方形拼出的矩形（西元 1925 年）、渥德堡鋪磚法（西元 1936 年）及外邊界撞球檯（西元 1959 年）

藝廊定理

奇瓦達（Václav〔Vašek〕Chvátal，西元 1946 年生），
克利（Victor Klee，西元 1925 年生）

　　想像你身在一間收藏品都價值不斐、外觀呈多邊形的一間藝廊中。如果我們打算在陳列室的轉角處（即多邊形的頂點位置）配置一些警衛保全，請問最少需要安排幾位，才能同時監看整間多邊形陳列室的內部空間？在此假設警衛可以同時監看 360 度的範圍，但是不能透視牆壁另一邊的情況，而且警衛們只能站在轉角，以免打擾訪客觀賞藝術品的雅興。讀者不妨用筆畫出一間多邊形的房間、在各角落配置警衛，以初步觀察警衛視線被遮住的情況。

　　奇瓦達的藝廊定理（Chvátal's art gallery theorem），這個名稱是為了紀念在捷克斯洛伐克出生的電腦科學家奇瓦達。奇瓦達指出，在一間有 n 個角落的藝廊裡，最多只需要 ⌊n/3⌋ 名警衛站在轉角處就能監看整間藝廊。「⌊ ⌋」符號表示地板函數（floor function），函數值是小於或等於 n/3 的最大整數。針對這個問題，我們同時假設這是一個「簡單」的多邊形，亦即藝廊的牆面不但沒有互相交叉，而且也只有在端點的地方交會。

　　數學家克利在西元 1973 年向奇瓦達提出這個需要幾位警衛保全的問題，奇瓦達隨後用很簡短的方式完成證明。有趣的是，如果這間多邊形藝廊的轉角都是直角的話，只需要 ⌊n/4⌋ 位警衛就可以監看整間藝廊，換句話說，如果是一間藝廊有十個直角的話，只需要兩位而不是三位警衛就能完成監看的工作。

　　後來的研究人員開始考慮各種不同情況的藝廊，像是警衛們可以沿著直線移動而非固定在轉角，或者是把問題延伸至三維空間、室內有牆也有洞的藝廊。諾曼‧杜（Norman Do）曾經留下這樣一句評論：「當克利第一次提出這個藝廊問題時，他恐怕無法想像後續居然會有那麼豐富的研究產出，就算過了三十多年也歷久不衰。藝廊問題（現在）絕對是個富有啟發性與趣味的問題……。」

上圖──當三位警衛配置在三顆大球所標定的位置，他們就能同時監看有十一個頂點的多邊形房間內部。
下圖──藝廊定理不斷帶出豐富的幾何研究，像是不尋常的牆面佈局、會移動的警衛，或者是往更高維度發展。

參照條目　射影幾何（西元 1639 年）及托卡斯基的暗房（西元 1969 年）

魔術方塊

魯比克（**Ernö Rubik**，西元 **1944** 年生）

　　魔術方塊（Rubik's cube）是匈牙利發明家魯比克在西元 1974 年的產物，隔年取得專利後，西元 1977 年就可以在匈牙利買得到。截至西元 1982 年的統計，顯示匈牙利境內總共賣出大約一千萬顆魔術方塊，甚至比該國的人口數還要多。根據估計，魔術方塊的全球銷售量是以億作為計算單位。

　　魔術方塊是個由小方塊所組成的 3 × 3 × 3 陣列，大方塊的六個面分別塗上六種不同的顏色，並且由內部連結二十六個外部小方塊，讓大方塊的六個面可以任意轉動。遊戲目的是把隨機配置顏色的方塊轉回原本各面都屬同一種顏色的狀態。魔術方塊總共有 43,252,003,274,489,856,000 種不同排列小方塊的方式，其中只有一種才是原本各面同色的排列方式。如果把每一種排列方式都化為一顆魔術方塊的話，這些魔術方塊足以覆蓋整個地球表面（包括海洋）將近兩百五十次。如果把它們都堆成一根柱子的話，柱子全長大約會是兩百五十光年。更誇張的是，如果還可以隨意把小方塊上不同顏色的貼紙撕下來再隨機貼回去的話，這 3 × 3 × 3 大小的魔術方塊總共會有 1.0109×10^{38} 種不同排列組合的方式。

　　最少需要扭轉幾次才能把隨意拿到手的魔術方塊恢復原狀，目前仍舊是個未知數，反倒是羅區奇（Tomas Rokicki）與莫利‧戴維森（Morley Davidson）在西元 2010 年證明任何一種魔術方塊最多只需要扭轉二十次就能恢復原狀。

　　魔術方塊有一種很自然的衍生物是不會在玩具店販售的，那就是四度空間版的魔術方塊－－魯比克超立方體（Rubik's tesseract）。魯比克超立方體總共有 1.76×10^{120} 種不同的排列方式。而不論是魔術方塊或是魯比克超立方體，如果我們可以每秒扭轉一次的話，則打從宇宙誕生開始一直到現在，我們都還沒有看完它們所能展現的所有表面配置。

上圖——派斯里（Zachary Paisley）手工打造的喇叭隱身在一顆魔術方塊中。這款直接伺服重低音喇叭重一百五十磅（約六十八公斤），根據派斯里表示，喇叭的音效「足以穿透水泥，其震撼力幾乎快把音箱主體給拆了」。下圖——安德森（Hans Andersson）用塑膠零件打造出一部會自己玩魔術方塊的機器，機器上有個感光元件可以探知方塊上的顏色，而且不需要連結電腦就能執行運算以及扭轉方塊的動作。

柴廷數 Ω

柴廷（Gregory John Chaitin，西元 1947 年生）

當電腦程式完成任務時稱之為「停機」（halt）——比方說找到第一千個質數，或者是算出圓周率 π 前一百位的數字。另一方面，像是找出所有費波那契序列（Fibonacci sequence）這種沒有止境的任務時，電腦程式就會一直運算下去。

如果我們把一串隨機亂數當成程式輸入**圖靈機器**（Turing Machine，一套可以模擬電腦邏輯的抽象符號操作設備）的話，會發生什麼事？當這個程式開始運算後，電腦最終停機的機率會是多少？柴廷數 Ω（Omega，歐米茄）就是這個問題的答案。雖然每台電腦都有各自的柴廷數 Ω，但每一個柴廷數 Ω 都是介於 0 與 1 之間、定義明確的無理數。絕大多數電腦的柴廷數 Ω 都很接近 1，畢竟完全隨機寫出的程式只有可能要求電腦完成根本辦不到的任務。阿根廷裔的美國數學家柴廷證明柴廷數 Ω 雖然定義明確但是卻無法計算，因此也無法用圖形表示，只能確定柴廷數 Ω 也是個無窮位數的數字。柴廷數 Ω 的特性不但有很多數學引伸，也顯示了我們可以有知的基本偏限。

量子理論大師班奈特（Charles Bennett）說：「如果我們真有辦法得知柴廷數 Ω 前幾千位數值的話，基本上就足以找出數學領域中幾個最有趣卻尚未有定論的問題解答……；這是柴廷數 Ω 最重要的特性。」作家達伶（David Darling）則認為柴廷數 Ω 的特性，顯示可以解決的問題「只不過一片無法證明的汪洋中的一群小列島」；而根據尚恩（Marcus Chown）的說法，柴廷數 Ω「顯示數學這門學科……幾乎奠基在數不清的未知問題上；無秩序的混亂（anarchy）……其實才是組成宇宙最根本的核心」。

《時代》雜誌也有相關報導：「哥德爾不完備定理（Gödel incompleteness theorem）指出數學體系裡永遠有無法被證明的命題，而柴廷數 Ω 的觀念（亦即圖靈機器的停機問題；Turing's halting problem）指出我們不可能預測電腦一定能完成它的運算任務，……再次擴充了哥德爾的不完備定理的支配範圍。」

柴廷數 Ω 的特性不但可以運用在很多數學領域，也顯示了我們可以有知的基本偏限。柴廷數 Ω 不但是個無窮位數的數字，也顯示可以解決的問題「只不過是一片無法證明的汪洋中的一群小列島」。

參照條目　哥德爾定理（西元 1931 年）及圖靈機器（西元 1936 年）

超現實數

康威（John Horton Conway，西元 1937 年生）

超現實數（Surreal number）是比實數系還大的超集合（superset）。雖然相關概念是由多產的數學家康威分析賽局理論時建構完成，不過，早在高德納（Donald Knuth）於西元 1974 年出版短篇小說《超現實數》（*Surreal Numbers*）時，就已經用過這個名詞，這大概也是極少數重要數學發現居然先以科幻小說形式問世的例子之一。超現實數有許多讓人嘖嘖稱奇的特性，首先，從它的源頭實數談起。實數包含有理數、像是 1/2，及無理數、像是圓周率 π，而且每個實數都可以看成是在一條無限長數線上的一個點。

超現實數包含的範圍比實數系大多了，根據賈德納（Martin Gardner）在《數學魔術秀》（*Mathematical Magic Show*）一書中的描述：「超現實數是透過讓人吃驚的戲法所展現的成果，就好像一頂由標準集合論公設所組成的帽子，內部空空如也地靜放在桌上。康威揮舞兩條簡單的規則後往空帽子裡頭一抓，就拉出一張由無限實數與封閉體（closed field）所組成漫無邊際的華麗大壁毯。現在，每一個實數周遭都圍繞著比任何其他『實』數更接近它的新數，這樣的體系真是不折不扣地『超現實』。」

超現實數是一對集合 $\{ X_L , X_R \}$ 所組成，它們的兩個下標字母指出這對集合的相對位置（L、R 分別表示左、右）。由於超現實數奠立在極微小跟簡單的基礎上，更顯示其獨特之處。事實上，根據康威跟高德納的說法，超現實數只遵守兩個規則：一、每個數字都如上所述對應著一對集合，並且在左集合中的所有元素都不會大於或等於右集合中的所有元素；二、若且唯若當第一個數字左集合中的所有元素都不大於或等於第二個數字、而第二個數字右集合中的所有元素都不小於或等於第一個數字時，第一個數字才會小於或等於第二個數字。

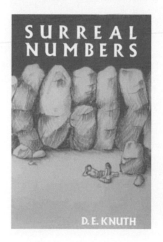

總而言之，超現實數包含無限（infinity）與無限小量（infinitesimal）的觀念，包含比任何已經無法想像實數都還要來得小的數。

上圖——康威於西元 2006 年六月出席加拿大亞伯達班夫國際研究院所舉行組合賽局理論研討會時的留影。下圖——高德納短篇小說《超現實數》的封面，少數重要數學發現先以科幻小說形式問世的例子之一。超現實數包含無限與無限小量的觀念，包含比任何已經無法想像實數都還要來得小的數。

參照條目 季諾悖論（約西元前 445 年）、發現微積分（約西元 1665 年）、超越數（西元 1844 年）及康托爾的超限數（西元 1874 年）

博科繩結

博科（**Kenneth A Perko, Jr.**，西元 1941 年～西元 2002 年），
哈肯（**Wolfgang Haken**，西元 1928 年生）

　　數學家用在區辨繩結的時間已經長達好幾世紀，就以附圖的兩個繩結為例，大家認為這是兩個不同繩結的時間超過七十五年。直到西元 1974 年，才有數學家發現只要用不同觀點加以觀察的話，這兩個繩結的本質其實是一樣的。我們現在把這兩個繩結稱做博科繩結對（Perko pair knots），是因為紐約律師暨兼職拓樸學家博科無意間在自家客廳把玩繩索時，突然發現這一對根本就是一模一樣的繩結！

　　所謂兩個繩結一樣的意思，是指我們可以在不動刀、徒手操作的前提下，讓一個繩結的位置與上、下交錯方式完全等於另一個繩結。除了幾種常見區辨繩結的特徵外，其他分類重點還包括繩子交錯方式與次數，以及某些繩結鏡像（mirror image）的特徵。更精確一點說的話，繩結是依據各種不變量（invariant）──包括它們的對稱性、交錯次數，再加上鏡像特徵這項間接指標做為分類標準。目前其實並沒有一套通用且實際的演算法，可以判斷糾結成一團的曲線到底是不是個繩結，也難以認定兩個繩結彼此間到底有無糾結在一起（interlocked）。把一個繩結射影到平面後──就算明顯維持住繩子上、下交錯的方式，光用看的顯然還是不容易辨別一團繩子到底有沒有打結（沒有打結就相當於是一個中間沒有交錯、可等價於一個簡單的封閉繩圈）。

　　西元 1961 年，數學家哈肯設計出一套可以判斷射影在平面上的繩結（保留上、下交錯的外觀）其實並沒打結的演算法，只不過這個演算法的過程複雜到從來沒有實際運用的機會，光是哈肯投稿給《數學文獻》（*Acta Mathematica*）用以說明演算法的這篇文章，就已經佔了一百三十頁的篇幅。

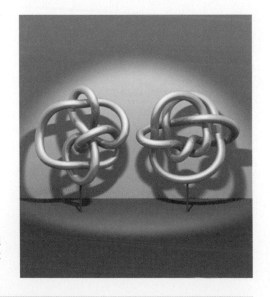

超過七十五年以來，圖中兩個繩結一直都被認為是兩個不同的繩結，直到西元 1974 年，才有數學家發現它們根本一模一樣。本圖由雷依斯（Jos Leys）繪製。

參照條目 結繩記事（約西元前十萬年）、瓊斯多項式（西元 1984 年）及莫非定律詛咒下的繩結（西元 1988 年）

碎形

曼德博（**Benoît Mandelbrot**，西元 1924 年生）

現代生活中到處都看得到電腦繪圖所創造的碎形（fractal）圖案，像是電腦藝術海報上的波浪造型，或者是大多數考究嚴謹物理期刊上的插圖。有興趣探索碎形的科學家人數越來越多，甚至更讓人驚訝的是，就連藝術家與設計師也都加入了此一行列。碎形這個詞起源於西元 1975 年，數學家曼德博用來描述外觀錯綜複雜的各種曲線集合，其中有許多圖案要不是具有大量快速運算能力的電腦誕生，根本從未出現在世人眼前。碎形圖案經常展現自我對稱的特性，也就是在原圖像中會發現規模較小、但是卻一模一樣或類似的圖案，而且在不同倍率下仍舊會重複出現這樣的細節圖案，就好像永無止境、一個包著一個的俄羅斯娃娃一樣。有些碎形圖案只出現在抽象幾何空間內，另外則有一些可以用來詮釋存在於大自然的複雜物體，像是海岸線以及分岔的血管。由於電腦繪製的炫目圖案是如此迷人，跟近百年來任何其他數學發垷相較下，碎形最能帶動學生們對數學產生興趣。

有時為了描述混沌行為在現實世界所產生的現象，諸如星球移動的軌跡、川流不止的流體、藥物擴散的方式、跨產業關係所導致的行為、飛機機翼的震盪……等，使得物理學家迷上了碎形（混沌行為跟碎形圖案經常有因果關係）。就過往傳統而言，當物理學家或數學家看到複雜的結果往往會將之歸咎於複雜的成因，但是，有很多碎形結構卻反其道而行，在其異常華麗的複雜外表下，驅動力居然來自於一些最簡單的公式。

早期鑽研碎形的學者包括魏爾斯特拉斯（Karl Weierstrass），他在西元 1872 年提出一個在每一點都連續但是卻沒有任何一點可以微分的函數。另一位科赫（Helge von Koch）則在西元 1904 年提出科赫雪花（Koch snowflake）的幾何圖形。在十九世紀與二十世紀初期之間，還有許多數學家設法在複數平面

探討碎形，只可惜在欠缺電腦輔助的情況下，他們既難以親眼目睹，也不容易想像出真正的碎形圖案。

由雷依斯（Jos Leys）繪製的碎形圖案。碎形圖案經常展現自我對稱的特性，亦即圖案中不同的結構主題會以不同大小的規模重複出現。

費根堡常數

費根堡（Mitchell Jay Feigenbaum，西元 1944 年生）

　　簡單的公式也能產生神奇的多樣性和混沌行為，用以描繪特殊現象像是動物群體數量的增減，甚至是某些特定電子電路的反應，其中一個特別有趣的公式是跟描述群體成長模型有關的邏輯映射（logistic map），由生物學家梅伊（Robert May）在西元 1976 年，根據早期比利時數學家維須爾斯特（Pierre François Verhulst）研究群體變動的模型，而更進一步發揚光大。這個公式可以寫成 $x_{n+1} = rx_n(1 - x_n)$，其中 x 表示在時間點為 n 時的群體，根據定義是相對於最大量物種規模所屬生態系下的變數，因此 x 值介於 0 與 1 之間。隨著控制成長與飢荒 r 值的變化，群體可能產生各種不同的演變結果。舉例來說，當 r 值增加時，群體有可能收斂成單一數值，也有可能分叉後在兩個數值間跳動，隨後在四個數值間、接著在八個數值間擺盪，最終就形成初始數量極微小的差異會導致完全不同、卻又無法預測結果的混沌行為。

　　上述連續兩個分叉數值區間的長度比率會趨近於費根堡常數（Feigenbaum constant）——4.6692016091…，是美國數學物理學家費根堡在西元 1975 年所發現的數字。雖然費根堡一開始認為這個常數適用於類似邏輯映射的情境，有趣的是，他也同時發現這個常數適用於所有同種類的一維空間地圖，這就表示當其他種類混沌系統也以相同速率分叉時，這個常數就能用來預測這些系統內會有什麼樣的混沌行為。其實，這種分叉行為在被納入混沌領域研究之前，老早就已經被物理領域的專家觀察到了。

　　所以，費根堡很快就意識到自己發現一個很重要的「宇宙常數」，他自己也不諱言道：「那天傍晚，我馬上打電話跟我爸媽講，我發現了某些值得大書特書的東西，一旦我能夠徹底了解那是什麼的話，從此以後可就要出人頭地了。」

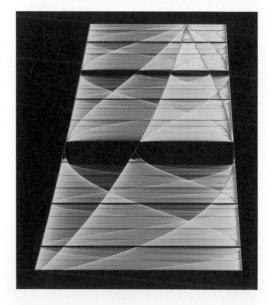

順時鐘旋轉 90 度的分叉圖（bifurcation diagram），由惠特尼（Steven Whitney）所繪製。這張圖顯示一個只有參數 r 值會變動的簡單公式，也能呈現出無法想像的豐富成果。圖中的「叉點」（pitchfork）可以視為在混沌體系內輕薄短小的分支曲線。

參照條目　混沌理論與蝴蝶效應（西元 1963 年）、劇變理論（西元 1968 年）及池田收束（西元 1979 年）

西元 1977 年

公鑰密碼學

李維斯特（**Ronald Lorin Rivest**，西元 **1947** 年生），
夏米爾（**Adi Shamir**，西元 **1952** 年生），
艾得曼（**Leonard Max Adleman**，西元 **1945** 年生），
迪菲（**Bailey Whitfield Diffie**，西元 **1944** 年生），
赫爾曼（**Martin Edward Hellman**，西元 **1945** 年生），
墨克（**Ralph C. Merkle**，西元 **1952** 年生）

　　自古以來的密碼學家總想發明一套方法，以便能夠傳送祕密訊息，卻無須使用一本詳列編解碼原理的厚重密碼書、以免落入敵人手中被輕易破解。比方說，德軍在西元 1914 年到 1918 年間，就有四本密碼書不慎落入英國情報人員手中，之後送交英國專門破解密碼的機構——四十號房（Room Forty）破解德軍的通訊內容，使得協約國在第一次世界大戰中，取得關鍵的戰略優勢。

　　為了解決解碼金鑰的管理問題，加州史丹佛大學的迪菲、赫爾曼、墨克三人共同創造了公鑰密碼學（public-key cryptography）。這是一種用數學運算產生一對金鑰——公鑰（public-key）與密鑰（private-key）——以傳送加密訊息的方法。相較於不公開的密鑰，這個方法中的公鑰就算昭告世人，也不會因此有洩漏機密的疑慮。這對金鑰彼此間保有數學運算的關連，但是，在實務上卻無法從公鑰推算出密鑰為何，一則與公鑰一起加密的訊息，唯有透過特定的密鑰才能順利解碼。

　　讓我們用另一種更容易懂的方式，說明公鑰密碼學。好比在一戶人家的門口有個信箱，任何從信箱前經過的路人都能往信箱裡投遞物品。公鑰就好比是這戶人家的地址，而除了擁有大門鑰匙（等同於密鑰）的人能進門收取信件外，其他人可沒辦法知道信箱內到底裝了些什麼。

　　西元 1977 年，三位麻省理工學院的科學家——李維斯特、夏米爾、艾得曼提出用數字大質數保護

祕密訊息的作法。將兩個數字大的質數相乘對電腦來說，是輕而易舉的工作，但是，要把乘積還原成原本那兩個質數，可就沒那麼容易了。另外，還有一點值得一提，其實電腦科學家在更早的時候，就曾經為英國情報單位開發過公鑰密碼學的運作方式，可是，因為涉及國家安全理由的緣故，這些研究成果到目前為止，仍舊列為需要保密的機密檔案。

這是一部恩尼格瑪密碼機（Enigma machine），是早於近代密碼學前一個世代用來編解碼的機器，納粹就是用這部機器製造密件。這種作法在實務上有許多缺陷，一旦密碼書落入敵人手中的話，加密文件就能被輕易破解。

參照條目　為質數而生的蟬（約西元前一百萬年）、埃拉托斯特尼篩檢法（西元前 240 年）、《轉譯六書》（西元 1518 年）、哥德巴赫猜想（西元 1742 年）、高斯的《算術研究》（西元 1801 年）及質數定理的證明（西元 1896 年）

西拉夕多面體

西拉夕（Lajos Szilassi，西元 1942 年生）

　　多面體是表面平滑且邊界是直線的三維空間立體，比較常見的例子包括立方體跟正四面體，後者是由四個等邊三角形為面所組成的金字塔造型。當多面體的每一面外型相同、大小一樣時，就稱之為正多面體。

　　西拉夕多面體（Szilassi Polyhedron）是西元 1977 年，由匈牙利數學家西拉夕所發現的七面體，七個面都是六邊形，另外有十四個頂點、二十一條邊，還有一個洞。如果設法讓西拉夕多面體的表面隨著邊界隱沒而逐漸失去稜角的話，以拓樸學的觀點來講，其實它跟一個對邊相連的輪胎面（torus，也就是甜甜圈的形狀）是等價的物體。西拉夕多面體沿著一條軸線呈 180 度對稱的結構，其中有三對面彼此外型相同、大小一樣，唯一不成對的那一面，則是一個對稱的六邊形。

　　值得注意的是，西拉夕多面體跟四面體是已知唯二每一面都與所有其他面邊界相連的多面體，賈德納（Martin Gardner）說：「直到用電腦程式找到西拉夕多面體為止，先前根本沒人知道這樣的結構到底存不存在。」

　　西拉夕多面體同時也很適合作為研究地圖著色問題的工具。傳統平面地圖最少只需要四種顏色，就能確保相鄰兩區域的顏色各不相同，不過，在輪胎面上最少需要七種顏色，才能明確區分相鄰的兩個區域。換句話說，西拉夕多面體的每一面都要塗上不同顏色，才不會讓相鄰的兩個面顏色相同。相較之下，只要四種顏色就足以在四面體表面完成著色問題，顯示出四面體在拓樸學的眼光中，等價於一顆球。本條目所提到兩種多面體的特性比較整理如下：

四面體	四個面	四個頂點	六條邊	沒有洞
西拉夕多面體	七個面	十四個頂點	二十一條邊	一個洞

薛普克（Hans Schepker）以西拉夕多面體為造型基礎所打造的一盞燈具。

參照條目　柏拉圖正多面體（約西元前 350 年）、阿基米德不完全正多面體（約西元前 240 年）、歐拉多面體方程式（西元 1751 年）、四色定理（西元 1852 年）、環遊世界遊戲（西元 1857 年）、皮克定理（西元 1899 年）、巨蛋穹頂（西元 1922 年）、塞薩多面體（西元 1949 年）、連續平面幾何學（西元 1979 年）及破解極致多面體（西元 1999 年）

池田收束

池田研介（**Kensuke S. Ikeda**，西元 **1949** 年生）

深藏讓人目不暇給圖形的動態系統（dynamical system），是由界定特定數量如何隨時間流轉變化的各種規則而組成的模型，像是行星依據牛頓定律（Newton's Laws）環繞太陽運轉，就是一種動態系統模型。本條目附圖所顯示的是微分方程式（differential equation）數學表現式，用比較容易理解的說法來講的話，這就好比在初始時間將不同變數值輸入一部機器，機器經過一段時間後就會產生新的數值。正如吾人可從噴射機機尾留下的煙霧回溯追蹤它的飛行軌跡一樣，電腦繪圖可以幫助吾人追蹤微粒子如何因為簡單微分方程式影響移動軌跡。動態系統實用之處，在於它們有時可以用來描述真實世界的行為，譬如說是川流不止的流體、橋樑的震動、衛星運轉的軌道、機器手臂的控制方式、電子電路的反應等。通常這些圖形最終看起來會像是煙霧、漩渦、搖曳的燭火或是被風吹散的薄霧。

本條目所談論的池田收束（Ikeda attractor）是一種奇怪、不規則又無法預測的收束方式。所謂收束（亦可翻譯為「吸子」），意指動態系統經過一段時間演變後所形成或定型的集合。所謂「溫馴」收束意指原先緊密連結的數值點經歷動態變化後仍舊互相連結，所謂「奇怪」收束意指原先相連的數值點最終卻走出大不相同的發散軌跡，就好像無法根據樹葉在波濤洶湧湍流中的初始位置，預測它們最終會流落何方一樣。

日本理論物理學家池田研介在西元 1979 年出版描述不同種類收束的〈環腔系統穿透光的複值靜置狀態與不穩定特性〉（Multiple-Valued Stationary State and Its Instability of the Transmitted Light by a Ring Cavity System）。除此之外，在許多其他數學文獻中，也能找到其他知名的收束，譬如說是勞倫茲收束（Lorenz attractor）、邏輯映射（logistic map）、阿諾貓影映射（Arnold's cat map）、馬蹄鐵映射（horseshoe map）、艾儂映射（Hénon map）及羅斯勒映射（Rössler map）。

動態系統是由界定特定數量如何隨時間流轉變化的各種規則而組成的模型，這邊所顯示的池田收束是個奇怪、不規則又無法預測收束方式的例子。

參照條目　諧波圖（西元 1857 年）、微分分析機（西元 1927 年）、混沌理論與蝴蝶效應（西元 1963 年）及費根堡常數（西元 1975 年）

連續三角螺旋

艾爾德利（**Dániel Erdély**，西元 1956 年生）

新聞記者皮特遜（Ivars Peterson）說明連續三角螺旋（The Spidron）「是將三角形皺摺、扭曲成海洋般波浪結晶的場域，是顆像迷宮般佈滿螺旋路徑的水晶球，是用壁磚緊密堆疊成簡潔又精緻的結構。形成上述這些物體的，其實是一連串三角形所組成奇特的幾何形狀——看起來就像是海馬尾巴的螺旋多邊形」。

圖像藝術家艾爾德利在西元 1979 年就讀於布達佩斯大學藝術與設計系所時，某一天為了完成形式的魯比克理論（Ernö Rubik's theory）這項家庭作業，一併創造出連續三角螺旋體系的範例。其實，艾爾德利早在西元 1975 年，就已經嘗試過要創造出類似的造型。

畫出連續三角螺旋的步驟如下。首先先畫一個等邊三角形，並從三個頂點各畫一條直線至三角形的內心，形成三個全等的等腰三角形。接下來，挑選其中一個等腰三角形，並順著原等邊三角形的那一邊畫出這個等腰三角形的鏡射影。下一步則以鏡射影等腰三角形的其中一個短邊為準，畫出小一號的等邊三角形，然後再把上述步驟套用在新的等邊三角形上，並不斷重複下去，畫出越來越小的三角形螺旋結構。最後，把原本第一個等邊三角形全部塗銷，再把兩個連續三角螺旋結構以最長的那一邊對接成海馬的造型即可。

連續三角螺旋具有令人矚目的特殊空間性質，可以形成各種空間填充多面體（space-filling polyhedra）及鋪磚模式。如果我們能像一隻螞蟻一樣不斷往海馬尾巴的區域鑽進去，我們將會發現任一等邊三角形的面積，恰好等於所有更小三角形的面積總和，亦即所有更小的三角形都能一起擠進這個等邊三角形內，而不會產生重疊的狀況。如果折疊得法的話，連續三角螺旋將呈現出目不暇給又壯觀的立體浮雕，日常生活中活用連續三角螺旋的例子，則包括隔音牆與機器減震器等。

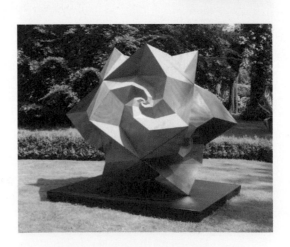

上圖——連續三角螺旋是一種由許多三角形所構成的螺旋結構，越往兩邊端點的三角形會越來越小。下圖——連續三角螺旋可以形成各種空間填充多面體及鋪磚模式，圖中這個向艾爾德利致敬的雕像就是一例。

參照條目 柏拉圖正多面體（約西元前 350 年）、阿基米德不完全正多面體（約西元前 240 年）、阿基米德螺線（西元前 225 年）、對數螺線（西元 1638 年）及渥德堡鋪磚法（西元 1936 年）

曼德博集合

曼德博（**Benoît Mandelbrot**，西元 1924 年生）

達伶（David Darling）認為曼德博集合（Mandelbrot set, M-set）是「最有名的碎形圖案，……也是已知最美麗的數學物件之一」。《金氏世界紀錄大全》（*Guinness Book of World Records*）稱曼德博集合為「數學史上最複雜的物體」，克拉克（Arthur C. Clarke）特別強調曼德博集合展現出電腦在深入觀察並獲得創見的功效：「（曼德博集合）原則上是每個學過算數的人都能發現的物體，可是就算在過程中都不犯錯、都不曾對這項工作感到厭煩的條件下，把從古至今所有人類加在一起，也都還不足以完成放大相當倍率後的曼德博集合之基本計算工作。」

曼德博集合是一個無論把倍率放得多大，都會不受影響地不斷在細節處展現相似特性的碎形物體，是由數學上反饋迴路（feedback loop）創造出的美麗圖案。事實上這個集合只不斷遞迴重複一條非常簡單的公式：$z_{n+1} = z_n^2 + c$，其中 z 跟 c 都是複數，且 $z_0 = 0$；複數平面上只要不會因為這條公式發散成無限大的任何一點，都屬於曼德博集合內的元素。曼德博集合的第一張原圖是布魯克斯（Robert Brooks）及馬泰爾斯基（Peter Matelski）兩人在西元 1978 年完成的作品，曼德博隨後在西元 1980 年針對這張圖的碎形特徵，以及其所傳遞豐富的幾何與代數訊息，寫成一篇具有代表意義的論文。

曼德博集合的結構中用極為細緻的螺旋與皺摺的路徑，把無數個小島般的形狀串連在一起。利用電腦放大曼德博集合的倍率，可以輕易顯示出以前人眼無法直接觀看到的圖案。浩瀚無邊的曼德博集合讓威格納（Tim Wegner）與彼得森（Mark Peterson）兩位讚嘆道：「你或許聽說過有些公司會向人收取一筆費用，再將滿天星斗中的其中一顆星星以出資者為名並寫進書裡；或許我們很快就會透過曼德博集合中進行同樣的交易！」

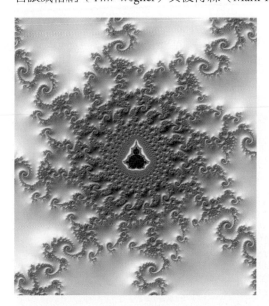

曼德博集合是一個無論把倍率放得多大，都會不受影響地不斷在細節處展現相似特性的碎形物體。利用電腦放大曼德博集合的倍率，可以輕易顯示出以前人眼無法直接觀看到的圖案，此圖由雷依斯（Jos Leys）繪製。

參照條目 虛數（西元 1572 年）及碎形（西元 1975 年）

怪獸群

格里斯（**Robert L. Griess, Jr.**，西元 1945 年生）

美國數學家格里斯在西元 1981 年創造了怪獸群（the Monster group）；這是最大、同時也是所謂最神祕的零散群（sporadic group）——**群論**（group theory）裡一種特別的分類——當中的一個。試圖理解怪獸群的工作，讓數學家們也同時了解什麼才是構成對稱的基本元素，以及如何利用這些元素及其他例外的分支概念，解決數學或數學物理學領域中深奧的對稱問題。簡單地說，我們可以把怪獸群視為一片撼動人心、存在於 196,884 維度空間內、包含 10^{53} 種對稱形式的雪花。

根據格里斯自己現身說法，他在西元 1979 年，也就是他結婚的那一年，「中了邪」般地沉溺於創造怪獸群的工作，所幸他太太「非常諒解」他在那段期間的孜孜不倦。格里斯只有在感恩節、聖誕節兩大節日才會稍事休息，之後終於在西元 1982 年發表一篇共計一百零二頁、探討怪獸群的論文，其他數學家們都認為格里斯不用透過電腦，就創造出怪獸群的成就，根本是個奇蹟。

所謂內行的看門道，怪獸群的結構顯示對稱跟物理之間有著非常深切的連結，甚至還能跟斷定宇宙中所有基本粒子，都是由細微震盪能量迴線（energy loop）所組成的弦理論（string theory）搭得上線。羅南（Mark Ronan）在他《對稱與怪獸》（*Symmetry and the Monster*）一書中指出「『怪獸』提早來到了人間——這應該屬於二十二世紀的數學產物，居然在一個偶然的機會中溜進了二十世紀」；西元 1983 年，物理學家戴森（Freeman Dyson）認為怪獸群可能「是由宇宙結構中某些尚未可知的領域所組成」。

格里斯跟費雪（Bernd Fischer）兩人在西元 1973 年就預見了怪獸群的存在，不過，這個名稱其實來自康威（John Conway）；另一位數學家波歇茲（Richard Borcherds）在西元 1998 年，因為深入了解怪獸群、並提出怪獸群與其他數學及物理領域有深切關連的研究成果，而獲頒菲爾茲獎（Fields Medal）。

美國數學家格里斯（圖中人物）在西元 1981 年成功打造出怪獸群，試圖理解怪獸群的工作，讓數學家們也同時了解什麼才是構成對稱的基本元素。怪獸群本身可是一個 196,884 維度空間的產物！

參照條目 群論（西元 1832 年）、壁紙圖群（西元 1891 年）、菲爾茲獎（西元 1936 年）及探索特殊 E_8 李群的旅程（西元 2007 年）

球內三角形

霍爾（**Glen Richard Hall**，西元 1954 年生）

西元 1982 年，霍爾發表了一篇著名的論文——〈n 維球體內的銳角三角形〉（Acute Triangles in the n-Ball），這同時也是霍爾生平第一篇論文，探討當他就讀於明尼蘇達大學研究所時一門有關幾何機率的課程。當在一個圓裡面隨機找出三點要畫成一個三角形時，霍爾很好奇這個三角形是「銳角」三角形的機率會是多少？而且，霍爾並不以平面上的一個圓為滿足，他還把研究範圍擴大到其他更高的維度，像是在球體或超球體（hypersphere）內的情況。圓的這些延拓稱之為 n 維球體。銳角三角形指的是三個內角通通小於 90 度的三角形。

以下列出幾個在 n 維球體內各自獨立且均勻地挑出任意三點形成銳角三角形的相對應機率 P_n：

$$P_2 = 4/\pi^2 - 1/8 \approx 0.280285 \ （圓）$$
$$P_3 = 33/70 \approx 0.471429 \ （球）$$
$$P_4 = 256/(45\pi^2) + 1/32 \approx 0.607655 \ （四度空間超球體）$$
$$P_5 = 1415/2002 \approx 0.706793 \ （五度空間超球體）$$
$$P_6 = 2048/(315\pi^2) + 31/256 \approx 0.779842 \ （六度空間超球體）$$

霍爾注意到，當球體所屬維度增加時，任意三點組成銳角三角形的機率也會跟著提升，在九度空間超球體內任三點組成銳角三角形的機率高達 0.905106。這個針對三角形的研究之所以受到其他數學家們的重視，在於直到西元 1980 年代初期之前，從未有過球內三角形（ball triangle picking）在較高維度內的一般化成果。霍爾曾經私下跟我表示說，他對於這個問題的潛在機率會隨著所屬維度不同而在

有理數（可以表示成兩個整數比率的數字）與無理數之間的變動感到相當有趣；在這個研究成果發表之前，恐怕沒有哪一位數學家曾經往機率會隨維度變化這個方向提出猜想。另外還有一點值得注意，西元 1986 年，是經由另一位數學家巴克塔（Christian Buchta）之手，才為霍爾的積分提供一個閉合（closed-form）的估計。

在一個圓裡面隨機找出三點畫成一個三角形，畫出三個內角通通小於 90 度銳角三角形的機率是多少？

參照條目　維維安尼定理（西元 1659 年）、布馮投針問題（西元 1777 年）、拉普拉斯的《機率的分析理論》（西元 1812 年）及莫雷角三分線定理（西元 1899 年）

瓊斯多項式

瓊斯（**Vaughan Frederick Randal Jones**，西元 1952 年生）

　　在數學的觀念裡，三度空間中再怎麼糾結的繩圈都可表徵為它在平面上的一個投影（或說是陰影）。當採用數學圖像表現繩結時，通常會以線條間微小的裂縫表示繩索是從上或從下穿越、打結。

　　繩結理論（knot theory）的目標之一是找出繩結的不變量（invariant）；不變量一詞代表一種等價繩結的數學特徵，可以顯示出兩個繩結究竟有無不同。西元 1984 年，繩結理論家都對紐西蘭數學家瓊斯所提出的一種不變量、現在稱之為瓊斯多項式（Jones polynomial）的神奇發明感到相當驚訝，因為這項不變量可以區分的繩結種類比以往所有已知的不變量都還要多。瓊斯是在研究物理問題的偶然間完成這個深具突破性的發現，數學家德福林（Keith Devlin）說道：「感覺瓊斯好像不小心一腳踏在一個隱密且無法預期的機關上。瓊斯向繩結理論大師波曼（Joan Birman）請教對於自己新發現的看法，而接下來的發展就如同他們自己說的一樣，足以名流青史了……。」此外，瓊斯的研究成果「打開一扇用多項式不變量研究繩結的全新窗戶，對繩結理論研究帶來戲劇化的改變，其中部分成果還持續在生物及物理領域刺激出越來越多、有關各種新應用方式的有趣想法……」。研究 DNA 腺體結構的生物學家，期望透過繩結研究，釐清細胞基因組成成分的功能，進而了解對抗病毒攻擊的方法。數學家則可以透過繩結交錯的模式，用瓊斯多項式的系統性流程或演算法詮釋任一個繩結。

　　用不變量研究繩結已經有一段歷史了，亞歷山大（James W. Alexander）大約在西元 1928 年的時候，首創用多項式詮釋繩結的方法，只可惜當時他所提出的概念並不實用，無法區分繩結與其鏡像（mirror image）的差異。瓊斯多項式針對這一點加以改善，而且在瓊斯發表這個新的多項式之後，旋即有人發表更一般化的 HOMFLY 多項式（HOMFLY polynomial）。

雷依斯（Jos Leys）所繪、一個包含十個結的繩結。繩結理論其中一個目標是找出等價繩結的數學特徵，用以區別兩個繩結究竟有無不同。

參照條目 結繩記事（約西元前十萬年）、博科繩結（西元 1974 年）及莫非定律詛咒下的繩結（西元 1988 年）

西元 1985 年

威克斯流形

威克斯（**Jeffrey Renwick Weeks**，西元 **1956** 年生）

雙曲幾何（hyperbolic geometry）是一種不再把平行公設（parallel postulate）視為理所當然的非歐幾里得幾何（Non-Euclidean Geometry）。在二維的雙曲幾何空間中，一條直線外的任何一點都存在無數條通過該點、但是卻不會跟第一條直線相交的直線。有時，我們會用馬鞍型曲面，說明何謂二維的雙曲幾何空間，而其上的三角形內角和會小於 180 度。有些數學家甚至是宇宙學家深信我們所處宇宙，可能就是這種具備奇怪幾何特性的空間。

西元 2007 年，普林斯頓大學的賈貝伊（David Gabai）、波士頓學院的梅耶霍夫（Robert Meyerhoff）跟澳洲墨爾本大學的米雷（Peter Milley）聯手確認特殊三維雙曲幾何空間中的最小體積（least volume）結構。這個形狀稱為威克斯流形（Weeks manifold），用以紀念第一個找出它的美國數學家威克斯，自此之後帶動許多深受其所吸引的拓樸學家孜孜不倦地研究。

傳統三維的歐幾里得幾何完全沒必要探討「最小體積」的觀念，因為物體外觀跟體積可以隨意調整成各種規模大小，但是，雙曲幾何的空間曲率（spatial curvature）會讓其中的長度、面積及體積都具有內稟的單位量。威克斯在西元 1985 年找出雙曲幾何中體積為 0.94270736 的一個小流形（威克斯流形是由一對稱為「終老相伴」〔whitehead link〕交織迴圈所框定的空間），可是直到西元 2007 年之前，都沒有人可以肯定這個流形是不是雙曲幾何中最小的體積結構。

麥克阿瑟獎（MacArthur Fellow）得主威克斯在瑟斯頓（William Thurston）教授指導之下，於西元 1985 年取得普林斯頓大學的博士學位。利用拓樸學連結幾何跟宇宙觀測，是威克斯主要研究方向之一，他也曾開發過互動式教學軟體向年輕學子介紹幾何學，讓他們在其中探索有限但沒有邊界的宇宙。

雖然這是包含一個銀河系的威克斯流形模型，但是，我們卻會看見這個銀河系像結晶般在圖片中的無止境空間裡，不斷重複出現的景象，這就好像鏡廳所展現無窮空間的性質一樣。

安德里卡猜想

安德里卡（**Dorin Andrica**，西元 1956 年生）

質數是一個只能被兩個不同數字整除的整數：只有 1 跟它自己，這樣的數字包括 2、3、5、7、11、13、17、19、23、29、31 跟 37，偉大的瑞士數學家歐拉（Leonhard Euler）曾表示：「數學家們窮盡一切努力想要發現質數數列的規律，可是就算到目前為止，也依舊徒勞無功；或許我們有理由相信這是一個人類大腦永遠無法深入探究的神祕領域。」長期以來，數學家們不但想要找出質數數列的規律，也試著想要掌握質數的間距（gap）──亦即兩個連續質數之間的差距。兩個質數之間的平均間距大約隨著質數的自然對數值成長，不論用間距哪一端的質數做為計算基礎；以一個已知的質數大間距為例，接在 277,900,416,100,927 這個質數之後的下一個質數，兩者間相差 879。在西元 2009 年所找到最大的質數間距是 337,446。

羅馬尼亞數學家安德里卡在西元 1985 年發表有關質數間距的「安德里卡猜想」（Andrica's conjecture），更詳細一點說，他猜測 $\sqrt{p_{n+1}} - \sqrt{p_n} < 1$，其中 p_n 代表第 n 個質數。譬如以 23 跟 29 兩個質數為例，根據安德里卡猜想，$\sqrt{29} - \sqrt{23} < 1$。安德里卡另一種寫法是 $g_n < 2\sqrt{p_n} + 1$，其中 g_n 表示第 n 個質數間距，亦即 $g_n = p_{n+1} - p_n$。直到西元 2008 年為止，這個猜想已經被證實對所有 n 值不大於 1.3002×10^{16} 的質數都成立。

檢視安德里卡猜想不等式的左半邊，如果令 $A_n = \sqrt{p_{n+1}} - \sqrt{p_n}$，則目前能找到最大一個 A_n 值發生在 $n = 4$ 的時候，其近似值為 0.67087。安德里卡猜想提出的時間點，恰好是在電腦開始大量普遍的時候，因此，有助於鼓勵後續試圖找出挑戰猜想反例的熱切研究。不過，截至目前為止，雖然還沒辦法完全證明為真，但是，安德里卡猜想面對各種挑戰仍舊屹立不搖。

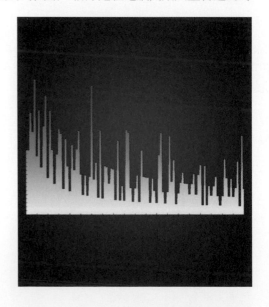

圖中所示為 A_n 函數的前一百項結果。圖中垂直位置最高的函數值（靠近圖左邊的一個直方條）是 0.67087，x 軸的範圍介於 1 到 100 之間。

參照條目　為質數而生的蟬（約西元前一百萬年）、埃拉托斯特尼篩檢法（西元前 240 年）、哥德巴赫猜想（西元 1742 年）、高斯的《算術研究》（西元 1801 年）、莫比烏斯函數（西元 1831 年）、黎曼假設（西元 1859 年）、質數定理的證明（西元 1896 年）、布朗常數（西元 1919 年）、吉伯瑞斯猜想（西元 1958 年）、謝爾賓斯基數（西元 1960 年）、烏拉姆螺線（西元 1963 年）及群策群力的艾狄胥（西元 1971 年）

ABC 猜想

馬撒（**David Masser**，西元 **1948** 年生），
奧斯達利（**Joseph Oesterlé**，西元 **1954** 年生）

ABC 猜想（ABC conjecture）是研究所有數字特性的數論領域中，尚未被證實的幾個最重要問題之一。如果這個猜想能被證實為真的話，數學家只要再外加幾行說明，就能一併完成其他很多著名定理的證明。

馬撒及奧斯達利兩位數學家在西元 1985 年開始探索 ABC 猜想。為了說明這則猜想，首先要先定義非平方倍數（square-free number）的概念——不會被任何數字的平方給整除的數字。舉例來說，「13」是一個非平方倍數，9 就不是了（可以被 3^2 整除）。整數 n 非平方倍數部分寫做 $sqp(n)$，其定義是 n 的所有質因數乘積中，最大的一個非平方倍數；當 $n = 15$ 的時候，其質因數只有 3 跟 5，且 $3 \times 5 = 15$、「15」本身就是一個非平方倍數，因此 $sqp(15) = 15$。另一個例子，當 n = 8 的時候，由於只有 2 為其質因數，因此可以得到 $sqp(8) = 2$ 的推論結果。相同的道理，$sqp(18) = 6$，也就是 2×3 的結果；$sqp(13) = 13$。

接下來，假設數字 A 跟數字 B 彼此間沒有共同的質因數，數字 C 為這兩個數字的和；直接用數字說明的話，令 A = 3，B = 7，C = 10，則三數字乘積 ABC 的非平方倍數部分就是 210。或許您會發現 $sqp(ABC)$ 比 C 還要大，但是這並非恆常不變的關係，只要刻意篩選出特定的 A、B、C 三數字，則 $sqp(ABC)/C$ 的比會變成無窮小的數值。不過，ABC 猜想指出，只要 n 是一個比 1 還要大的實數，則 $[sqp(ABC)]^n/C$ 一定趨近一個極小值。

哥德費爾德（Dorian Goldfeld）曾說過：「ABC 猜想……不單有它的功效，對數學家而言更具有獨特美感。之前從未想過戴奧芬特斯式（Diophantine，意味有整數解）的數學問題，可以一以貫之地濃縮成單一方程式一網打盡，似乎這個數學次領域的所有問題，都源自於一個最基本的的問題……。」

ABC猜想被視為數論領域最重要但卻尚未證實的問題之一。西元 1985 年數學家馬撒（圖中人物）及奧斯達利兩人首開深入研究這個問題的先河。

發聲數列

康威（John Horton Conway，西元 1937 年生）

　　看一下以下這個數列：1、11、21、1211、111221、…；想要知道這個數列依照什麼規則寫出來的，不妨把其中每一項全部大聲讀出來。像是第二項是「兩個 1」，所以第三項就寫成「21」；第三項讀成「一個 2 一個 1」，也就因此得到第四項。持續這個編碼流程可以把整個數列通通寫出來，一個數學家康威稱之為發聲數列（audioactive sequence）並進行大量研究的對象。

　　這個數列成長速度非常快，譬如第十六項寫成：132113213221133112132113311211131221121321131211132221123113112221131112311332111213211322211312113211。如果讀者們仔細觀察這項，將會發現 1 出現的次數遠遠多於 2 跟 3，而且沒有任何一個大於 3 的數字出現過。有沒有可能證明 333 這個字眼絕對不會發生？以第十六項為例（其中的 3 用「▬」表示），不難發現 3 出現的情形飄忽不定，就好像在無垠大海中失去方向的船隻一樣：

　　發聲數列第 n 項的位數大約與康威常數：(1.303577269034269391257099112152551890730702504 6594…)^n 呈一定比例，數學家們發現發聲數列「奇怪的」建構過程居然能產生一個常數，而且這個數字居然是某多項式唯一一個正實數的解，實在是很奇特的事。更有趣的是，除了以 22 開頭的數列外，這個常數適用於所有其他的數列。

　　發聲數列有許多不同的變化型，英國研究人員哈格瑞夫（Roger Hargrave）將近似概念，改成由前一項數列所有個別字元出現的總數組成下一個數列，譬如以 123 為開頭的發聲數列依序為：123、111213、411213、14311213、…；哈格瑞夫特別注意到這個版本的發聲數列，最終會在 23322114、32232114 兩個數列中振盪，你有辦法證明嗎？這兩個反過來看相當類似的數列有什麼特性？我們是否可以從發聲數列中的某一項，回推出發聲數列最原始的字串是什麼呢？

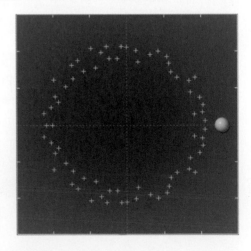

發聲數列奇怪的建構過程會產生康威常數 1.3035…，一個總計六十九項的多項式方程式的唯一正實數解。這個正實數解就在圖中黃色球的位置，其他多項式複數解的位置則以「＋」號表示之。

參照條目　圖厄—摩斯數列（西元 1906 年）、考拉茲猜想（西元 1937 年）及整數數列線上大全（西元 1996 年）

電腦套裝軟體 Mathematica

沃夫藍（**Stephen Wolfram**，西元 1959 年生）

　　過去二十多年來，研究數學的方式經歷一場重大轉變——從純粹理論及證明到使用電腦進行實驗的變革。電腦套裝軟體 Mathematica 是導致這場變革的其中一個因素。這套由伊利諾州香檳市沃夫藍研究公司（Wolfram Research）負責銷售的軟體，是數學暨理論大師沃夫藍的心血結晶。沃夫藍在西元 1988 年完成第一版的軟體開發，如今這套軟體除了一般化的運算功能外，還能提供各式各樣的演算法、視覺圖像效果與使用者操作介面等附加功能。Mathematica 是現今各種實驗數學的其中一種套裝軟體，其他軟體還包括 Maple、Mathcad、MATLAB 及 Maxima。

　　打從西元 1960 年代開始，市面上就已經有專門處理數值分析、代數問題、電腦繪圖或其他工作的單一用途數學軟體，對混沌理論跟碎形特別感興趣的研究人員，利用電腦深入探索相關課題的現象，也有一段歷史，整合各種特定用途軟體特徵的 Mathematica 則以便利性取勝。如今這套軟體已經廣泛運用在工程、科學、財務、教育、藝術、服裝設計，以及其他需要視覺圖像跟實驗分析的領域中。

　　《實驗數學》（*Experimental Mathematics*）期刊在西元 1992 年開始發行，協助學界理解如何利用電腦運算檢視某些數學結構，或用來辨別重要的數學特性與模式。教育專家與作家伯林斯基（David Berlinski）評論道：「電腦已經……從根本改變了研究數學的傳統，意味數學自此以後頭一次，像物理一樣，終於成為一門實驗學科，一個以眼見為憑做為依據的領域。」

　　另兩位數學家博溫（Jonathan Borwein）及貝利（David Bailey）則說：「或許在這個分支領域上最重要的進展，就是開發出像是 Mathematica 跟 Maple 這些多樣化的數學軟體。從此以後，許多數學家都能熟練操作這些工具，並且把電腦軟體當成每天研究工作的一部分。依照這個趨勢發展下去的結果，我們將開始看到新一波數學研究，是部分或全部來自於以電腦這項輔助工具為主的成果。」

電腦套裝軟體 Mathematica 除了一般化的運算功能外，還能提供各式各樣的演算法、視覺圖像效果與使用者操作介面等附加功能。這張三維空間的例圖是由特羅德（Michael Trott），一位符號運算與電腦繪圖的專家，使用 Mathematica 繪製而成。

參照條目 算盤（約西元 1200 年）、計算尺（西元 1621 年）、巴貝奇的計算機器（西元 1822 年）、瑞提第一號收銀機（西元 1879 年）、微分分析機（西元 1927 年）、科塔計算器（西元 1948 年）及 HP-35：第一台口袋型工程計算機（西元 1972 年）

莫非定律詛咒下的繩結

桑若斯（**De Witt L. Sumners**，西元 1941 年生），
懷廷頓（**Stuart G. Whittington**，西元 1942 年生）

很久很久以前，深感挫折的水手跟編織工早就觀察到繩索、彩帶之類的物品很明顯帶有糾纏、打結的傾向——這就顯現出莫非定律廣為人知的詛咒：如果事情可能出錯，就一定會出錯。不過，就算到了近代還是沒有嚴謹的理論，可以解釋這讓人火冒三丈的現象是如何產生的。舉一個很實際的衍生例子：只要登山繩索被打上一個結的話，這條繩索不被扯斷的耐受壓力，就會減少百分之五十之多。

西元 1988 年，數學家桑若斯跟化學家懷廷頓聯手利用繩索跟其他線狀結構，比方說是化學聚合物的分子鏈，以自我迴避（self-avoiding）的隨機模型清楚說明這個現象。想像一隻螞蟻處於一個立方體柵格中，追蹤牠在其中沿著三座標軸或前進、或後退共六個方向隨機移動的軌跡，且為了模擬不同實體物品不會在同一時間點，出現在同一位置的特性，採自我迴避路徑的這隻螞蟻經過柵格中的任一點的次數均以一次為限。根據他們的研究成果，桑若斯跟懷廷頓證明一項普遍化的結果：幾乎所有夠長的自我迴避隨機路徑都會形成繩結。

他們兩人的研究成果，不僅可以解釋為何收藏在車庫內用來替院子澆水的水管，越長就越容易打結——或是說明為何刑事犯罪現場遺留下打結的繩圈，不足以成為有力證據——也對我們了解糾結的DNA 及蛋白質骨幹帶來許多啟發。早期研究蛋白質摺疊結構（protein folding）的專家，認為蛋白質沒辦法打結，如今卻發現許多蛋白質的結點，其中有些還帶有穩定蛋白質結構的功能。如果科學家能夠精確預測蛋白質結構的話，或許有一天我們將會更加了解疾病，也將開發出立體蛋白質所組成的新藥物加以對抗。

上圖——糾結成一團的漁網。下圖——登山索上單單一個繩結就能大幅度降低把繩索扯斷所需的力道。

參照條目　結繩記事（約西元前十萬年）、博羅密環（西元 834 年）、超空間迷航記（西元 1921 年）、博科繩結（西元 1974 年）及瓊斯多項式（西元 1984 年）

蝶形線

費伊（**Temple H. Fay**，西元 **1940** 年生）

　　參數化（parameterization）的工作，是用一組方程式表示一堆數量，就好像函數跟自變數之間的關係一樣。當平面上曲線的每一點座標位置 *(x , y)* 如果能用變數 *t* 的函數值加以表達時，我們就稱之為參數化的曲線。以直角座標（Cartesian coordinate）圓的標準方程式為例：$x^2 + y^2 = r^2$，其中 *r* 是圓的半徑，我們可以將之改寫成參數化的方程式：$x = r \cdot cos(t)$，$y = r \cdot sin(t)$，其中 $0 < t \le 360°$，或 $0 < t \le 2\pi$ 強。利用電腦繪圖時，電腦程式會逐漸改變 *t* 值並把所有獲得的座標位置 *(x,y)* 串連起來。

　　因為某些特定幾何形式實在難以簡化成單一方程式——其手法好比上述圓形的例子，所以，數學家跟電腦藝術家通常會依靠參數化的手法呈現。以錐形螺旋（conical helix）為例，我們可以改用 $x = a \cdot z \cdot sin(t)$，$y = a \cdot z \cdot cos(t)$，$z = t /(2\pi c)$，其中 *a*、*c* 為兩個常數，畫出這個現代社會某些天線所採用的錐形螺旋造型。

　　很多代數曲線（algebraic curve）與超越曲線（transcendental curve）都具有對稱、葉狀、波瓣的外觀或帶有漸進線的美感，由南密西西比大學費伊所開發的蝶形線（butterfly curve）就是其中一種美觀的複雜圖形。蝶型線的方程式可以用極座標（polar coordinate）表示：$\rho = e^{cos\theta} - 2cos(4\theta) + sin^5(\theta/12)$，描出這條方程式所有點的軌跡，就會看見一隻蝴蝶的圖案，ρ 這個變量就是移動軌跡上每一點跟原點之間的距離。自從蝴蝶曲線在西元 1989 年首次展現在世人面前之後，不論是學生或數學家們都會對這個曲線相當感興趣，更重要性的是，這個圖形還誘發學生們採用另一條方程式 $\rho = e^{cos\theta} - 2.1cos(6\theta) + sin^7(\theta/30)$ 搭配更長的重複週期進行嘗試性的實驗。

很多代數曲線與超越曲線都具有對稱、葉狀、波瓣的外觀或帶有漸進線的美感。由費伊所提出的蝴蝶曲線可以用方程式 $\rho = e^{cos\theta} - 2cos(4\theta) + sin^5(\theta/12)$ 表示之。

參照條目　諧波圖（西元 1857 年）

整數數列線上大全

斯洛恩（**Neil James Alexander Sloane**，西元 1939 年生）

整數數列線上大全（The On-Line Encyclopedia of Integer Sequences, OEIS）是一個內容龐大、附有搜尋功能的整數數列資料庫，使用者包括數學家、科學家及一般對數列感興趣的門外漢，牽涉的學門包含賽局理論、數學謎題、數論，一直到化學、通訊跟物理。以下舉兩個整數數列線上大全收羅的條目，證明它包羅萬象到讓人吃驚的程度：有 n 對孔眼的鞋子總共有幾種鞋帶繫法？古代裝開倫寶石遊戲（Tchoukaillon，跟計算石頭數量有關的遊戲）總共有多少種獲勝的擺法？整數數列線上大全的網頁（http://oeis.org/）收羅了超過十五萬則數列，使之成為這類網站資料量最龐大的一個。

整數數列線上大全的每一則條目，都會顯示該數列最前面的幾項數字、關鍵字、推導過程及參考文獻等資訊。西元 1963 年，斯洛恩這位英國出生的美國數學家當年還是康乃爾大學研究所學生，就已經開始蒐集各種整數數列，他所推出第一版的數列大全將資料儲存在打孔卡上——隨後在西元 1973 年推出名為《整數數列手冊》（*A Handbook of Integer Sequences*）的紙本書籍，其中包含兩千四百則條目。西元 1995 年，斯洛恩又再追加了 5,487 則數列。網路版本的資料庫在西元 1996 年上線，平均每年都會再增加一萬則新數列。如果現在要把所有資料庫內容印成書的話，印刷後的篇幅大概相當於七百五十本 1995 年版的數列大全。

整數數列線上大全是一項有紀念價值的成就，經常用來辨別未知數列或用來判斷已知數列的發展狀態。不過，它最深層的功用，應該是用來提出各種新的猜想。數學家史蒂芬（Ralf Stephen）最近光是研究整數數列線上大全的內容，就寫出橫跨各個不同領域、總計超過一百則的猜想。比較開頭幾項數字相同的數列（或者是比較兩個有轉換關係的數列）後，數學家就可以開始思考有關冪級數、數論、組合數學、非線性遞迴、二進位表示法等涵蓋各數學領域的新猜想。

整數數列線上大全裡面包含探討 n 對孔眼的鞋子總共有幾種鞋帶繫法這樣的數列。如果每個孔眼都至少要直接連到對面那排孔眼一次、而且鞋帶一定要從兩排孔眼的兩端做為起點與終點的話，資料庫數據顯示如下：1、2、20、396、14976、907200、…。

參照條目 圖厄─摩斯數列（西元 1906 年）、考拉茲猜想（西元 1937 年）、發聲數列（西元 1986 年）及床單問題（西元 2001 年）

永恆難題

莫克頓勳爵（**Christopher Walter Monckton, 3rd Viscount Monckton of Brenchley**，西元 1952 年生）

在西元 1999 年至 2000 年之間颳起一陣旋風的永恆難題（Eternity Puzzle），是一種極端困難的拼圖遊戲，也就順理成章地成為需要透過電腦分析的嚴肅數學課題。這個遊戲總共有 209 片各不相同、每一片都是由等邊三角形跟半個等邊三角形所組成、面積固定等於六個等邊三角形的拼圖。遊戲目的是用所有拼圖拼出一個大面積、幾乎是正十二邊形的圖形。

發明這套遊戲的莫克頓勳爵在西元 1999 年六月安徒玩具（Ertl Toys）公司開始銷售的時候，曾懸賞一百萬英鎊獎金要給完成遊戲任務的玩家。在此之前，莫克頓勳爵電腦實驗的成果，顯示這套遊戲不會在短短幾年內被破解，甚至不排除要花上更久的時間，才能完成任務。這一點其實沒錯，把拼圖所有可能拼法都找出來，確實是一件相當耗費精力的搜尋工作，就算讓一台運算能力最強的電腦土法煉鋼下去找，恐怕也要花上幾百萬年才能找到解答。

不過，這一回莫克頓勳爵恐怕要失望了，塞爾畢（Alex Selby）及雷奧丹（Oliver Riordan）這兩位英國數學家透過電腦幫忙，在西元 2000 年 5 月 15 日就找出一種排成十二邊形的正確拼法，並提出領獎要求。值得一提的是，他們發現在類似這種拼圖遊戲中，困難度會隨拼圖片數累增，在大約七十片拼圖的時候最困難，可是過了這個界線後，各種可能的拼法居然也跟著增加，一般推估正規永恆難題拼圖遊戲起碼有 10^{95} 種不同的解答，遠遠超過我們所處銀河系的原子數。儘管如此，這個遊戲拼錯的方式當然比正確的方式要來得多很多，所以，遊戲難易度依舊被公認為惡魔等級。

塞爾畢跟雷奧丹兩人清楚知道這個遊戲還有其他很多種正確的拼法，因此，刻意忽略莫克頓勳爵替自己這套遊戲所提供的指引，以便找到能夠更簡單完成拼圖的方式。西元 2007 年時，莫克頓勳

爵將永恆難題改版後推出次世代永恆難題（Eternity II Puzzle），一套由 256 片正方形拼圖所組成的遊戲，目的是拼成一個 16 × 16 的大方形，並新增片塊拼圖只能用顏色相同那一邊互相連接的規矩。根據估計，這套新遊戲的解答總計有 $1.115 × 10^{557}$ 種拼法。

黃色部分由三角形結構所組成的部分，就是永恆難題拼圖的其中一種圖例。永恆難題所有拼圖，都是由等邊三角形跟半個等邊三角形所組成。

參照條目　用正方形拼出的矩形（西元 1925 年）、渥德堡鋪磚法（西元 1936 年）及潘洛斯鋪磚法（西元 1973 年）

完美的魔術超立方體

韓德瑞克（John Robert Hendricks，西元 1929 年～西元 2007 年）

　　傳統魔方陣（magic square）會將整數分別放在方陣內的不同空格中，最終使得方陣每一行、每一列跟兩條對角線上的數字總和相同，如果這些數字是從 1 到「N^2」的連續整數時，稱之為 N 階魔方陣。

　　相同的道理，在一個魔術超立方體（四度空間的立方體）中將包含從 1 到「N^4」的連續整數，其配置方式將使得 N^3 行、N^3 列、N^3 柱、N^3 延（file，描述四度空間方向的專有名詞），還有八條主要大對角線（quadragonal，穿越超立方體中心連結兩個相對端點的一條直線）上的數字和是一個常數：$S = N(1 + N^4)/2$，即其所屬的魔術數字。其中 N 表示超立方體的階數；以一個三階超立方體為例，總共有 22,272 種不同魔術超立方體的配置法。

　　所謂完美的魔術超立方體（perfect magic tesseract）一詞，意指在該超立方體內不只行、列、柱、延跟大對角線上數字總和等於魔術數字，甚至就連在組成超立方體的單位立方體中，每一面的對角線，以及單位立方體本身對角線（triagonals）上的數字總和，也都是同一個魔術數字；換句話說，完美的魔術超立方體必須建立在每個單位立方體都是完美魔術立方體，而且每一面正方形也都是完美魔方陣的基礎上，這表示所有包括截距較短不完全對角線（pandiagonal）上的數字總和也還是魔術數字。

　　加拿大研究人員韓德瑞克是全世界研究高維度魔術體的專業先驅之一，他除了證明所有低於十六階的超立方體都不可能成為完美的魔術超立方體，也同時舉出一個例子，證明十六階完美的魔術超立方體確實存在。這個十六階完美的魔術超立方體包含從 1 到 65,536 的所有整數，其加總後的魔術數字為 534,296。韓德瑞克跟我是在西元 1999 年一起找出世上第一個十六階完美的魔術超立方體，我們至今的研究成果摘要如下：十六階完美的魔術超立方體是最小的一個，最小的完美立方體是八階立方體，最小的完美魔方陣則是四階方陣。

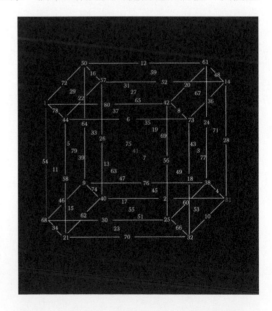

要畫出十六階完美的魔術超立方體實在太困難了，因此我們僅呈現韓德瑞克所完成的一個三階魔術超立方體。圖中每一行（綠色）、列（黃色）、柱（紅色）、延（淺藍色）跟大對角線（直接用三個紫色數字表示）的數字總和都是「123」。

參照　魔方陣（約西元前 2200 年）、富蘭克林魔方陣（西元 1769 年）及超立方體（西元 1888 年）
條目

巴蘭多悖論

巴蘭多（**Juan Manuel Rodríguez Parrondo**，西元 1964 年生）

西班牙物理學家巴蘭多在西元 1990 年代末指出，兩個保證會讓玩家賠光所有籌碼的賭局，如果採用交錯方式進行的話，居然能組合出贏得彩金的結果。科學作家布雷克斯里（Sandra Blakeslee）如此稱讚巴蘭多：「發現一條新的自然法則，可以協助我們解釋，舉例而言，人生如何從泥沼中鑽出一條活路，為什麼柯林頓總統的聲望在性醜聞爆發後還能不降反升，為什麼看走眼的投資有時居然也能產生資本利得。」讓人難以理解的巴蘭多悖論（Parrondo's paradox）應用範圍廣泛，包括人口動態分析到財務風險評估皆屬之。

讓我們假設你正在參與兩種不公平的擲銅板賭局，做更進一步的說明。在賭局 A 中，每次擲銅板能讓你獲利的機率小於一半，用 $P_1 = 0.5 - x$ 表達；你贏的時候可以得到一塊錢，輸的時候會損失一塊錢。在賭局 B 中，你會先摸摸看口袋裡的籌碼金額是不是 3 的倍數；如果不是的話，你會用獲勝機率為 $P_2 = (3/4 - x)$ 的黑心銅板下注，否則就改用獲勝機率為 $P_3 = (1/10) - x$ 的黑心銅板下注。如果賭局 A 跟賭局 B 不能交錯進行的話，光是黑心銅板造成 $x = 0.005$ 的微小誤差，就足以讓你最終兩手空空，可是，如果你交錯地參與兩種賭局（或者乾脆隨機參加這兩種賭局），你可能作夢也想不到自己居然能夠海撈一票！順便提醒一下，在這個交錯參與賭局的例子中，賭局 A 的結果會影響賭局 B 的選項。

巴蘭多在西元 1996 年就想到這個悖論，不過，卻是由澳洲阿德雷德大學生物醫學工程師亞伯特（Derck Abbott）幫他取了「巴蘭多悖論」這個名字，並且直到西元 1999 年才出書，論證自己這套有違直覺的研究成果。

巴蘭多受到類似圖中齒輪般機械原裡的影響，特別是裝置在顯微設備使用的時候，才想出有違直覺的研究成果，並把相關見解從物理儀器帶進賽局的領域。

破解極致多面體

康威（**John Horton Conway**，西元 1937 年生），
文森（**Jade P. Vinson**，西元 1976 年生）

　　一般認知的多面體是由多邊形沿邊相連所集合成的立體。所謂極致多面體（holyhedron）則是指每一面都至少有一個多邊形孔洞的多面體，而且這些孔洞不但彼此的邊界都不相連，也不會接觸到多面體每一面的邊界。譬如以一個六面的立方體為例，如果從其中一面貫穿一根五邊形的短棒到相對的那一面、製造出一個五邊形的隧道後，我們現在就創造出一個總計十一面的立體（原先立方體的六個面再加上隧道外圍的五個面），不過，其中只有兩個面上有穿孔而已。只要繼續依樣畫葫蘆地在立方體上打洞，我們就會創造出越來越多的面。不消說，最大的挑戰，就是在更多的面上打洞，打到多面體上的每一面都有孔洞，最終形成極致多面體。

　　極致多面體最早是由普林斯頓的數學家康威在西元 1990 年代所提出的構想，康威除了提供一萬美元的獎金給任何一位能找到這個物體的人士，還規定最終的獲獎金額，是一萬美元除以這個物體上總面數的結果。威爾森（David W. Wilson）隨後在西元 1997 年直接改用極致多面體一詞，指稱這個到處都是洞的多面體。

　　後來，美國數學家文森終於在西元 1999 年找到世上第一個極致多面體的樣本，共有 78,585,627 面（顯然文森最後能領到的獎金真是少得可憐）！西元 2003 年，電腦繪圖專家哈奇（Don Hatch）找到一個總面數為 492 的極致多面體，截至目前為止，後續的搜尋工作仍在進行中。

上圖——用三角形短棒插過立方體的示意圖。下圖——南極冰穴的孔洞跟隧道會讓人聯想到極致多面體華麗、多孔的構造。當然啦，極致多面體的隧道必須留在多面體內，而且每一個隧道的平滑壁面，也都必須至少形成一個多邊形的外觀。

床單問題

賈莉雯（**Britney Gallivan**，西元 1985 年生）

　　某個失眠的夜晚讓你決定換張床單改變氣氛。這張床單只有 0.4 公釐那麼薄，對摺一次會變成 0.8 公釐厚，請問你需要對摺幾次才能讓床單厚度跟地球到月亮之間的距離一樣？這個床單問題（bed sheet problem）神奇的答案是：只要把床單對摺四十次以後，你就可以睡在月球上面了！這個問題其他版本的說法是：如果你可以把手中厚 0.1 公釐的紙張連續對摺五十一次的話，堆起來的高度甚至比地球到太陽的距離還遠！

　　儘管如此，現實生活中其實不可能把一個物體連續對摺到那麼多次，以往在二十世紀大家普遍認定一張真正的紙不論有多大，最多也只能對摺七次到八次而已，可是，一位高中生賈莉雯卻在西元 2002 年，出乎世界意料之外地把一張紙整整對摺了十二次。

　　賈莉雯在西元 2001 年找到方程式，用以刻劃按單一方向對摺一張已知大小的紙張的次數上限。以厚度為 t 的紙張為例，如果要對摺 n 次的話，則一開始這張紙最短的邊長必須是：$L = [(\pi t)/6] \times (2^n + 4) \times (2^n - 1)$。仔細研究 $(2^n + 4) \times (2^n - 1)$ 這條算式，從 $n = 0$ 開始，其計算結果分別是 0、1、4、14、50、186、714、2,794、11,050、43,946、175,274、700,074…的整數數列，這表示當對摺到第十一次的時候，為了裝訂留邊所損失的材料，會是第一次對摺所損失的 700,074 倍。

西元 2001 年，賈莉雯找到方程式，用以刻劃按單一方向對摺一張已知大小的紙張的次數上限。

參照
條目　季諾悖論（約西元前 445 年）及整數數列線上大全（西元 1996 年）

破解艾瓦里遊戲

羅曼（John W. Romein，西元 1970 年生），
巴爾（Henri E. Bal，西元 1958 年生）

艾瓦里遊戲（Game of Awari）是一個流傳三千五百多年的非洲遊戲，如今甚至成為迦納的國家競賽項目之一。在其他西非及加勒比海國家也都相當受到歡迎。就遊戲分類方式而言，艾瓦里算是一種計算後收繳（count-and-capture）的遊戲方式，屬於播棋（Mancala）這種策略遊戲分類的一支。

艾瓦里的棋盤是由兩排各六個杯狀的凹槽所組成，每個凹槽內各有四顆棋子（可以是豆子、種子或是小石頭代替），每排的六個凹槽分屬兩位玩家所有，以回合制的方式移動棋子進行遊戲。首先，第一位玩家要挑出己方的一個凹槽，把其中的棋子取出，並按照逆時針方向把手中的棋子以一凹槽一顆的原則，依序擺進接下來的每一個凹槽裡；第二位玩家接著也要從己方凹槽中挑出一個，以完全相同的規則進行下去。當任一位玩家的最後一顆棋子會放在對方凹槽內，並使得該凹槽的棋子總數變成 2 或 3 時，這位玩家就能把凹槽中的所有棋子取出，當成這一回合的得分。除此之外，如果同一位玩家從這個空凹槽往回推，也能找到包含 2 或 3 顆棋子的緊鄰凹槽時，這些棋子也都可以轉化成同一回合的得分。玩家的分數只能來自於對手凹槽中的棋子，一旦某玩家所屬凹槽中都沒有棋子的時候，遊戲就宣告終止，並以獲得較多棋子的玩家為勝方。

艾瓦里這個遊戲吸引很多人工智慧領域專家們廣泛的注意。這門學科的目的，就是透過演算法解決數學謎題或是用電腦跟人下棋，可是，直到西元 2002 年為止，沒人確定這個遊戲是否跟圈叉遊戲一樣，只要兩位玩家都不犯錯，就注定會以平手的結果收場。最後靠著阿姆斯特丹自由大學羅曼跟巴爾兩位電腦科學家寫出一套電腦程式，計算艾瓦里遊戲總共 889,063,398,406 種可能呈現的棋局，終於證明這個遊戲在玩家不犯錯的前提下，注定會是平手收場。這項龐大的計算工程使用一台附有 144 顆處理器的電腦同步運算，總計耗時五十一個小時才完工。

艾瓦里遊戲吸引很多人工智慧領域專家們廣泛的注意。西元 2002 年，電腦科學家終於算出艾瓦里遊戲總共 889,063,398,406 種棋局的結果，證明這個遊戲在玩家不犯錯的前提下，注定會是平手收場。

參照條目　圈叉遊戲（約西元前 1300 年）、圍棋（西元前 548 年）、高德納與珠璣妙算遊戲（西元 1970 年）、永恆難題（西元 1999 年）及破解西洋跳棋（西元 2007 年）

NP 完備的俄羅斯方塊

德曼恩（**Erik D. Demaine**，西元 **1981** 年生），
烏恩別格（**Susan Hohenberger**，西元 **1978** 年生），
利賓諾威（**David Liben-Nowell**，西元 **1977** 年生）

　　西元 1985 年由俄羅斯電腦工程師帕基特諾夫（Alexey Pajitnov）所發明的俄羅斯方塊（Tetris）是非常受歡迎的積木堆疊電動玩具。美國電腦科學家在西元 2002 年量化俄羅斯方塊的困難度，證明它的困難度跟數學領域中最難的問題不相上下，不但沒有簡單解答這一回事，還需要費時、費力的分析，才能找到最佳化的答案。

　　俄羅斯方塊一開始在螢幕上方會有積木般的物品往下掉，在積木下降的過程中，玩家可以旋轉積木並令積木朝螢幕兩端移動。這些積木的造型稱之為四格骨牌（tetromino），顧名思義，就是由四個正方形彼此相連成一個群，看起來就像字母「T」或是其他簡單的形狀。當一塊積木觸及螢幕底層的時候會被固定住，然後會有另一塊積木再次從天而降。當螢幕下方任一列整個被積木補滿時會自動消失，其上較高位置的每一列會因此下降一列。當新的積木完全被堵住、沒地方可以下降時，這個遊戲也就終止了，所以，玩家的目標就是盡可能延長遊戲時間，設法累積更多的分數。

　　德曼恩、烏恩別格和利賓諾威三位研究人員在西元 2002 年找出俄羅斯方塊遊戲一般化的版本，適用於各種寬度、高度的矩形遊戲範圍。這二人研究團隊還證明在給定積木出現順序的條件下，儘可能清除最多列的方法，是一個 NP 完備問題（NP-complete，NP 兩個字分別代表 Nondeterministically Polynomial，即無法判定的多項式）。雖然這一類問題的答案還是可以驗證對錯與否，但是，花在找答案的時間就足以讓人聞之色變了。NP 完備問題的經典範例是業務員旅程問題，要在其中找出能讓業務員以最佳效率完成旅程的方式，或者是安排旅人前往許多一定要造訪的城市，都是非常具有挑戰性的工作，困難之處就在於既沒有捷徑，也沒有高明的演算法可以很快地找到答案。

電腦科學家在西元 2002 年量化俄羅斯方塊的困難度，證明它的困難度跟數學領域中最難的問題不相上下，不但沒有簡單解答這一回事，還需要費時、費力的分析才能找到最佳化的答案。

《數字搜查線》

法拉奇（**Nicolas Falacci**），休頓（**Cheryl Heuton**）

《數字搜查線》（*NUMB3RS*）是一部美國電視影集，原著劇本出自夫妻檔作家法拉奇與休頓之手，這齣描寫犯罪案件電視劇中的主人翁是一位數學天才艾普斯（Charlie Epps），經常使用他非凡卓越的數學能力，協助身為聯邦調查局探員的哥哥破案。

把電視劇跟這本書中像是費馬最後定理（Fermat's Last Theorem）這些知名的數學概念，或是跟歐幾里得的幾何成就擺在一起，看起來似乎不太妥當，然而，《數字搜查線》確實具有一定的代表性，因為這是第一齣每週播放一次、主題繞著數學打轉卻相當叫座的電視劇。《數字搜查線》不但聘請了一群數學顧問，同時也受到許多數學家的讚揚，劇中出現的方程式也都能吻合劇情所需，而且這齣劇所談到的數學主題，包括密碼分析、機率論、傅立葉分析（Fourier analysis）、貝氏分析（Bayesian analysis）以及基礎幾何學等，可說是包羅萬象。

另一方面，《數字搜查線》的重要性，也表現在創造出許多供學生們學習的機會上，有些數學老師乾脆在課堂上引用《數字搜查線》的劇情講課。美國國家科學委員會在西元 2007 年，特地頒發公共服務獎章給《數字搜查線》及其編劇，表揚他們提升美國人對科學與數學理解能力的貢獻。《數字搜查線》當中提過的知名數學家包括阿基米德（Archimedes）、艾狄胥（Paul Erdös）、拉普拉斯（Pierre-Simon Laplace）、馮紐曼（John von Neumann）、黎曼（Bernhard Riemann）、沃夫藍（Stephen Wolfram）等人——都是些大名鼎鼎，不斷在這本書中出現的人物！佛雷澤（Kendrick Frazier）說：「科學、推論跟理性思考在劇中扮演吃重的角色，就連美國科學促進會在舉辦 2006 年年會的時候，都用一整個下午的時間針對《數字搜查線》如何改變公眾對於數學的看法，進行專題探討。」

這齣劇的片頭用口頭陳述方式，表達出對數學重要性的敬意：「我們無時無刻都在使用數學，用來報時，用來天氣預測、用來處理金錢，……數學遠遠不只是算式跟方程式而已，也不只是數字而已。數學代表邏輯，代表理性思維，數學能讓你用大腦解決我們所知道最懸疑的謎團。」

《數字搜查線》的其中一幕。這齣美國電視劇的主人翁是位數學天才，經常使用他非凡卓越的數學能力協助聯邦調查局破案。這是第一齣每週播放一次、主題繞著數學打轉卻相當叫座，並聘請一群數學家當顧問的電視劇。

參照條目 賈德納的「數學遊戲」專欄（西元 1957 年）及群策群力的艾狄胥（西元 1971 年）

西元 **2007** 年

破解西洋跳棋

沙費爾（**Jonathan Schaeffer**，西元 **1957** 年生）

西元 2007 年，電腦科學家沙費爾跟他的同僚終於用電腦證明如果西洋跳棋（checker）玩家不犯錯的話，最終一定會以平手局面作收。這代表西洋跳棋跟圈叉遊戲（Tic Tac Toe）一樣，只要兩位玩家都不犯錯，遊戲的結果一定是平手，沒有勝方。

沙費爾的證明方式透過數以百計的電腦運算超過十八年的時間，使得西洋跳棋成為人類到目前為止破解過最複雜的遊戲，這也表示理論上有可能設計出一台專門跟人類下西洋跳棋，而且永遠不會落居下風的機器。

西洋跳棋的棋盤是 8 × 8 的方格，在十六世紀時的歐洲相當流行，早期變形的版本則在現今伊拉克境內、古代吾珥城（City of Ur，約西元前 3000 年）的廢墟中出土。西洋跳棋的棋子通常是黑、紅兩色的圓盤，棋子只能走斜線；兩位玩家輪流下棋，只要跳過對手的棋子就能吃掉它。顯而易見地，由於西洋跳棋總共有 5×10^{20} 種可能走法，要證明西洋跳棋保證和局的困難度，遠遠超過證明圈叉遊戲沒有贏家這一回事。

西洋跳棋的研究團隊總共考慮了三十九兆種棋盤上只剩十顆或更少棋子的佈局，藉以判定黑、紅兩色中哪一位會是最終贏家；研究團隊也使用一種特殊的搜尋演算法，研究棋局如何從原始狀態「演變成」只剩下十顆棋子的決戰階段。順利破解西洋跳棋的問題，代表人工智慧這門經常跟電腦複雜的問題解決策略有關的領域，總算跨越了一項非常重要的里程碑。

沙費爾在西元 1994 年用這套名為契努克（Chinook）的電腦程式挑戰世界西洋跳棋的棋王汀斯雷（Marion Tinsley），結果電腦跟人腦間的對抗不斷以平手作收。八個月後汀斯雷因為癌症過世，有些人將他的死因歸咎於沙費爾，因為來自契努克的挑戰導致汀斯雷承受過大壓力，也因此加速了他的死亡。

法國藝術家波利（Louis-Léopold Boilly）大約在西元 1803 年的時候，完成這幅以全家一起玩西洋跳棋為背景的畫作。西元 2007 年，電腦科學終於證明只要玩家不犯錯的話，西洋跳棋最終一定會以平手的局面作收。

參照條目　圈叉遊戲（約西元前 1300 年）、圍棋（西元前 548 年）、豆芽遊戲（西元 1967 年）及破解艾瓦里遊戲（西元 2002 年）

探索特殊 E_8 李群的旅程

索菲斯・李（**Marius Sophus Lie**，西元 1842 年～西元 1899 年），
基林（**Wilhelm Karl Joseph Killing**，西元 1847 年～西元 1923 年）

在最近這一個世紀多的時間裡，數學家們一直試圖了解何謂 248 維度的巨大物體，其中一個被他們命名為 E_8。西元 2007 年，由數學家及電腦科學家所組成跨國研究團隊，終於利用超級電腦成功馴服這異常複雜的怪物。

話說從頭，沉迷於對稱性研究的克卜勒（Johannes Kepler）在《宇宙的奧祕》（*Mysterium Cosmographicum*）一書中主張，整個太陽系及行星軌道可以利用柏拉圖立體比如正立方體與正十二面體等，來建立一個模型，它們層層套在一起，就好比一個巨大的水晶透明洋蔥一樣。雖然這種克卜勒式的對稱結構在深度、廣度上都有所侷限，但當時克卜勒難以揣摩的對稱性，卻真的有可能是整個宇宙的運作法則。

十九世紀末的挪威數學家索菲斯・李專門研究具有平滑旋轉對稱性質的物體——像是我們所處三度空間裡的球體或是甜甜圈之類的造型，後人遂將在三度空間或更高維度空間裡，這些對稱就以李群（Lie group）表示之。德國數學家基林在西元 1887 年則提議特殊 E_8 李群存在。簡單一點的李群支配了電子軌道與次原子夸克的對稱。透過 E_8 這種較大李群的研究，或許有一天能夠讓科學家們掌握一統所有物理理論的關鍵，進而了解弦理論（string theory）跟重力場等課題。

患有漸凍人症、必須依靠呼吸器維生的荷蘭數學家暨電腦科學家杜克勞（Fokko du Cloux）是 E_8 國際研究團隊一員，他在臨終之際寫出一套研究 E_8 特性的超級電腦程式。很遺憾地，杜克勞在西元 2006 年 11 月過世，來不及在生前見證探索特殊 E_8 李群的最終結果。

西元 2007 年 1 月 8 日，超級電腦終於算完 E_8 李群數值表的最後一個項次，描述 57 度空間物體的對稱，此一物體可以用 248 種方式旋轉而不改變其外觀。這趟旅程也彰顯出大量使用電腦運算破解深刻的數學難題，以更進一步取得數學知識的重要意義。

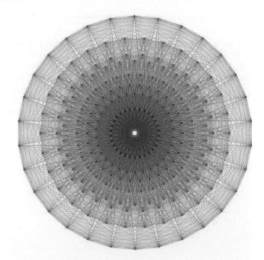

E_8 的圖形。數學家們試圖了解這個巨大、248 維度物體的時間已經超過了一個世紀，西元 2007 年，超級電腦終於完成 E_8 李群數值表最後一項的計算工作，描述這個 57 度空間物體的對稱。

參照條目 柏拉圖正多面體（約西元前 350 年）、群論（西元 1832 年）、壁紙圖群（西元 1891 年）、怪獸群（西元 1981 年）及數理宇宙假說（西元 2007 年）

西元 2007 年

數理宇宙假說

泰格馬克（**Max Tegmark**，西元 **1967** 年生）

在這本書裡，我們已經跟許多被認為握有認識宇宙之鑰的幾何學家們打過照面，克卜勒（Johannes Kepler）使用**柏拉圖正多面體**（Platonic Solid，譬如正十二面體）建構太陽系的模型，像是 E_8 這種特殊大李群（large Lie Group）則可能在某一天協助我們創造一統物理學的終極理論。亙古至今，早在十七世紀的伽利略（Galileo）曾經說過：「大自然的鬼斧神工不外乎是數學符號寫成的篇章。」近代物理學家維格納（Eugene Wigner）則在西元 1960 年代留下「數學在自然科學中具有超乎常理效用」的這句讚嘆。

西元 2007 年，瑞典裔的美國宇宙學家泰格馬克發表一篇相當受到歡迎、談論數理宇宙假說（Mathematical Universe Hypothesis, MUH）的科普文章，指出我們看到的物理實體其實都是數學結構，也就是說，我們不只可以用數學描述所處的宇宙，甚至可以說──宇宙本身就是數學。泰格馬克是麻省理工學院物理系教授，同時兼任基礎問題研究所的科學部主任。根據他的說法，當我們寫出 1 + 1 = 2 這條方程式時，相較於方程式所要傳達的關連性，其中的數目之記號顯得一點也不重要。泰格馬克相信：「數學結構並不是人類發明的──我們只是發現它們，並發明用來描述它們的記號而已。」

泰格馬克的假說暗示：「我們全都住在一個巨大無比的數學結構體裡面──比十二面體還要精密，可能也比那些當前光聽名字就很嚇人的最先進理論，像是卡拉比─丘流形（Calabi-Yau manifold）、張星叢（tensor bundle）、希爾伯特空間（Hilbert space）更加複雜。我們這個宇宙的所有一切都是純粹數學──包括看到這句話的你。」如果這個概念看起來有違直覺的話，請不要感到驚訝，因為有很多像是量子理論、相對論的當代理論都是有違直覺的。在此就用數學家葛立恆（Ronald Graham）曾經說過的一句話為本書劃上句點：「人類大腦發展到讓我們有能力遮風避雨，知道去哪邊找果實果腹，甚至也可以避免自己死於非命，可是我們的大腦卻沒有演化出掌握天文數字的能力，也沒辦法在千奇百怪的空間維度中一眼看穿事物的本質。」

根據數理宇宙假說的說法，我們看到的物理實體其實都是數學結構，我們不只可以用數學描述所處的宇宙，甚至可以說──宇宙本身就是數學。

參照條目　細胞自動機（西元 1952 年）及探索特殊 E_8 李群的旅程（西元 2007 年）

科學人文 ㊹
數學之書

The Math Book : From Pythagoras to the 57th Dimension, 250 Milestones in the History of Mathematics

作　　者──柯利弗德·皮寇弗（Clifford A. Pickover）
譯　　者──陳以禮
主　　編──李清瑞
責任編輯──李筱婷
美術設計──三人制創
執行企畫──鍾岳明

董 事 長──趙政岷
出 版 者──時報文化出版企業股份有限公司
　　　　　　一〇八〇一九臺北市和平西路三段二四〇號四樓
　　　　　　發行專線─（〇二）二三〇六六八四二
　　　　　　讀者服務專線─〇八〇〇二三一七〇五
　　　　　　　　　　　　（〇二）二三〇四七一〇三
　　　　　　讀者服務傳真─（〇二）二三〇四六八五八
　　　　　　郵撥──一九三四四七二四時報文化出版公司
　　　　　　信箱──一〇八九九臺北華江橋郵局第九九信箱
時報悅讀網──http://www.readingtimes.com.tw
電子郵箱──history@readingtimes.com.tw
法律顧問──理律法律事務所 陳長文律師、李念祖律師
印　　刷──華展印刷有限公司
初版一刷──二〇一三年一月四日
初版十四刷──二〇二四年四月二十二日
定　　價──新台幣五八〇元
（缺頁或破損的書，請寄回更換）

時報文化出版公司成立於一九七五年，
並於一九九九年股票上櫃公開發行，於二〇〇八年脫離中時集團非屬旺中，
以「尊重智慧與創意的文化事業」為信念。

數學之書 / 柯利弗德.皮寇弗(Clifford A. Pickover)作 ; 陳以禮譯. -- 初版. -- 臺
北市 : 時報文化, 2013.01
　　面 ;　公分. -- (科學人文 ; 44)
　　譯自 : The math book: from Pythagoras to the 57th dimension,
　　　　250 milestones in the history of mathematics

　ISBN 978-957-13-5699-0(平裝)

　1. 數學　2. 歷史

　310.9　　　　　　　　　　　　　　　　101024887